JN007093

カフェジカ／電験アカデミア［共著］

電験カフェへようこそ！

電気技術者を応援する、日本で唯一のカフェ「Cafe 自家用電気：カフェジカ」（実店舗は大阪）を運営する水島と申します。

「第三種電気主任技術者試験（通称：電験三種）」、その高くそびえる難敵に立ち向かうべく、本書を手にしていただき、ありがとうございます。電験の参考書は、どれも書いていることがメチャクチャ難しいですよね。読むだけで疲れるし、まず、書かれていることがサッパリ分からない…。カフェジカでも、そんな声がよく聞こえてきます。でも、それを乗り越えようと、こちらを読んでくださっている時点で、すでに１歩を踏み出しています。

誰でも必ず“理解できる魔法のスイッチ”を隠しもっています。ただ、「答えを見ても内容が理解できない」とか、「疑問はどこで解消できるんだろう」とか、それどころか「何が分からないのかすら分からない」、そして「もう独りじゃ限界！誰かと一緒でないと前に進めない」など、もっているはずのスイッチが、なかなか見つけられずにいる方も多いと思います。

ここでは、そんな皆さまのために、カフェジカをフィールドに、受験生のリアルな疑問・難問を、電験アカデミアと共にやっつけていくサポートをさせていただきます。魔法のスイッチを見つけられるまで、本書と共に突き進んでください。本書では、電験が実務にどのように役立つかについても紹介しています。

お好きな飲み物をご用意いただき、実際にカフェジカへ来店した気持ちになって楽しく学んでいきましょう。

カフェジカっていったい何なの!?

まずは、水島がカフェジカのご案内をさせていただきますね。

カフェジカは、「Cafe 自家用電気」の略称です。

喫茶店でありながら、電気主任技術者試験（電験）に合格するための情報提供や、現場で必要になる技術的な知識について点検訓練用のPAS、キュービクル、試験器などの実機を用いて学ぶ講習会などを行っている、全国から電気技術者が集まる日本で唯一の空間です。

入口の扉を開けると、右手にキュービクルがあります。もちろん訓練用のもので、普段電気は流れていません。これはPF・S型キュービクルですが、隣にはCB受電方式のラックも配置されています。ここでは、キュービクルとGR、OCR試験について説明を行っています。

キュービクルの先がカウンターで、ここでお客さまの受け付けをしています。カフェジカはコロナ発生以降、予約制にして人数制限を設けていますが、予約時にハンドルネーム、ご職業、カフェジカのどこに興味をもってご来店くださるのかについて、事前にお知らせいただいています。コロナ禍でもたくさんの方にカフェジカを楽しんでいただけるよう、最近ではリモートでのイベントも開催しています。

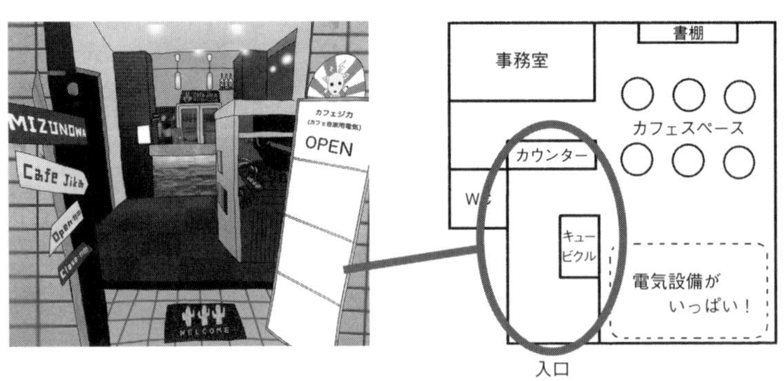

技術者を目指す方には、本当は直接ご来店いただき設備にたくさん触れていただきたいのですが、たとえリモートでも貴重な体験になると思います。コロナが終わってもリモートイベントは続けていきたいです。

もう少し部屋の中に入っていくとカフェスペースがあるのですが、この天井をご覧ください。ここの柱を電柱（木柱）に見立ててPASを吊るしています。中の構造が分かるように、PASの底蓋を開けた状態にしています。

ここでは、PAS、SOGの説明、DGR試験の練習、波及事故の解説、実際にPASへ600 Aの大電流を流してSO動作を確認し、波及事故について理解を深める実験などを行っています。

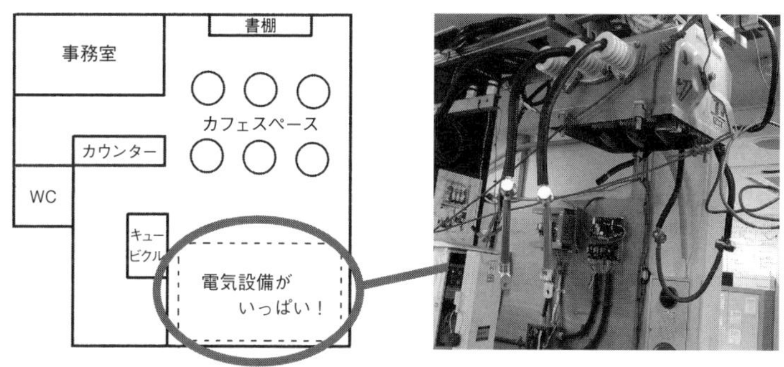

その奥にも移動式の受電設備が3台ほど配備されており、特別高圧の現場で使われるリレーや、解体した高圧機器の標本などを展示しています。設備に関しては、「そこらの訓練校よりもたくさん揃っているね」とよく言われます。

来店したお客さまは設備や実験に夢中で、なかなか席に座ってくださらないのですが、ここでちょっと一息、席についていただきましょう。

ここはカフェ。予約制ですが、コーヒーにランチ、デザートをご用意しています。コーヒーは、私が美味しいと思う豆を仕入れ、ちゃんと店内で豆を挽いてお作りしています。お客さまからお菓子の差し入れをいただくことも多く、皆さまにお出しします。そんなことがきっかけになり、お客さま同士すぐに仲良くなるんですよ。高圧設備を楽しみながら、お客さま同士でつながるカフェ。それがカフェジカです。

どうですか、お楽しみいただいていますか？

え？電験の話はどうなったのかですって？　はい、電験についても、しっかりサポートさせていただいています。後ろの本棚をご覧ください。電験に関する書籍を200冊ほど並べた電験コーナーになっています。

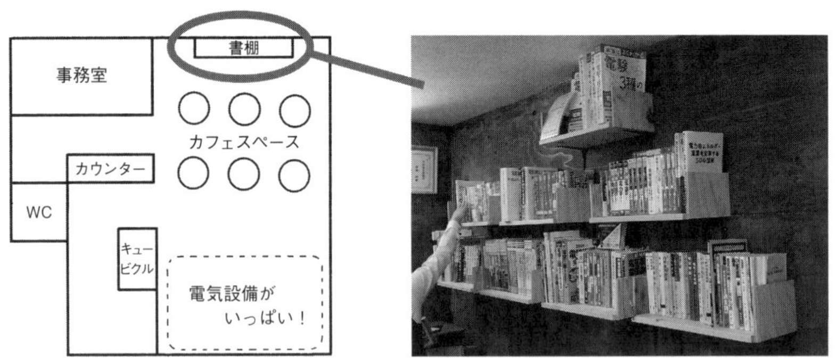

有名電験講師の先生方が、カフェジカを訪れて本を置いていってくださることも多く、どんどん本が集まってきます。著者の出版サイン会＆相談会なども開催しており、受験生が著者と直接つながれる貴重な場になっています。

イベントも随時企画しており、毎週土曜日には、電験や実務に関するイベントが頻繁に行われています。どんなイベントが行われているかは、カフェジカを運営する会社、(株)ミズノワのホームページ（https://mizunowa.jp/）をチェックしてみてくださいね。

お店のことはもう分かったから、早く電験の勉強をしたい？　あ、そうでした。

どうやら、電験三種の疑問や悩みをおもちのようですね…。なるほどなるほど。ちょうど良かったです。今日は、電験に超絶詳しい電験アカデミアがいらしているので、直接聞いてみてください。

悩める電験受験生を救うべく結成されたのが「電験アカデミア」です。

電験アカデミア、受験生がご来店でーす！

電験アカデミア、あなたのギモン・お悩み、解決します！

カフェジカ Staff

水　島

職業：カフェジカオーナー
趣味・特技：求められるものを作ろうと動くこと
Twitter：@mizuno_wa

電気保安法人の営業職を通じて業界の魅力に惹かれ、電気技術者を目指す人たちのためにカフェジカをオープン。電験の難易度の高さに挫折しかかっている。

ピ カ リ

職業：カフェジカ職業紹介担当
趣味・特技：人の話を聞くこと、話すこと
Twitter：@Pikali_mizunowa

電気主任技術者に特化した職業紹介担当としてカフェジカに出没。北海道から沖縄まで全国の企業＆相談者と話をする電気主任技術者専門メンター。

も っ ち

職業：カフェジカ店長代理
趣味・特技：電気設備のイラストを描くこと
Twitter：@cafejika_denki

バイト募集の看板を見てカフェジカの門をくぐる。カフェジカでは、電気を学ぶお客さまのために日々ご飯を作る縁の下の力持ち。　※本書のイラスト担当

あ き ら 先 生

職業：カフェジカ技術顧問
趣味・特技：電気実験、コスプレ＆萌文化研究
Twitter：@ttusin

自称、永遠の 17 歳。恥ずかしがり屋でカフェジカでは仮面を被って講義することも（笑）。電気保安法人で 30 年間キャリアを積んだ実務のスペシャリスト。

電験アカデミア Member

電気男

資格：第一種電気主任技術者
趣味・特技：ラーメン屋巡り、カラオケ、楽器演奏
Twitter：@hiro_yaen

電気工学を愛し、理論を極める男。受験生を合格という目的地へと導くさまは、まさに電験エクスプレス。今日も多くの乗客と共に走り続ける。

摺り足の加藤

資格：第一種電気主任技術者
趣味・特技：筋トレ、瞑想、読書、麻雀、ゲーム
Twitter：@suriashinokato

四六時中電気工学のことを考えている電脳魔。電験受験生をさまざまな苦悩から救うため、難解な電気理論を明確に解きほぐすことを生きがいにしている。

なべさん

資格：第一種電気主任技術者
趣味・特技：プロ野球を観ること（虎党）
Twitter：@vtVxbwQjcwGhnFX

レベル30を超えたあるとき、電気の勉強に目覚める。トレードマークの鍋で、ギモンの攻撃から受験生を守るため、日々精進を重ねる。

niko

資格：第一種電気主任技術者
趣味・特技：音楽、中国語
Twitter：@niko2517k

突如あらわれた狐面の男。実力未知数ながらも電験アカデミアに電撃加入した謎のルーキー。しかし、仮面の下から発せられる呪文は、確実にギモンを討伐する。

目　次

<13：00> 午後は設備を見てみましょう

<15：00> おやつの時間です

<18：00> 居酒屋カフェジカ、オープン！

10：00

モーニングコーヒーを飲みながら

皆さま～、美味しいコーヒーが入りましたよ♪
今日は、なんと特製ラテアートです。

お、すごい！
もっちさん、今日はいつにも増して気合が入っていますね。

（コーヒーを一口飲んで）うん、上手いし、美味い！
苦味と酸味のほど良いバランスと、鼻を抜ける香りが素晴らしいです。

それは良かったです。
では早速、電験アカデミアの方々、よろしくお願いします！

電位って何ですか？電圧との違いは？

電気回路などを学習していると、電位という言葉が出てきます。電圧と同じ［V］の単位ですが、何が違うのでしょうか？

Answer

電位は標高、電圧は標高差（落差）です。

電気の流れをイメージするときは、水の流れに例えると分かりやすいです。

図1のように、水は高いところから低いところへ流れます。落差が大きければ、より勢い良く水は流れます。落差があるため水が流れるのであり、電気にあてはめると「電圧（電位差）」にあたります。加えて、流れた水の量が電流、水の流れを妨ぐことができる水車などが抵抗にあたります。では、電位は何にあたるかというと、電位はその地点の「標高」にあたります。

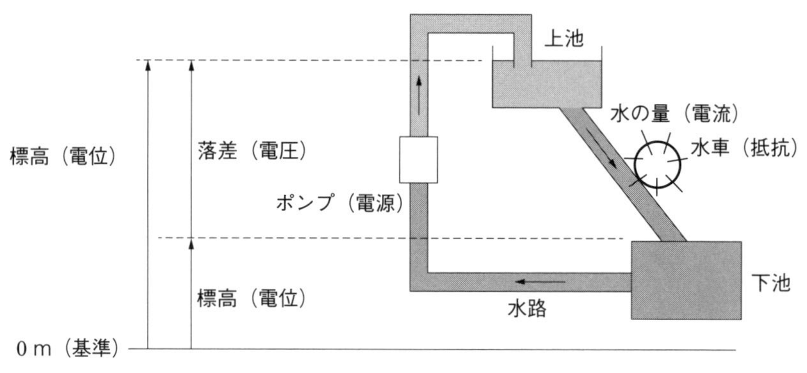

図1

さて、ここで質問です。**図2**の回路でB点の電位はいくつになるでしょうか？

「そんなの100 Vに決まっている」と思われるかもしれませんが、実は「分からない」が正解です。意地悪な問題ですよね。なぜなら、この回路ではB点の電位はA点の電位より100 V高いことしか分からないのです。ちなみに、電位も標高と同じで「電位が高い・低い」と表現します。

ここで別の例えとして、山の高さについて考えてみます。「標高3 000 mの山」これは、「(基準0 mから見て）高さ3 000 mの山」のことを意味します。もちろん「標高1 000 mの地点から見て高さ2 000 mの山」も同じ意味です。つまり、ある地点の高さを示すには、基準の高さを決める必要があるのです。同じことが電位にもあてはまり、電位は基準 0 V が決まっていないと決まらないのです。

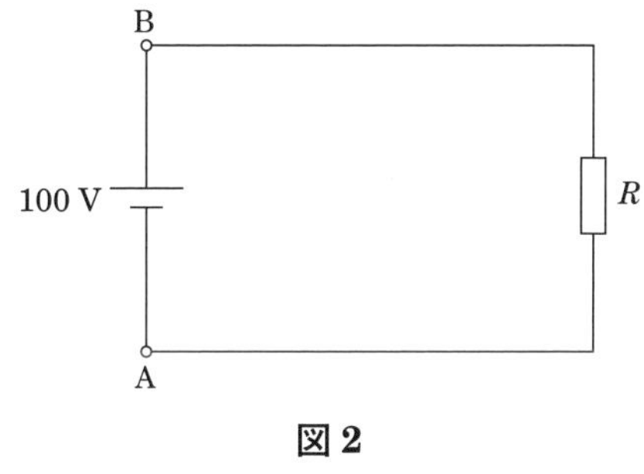

図 2

しかし、「ある地点から高さ 3 000 m の山と、高さ 2 000 m の山の標高差は 1 000 m である」。これは、ある地点が標高何 m であっても、標高差が 1 000 m であることに変わりありません。そして、この標高差にあたるのが電圧というわけです。ただし、それぞれが同じ基準からの値でなければならないことに注意してください。

電位：ある基準から見て何 V（ボルト）か？

電圧：ある基準から見て 2 点の電位の差は何 V（ボルト）か？

最後に**図 3** を見てみましょう。

B 点の電位がいくつになるかはもう分かりますよね？そうです、100 V になります。基準のとり方によって、電位がマイナスになることもありますが、それは決して変なことではありません。例えば、B 点の電位が基準の 0 V であれば、A 点の電位は − 100 V になります。

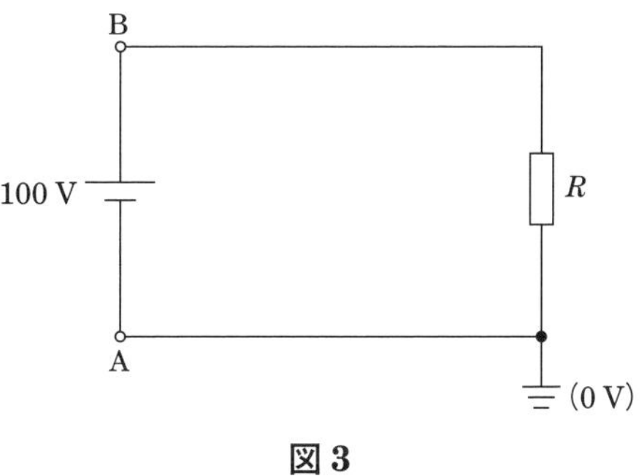

図 3

今後、電験のさまざまな問題に直面したとき、いま扱っている「○○ V」は、はたして「電位」か、「電圧（電位差）」か、違いを意識しておくとよいです。また、電位である場合の「基準」は、与えられることもあれば、自分で好きに決めてよい場合もあります。

「電位」は常に「基準」を意識するクセをつけましょう！

電界がイメージできません。

電界がイメージできなくて困っています。どのようなものなのでしょうか？

電界と重力はよく似た関係をもっているので、重力をイメージして、その大きさは坂道をイメージしましょう。

プラスチックの下敷きを布などでこすって、髪の毛を逆立たせる遊びがありますよね？これは下敷きと髪の毛の間に働く静電気力が原因です。**電界**とは、このような「静電気力を生じさせうる状態」のことをいいます。

複数の電荷が存在する場合、電荷の間に静電気力という「相互作用」が生まれるという考え方がクーロンの法則です。しかし、電界はそれとは少し異なり、電荷がただ1つ存在することによって生じる「空間の歪み」という見方をします（**図1**）。

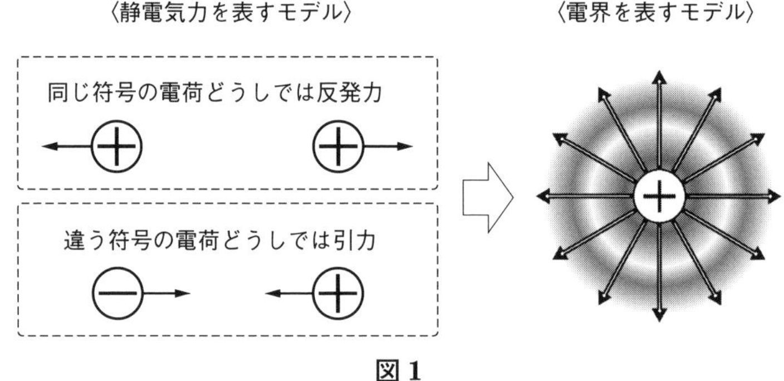

図1

「電界は空間の歪み」といわれてもイメージしにくいので、図1右のように、正の電荷の周りに放射状に延びるように、目に見えない**電気力線**と呼ばれる力の線が出ていると考えます。負の電荷の場合は、逆に電気力線が吸い込まれると考えます。電界は、電荷が1つそこにあるだけで電気力線という周囲に影響を与える力の線がある状態を考えて、現象を「見える化」しています。

電界は電荷がただ1つ存在するだけでも生じる「空間の歪み」
電気力線という概念を使ってその歪みを「見える化」する！

この電界を**重力**に例えて考えてみましょう。私たちは地球の中心に向かって重力という力を受けていますね。例えば、重力によって質量 m［kg］のリンゴが地球から受けている力 F は、以下の式で表せます。

$F=mg$［N］

ここで g［m/s^2］は、**重力加速度**といいます。質量 m に重力加速度 g を掛けることで、そのものに働く力、すなわち重力が計算できます。

重力加速度もまた、私たちが存在しようがしまいが関係なく、地球という物質が存在することによって生じたものといえます。これを（クーロンの法則のように）複数の物質がお互いの質量によって生じる「相互作用」とみなしたときには「万有引力」という言葉を使います（実際には重力は万有引力と遠心力との合力ですが、遠心力は微々たるものなので無視しています）。

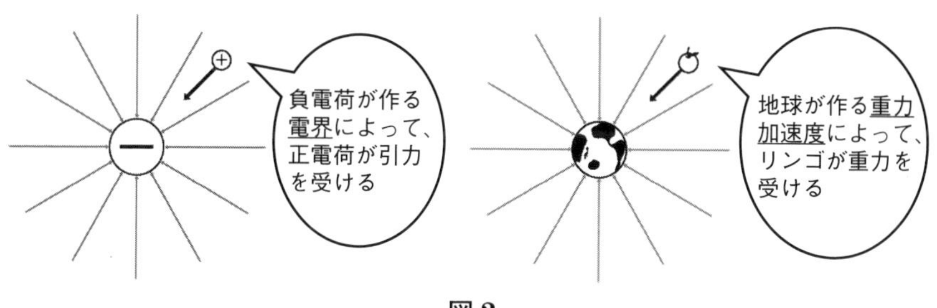

図 2

このように、電界と重力加速度には非常によく似た関係があります（**図 2**）。

ここで、これらの関係を数式によって表すことでさらに理解を深めていきたいと思います。クーロンの法則の式と万有引力の式を並べて見てみましょう。

$$F=k\frac{q_1 q_2}{r^2}\ （クーロンの法則）\qquad F=G\frac{Mm}{r^2}\ （万有引力の法則）\quad (1)$$

それぞれ距離 r の 2 乗に反比例しているところは同じだったり、式もよく似ています。では、これらの式を以下のように変形します。

$$F=q_1\times\left(k\frac{q_2}{r^2}\right)\qquad F=m\times\left(G\frac{M}{r^2}\right)\quad (2)$$

ただ文字の位置をずらしただけですが、大きな意味の違いがあります。それは、(1)式は電荷と電荷、質量と質量が相互作用する力を表したものですが、(2)式は電荷、もしくは物質の質量に「何か」を掛けたら力が発生したことを意味する式に変わった、ということです。この「何か」こそが、電荷 q_2 が作り出した**電界 E** であり、地球の質量 M が作り出した**重力加速度 g** なのです。

すなわち、以下のように式を書き換えることができます。

$$F=q_1E \left(ただし、E=k\frac{q_2}{r^2}\right) \qquad F=mg \left(ただし、g=G\frac{M}{r^2}\right)$$

いかがでしょうか？このように数式で比べてみても、電界Eと重力加速度gが似た者どうしであることが分かりますね。

電界は、目に見えない力の影響を表しているという意味で重力加速度と同じ！

電界は重力加速度と似た関係があると解説しましたが、大きく違うところがあります。それは、電界の大きさは地球の重力加速度のような一定の値をもっておらず、電界を作る電荷の大きさなどによって変わるということです。地球の質量は変わることがないので、重力加速度の値が変わらないのは当然といえば当然ですね。そこで、電界の大きさに対してどういうイメージをもてばいいのかを次に説明します。

お悩み No.01 の解説でもあったように、ある 2 点間の電位の差を「標高の差である」と考えると、電界はその 2 点間の傾斜であると見ることができます。2 点間の電位差を V、距離を d とすると、電界 E は以下の式で表されます（一様な電界のケース）。

$$E=\frac{V}{d}$$

この式はつまり「標高差を距離で割ったもの」なので、2 点間を坂道と例えるとすれば、電界はその坂道の傾きの度合いとも言えます。**図 3** のように、ある 2 点間の距離が同じでも標高差（電位差）が大きいと、傾斜がきつくなります。例えば、ボールをそれぞれの坂道に置くと、図 3 上の坂道にあるボールの方が、同図下のボールよりよく転がって加速していくのがイメージできますよね。それと同じで、電荷が傾斜のきつい（電界が大きい）ところに置かれると、緩やかな（電界が小さい）ところよりも大きな力を受けるのです。

「電位は高さで電界は傾斜」とイメージして覚えましょう！

〈電位差 V が大きい場合〉

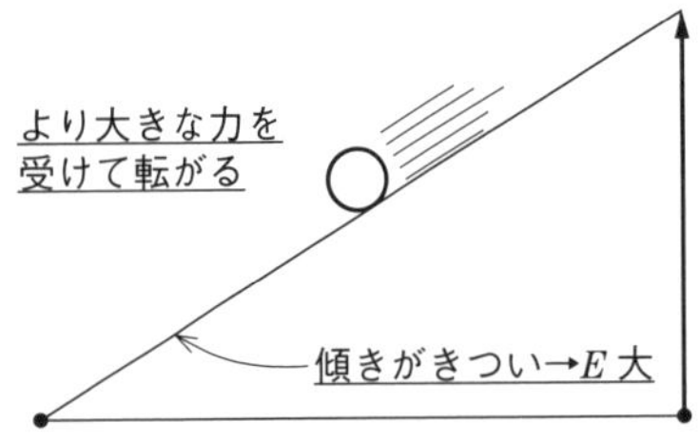

〈電位差 V が小さい場合〉

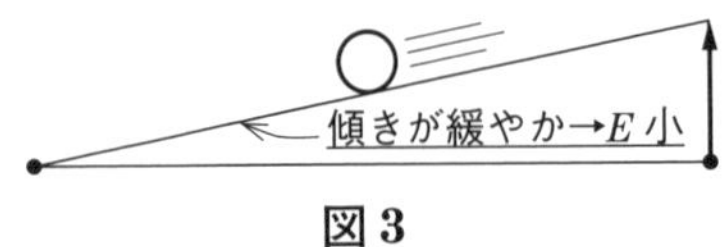

図 3

誘電体って何ですか？

誘電体を挟んだコンデンサの計算をするとき、比誘電率などを使って解くことはできるのですが、そもそも誘電体とは何なのでしょうか？

Answer

誘電体は絶縁体の1つで、コンデンサを設計するときに欠かせない材料です。

誘電体は電気を通すことができない絶縁体の一種です。しかし、あえて絶縁体といわず、**誘電体**という名前がつけられているのは、その物質がもつ「ある特性」を積極的に使うことを目的としているからです。ここでは、誘電体がもつ特性について詳しく説明します。

1. 誘電体の「誘電率」とは？

まず前段として、導体の性質について触れておきます。導体と絶縁体の違いを最も簡単にいえば「自由電子があるかないか」です。自由電子は導体物質内を原子から離れて自由に移動することができるので、電界中に導体をおくと導体内部の自由電子が電界に引き寄せられて、導体の表面にあらわれます。これを**静電誘導**といいます。この静電誘導により、導体の表面には、引き寄せられた電子（負電荷）があらわれ、その逆側には正電荷があらわれます。その結果、正負の電荷によって、外部の電界を打ち消すような電界が導体内部に発生します。内部に電界があるうちは、自由電子は電界に引き寄せられるので、これが安定するのは内部の電界が0になったときです。つまり、導体では内部の電界が0になります（**図1**）。

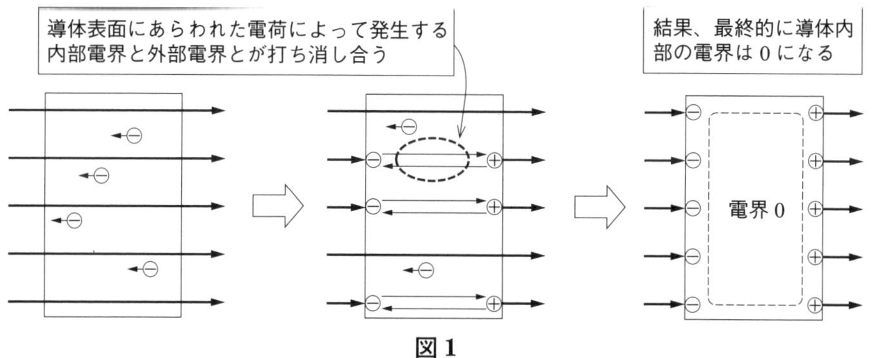

図1

これに対して、誘電体の振る舞いは少し違います。

誘電体は絶縁体なので、導体と違って自由電子をもちません。なので、電界中に誘電体をおいても電子が内部を自由に移動することはできませんが、誘電体の電子は外部電界の影響により若干のずれを生じます。このずれを誘電体全体で見ると、導体の静電誘導と同様に、物質の表面に正負の電荷が誘導されたように見えます。しかし、導体のように内部電界を0にするほどのずれは起きません。この現象を静電誘導と区別して**誘電分極**といいます（**図2**）。

結果として、誘電分極によって誘電体内部に外部の電界とは逆向きの電界が発生するため、誘電体内部の電界が弱められることになります。このような電界を弱める程度を表す指標が**誘電率**なのです。誘電率が大きければ大きいほど、内部の電界が小さくなるわけですね。

誘電体は「誘電率」が大きいほど内部の電界を弱める性質をもつ

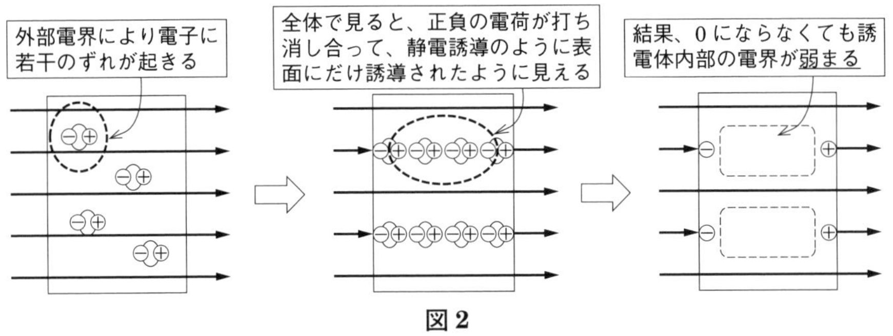

図2

いままでの話を前提に、誘電体があるかないかでコンデンサの特性がどう変わるのかを見ていきましょう。

図3は誘電体を挟んでいないコンデンサに電圧Vを加えた様子です。電圧を加えることで電荷Qが蓄えられます。このとき、コンデンサの極板間の電位差が電源電圧と同じVになるまで電荷が蓄積し続けます。結果的に蓄えられた電荷Qの大きさは静電容量をCとすると、$Q=CV$で表されます。

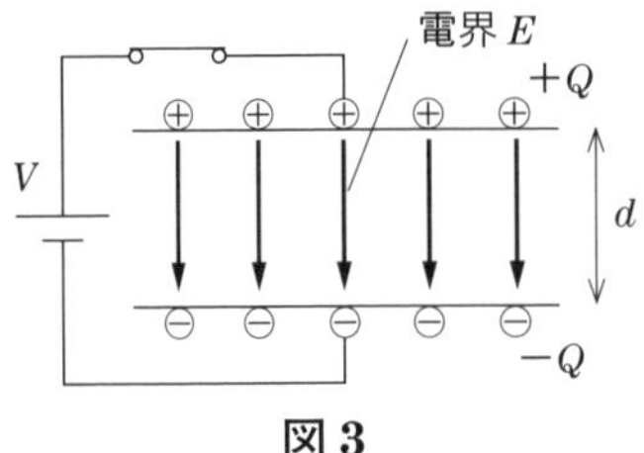

図3

この状態でスイッチを切り、誘電体を挿入すると、先ほどの誘電分極の解説のとおり、「誘電体内部の電界が弱められる」ので、電位差Vと電界Eの関係式$V=Ed$の式からも分かるように、極板の距離は変わりませんから挿入後はコンデンサ極板間の電位差がVよりも小さくなります（**図4**上）。

その後スイッチを再度投入すると、電位差がVとなるように、さらに電荷が蓄積されていきます。そうして、誘電体を挿入した後の方が誘電体を挿入する前よりもたくさんの電荷が蓄えられます（図4下）。

つまり、誘電体はコンデンサの「電荷を蓄える」という機能を、「誘電分極」という特性を利用して増大させることができる材料なのです。

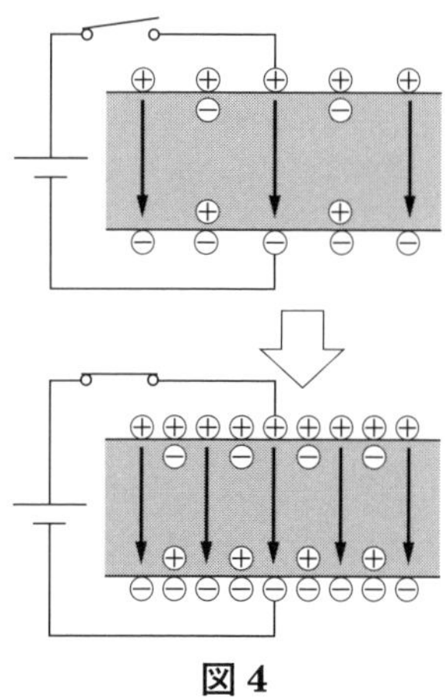

図4

誘電率が大きいほどより多くの電荷を蓄えられる
誘電体とはコンデンサの蓄電機能を高める材料

2. 誘電体はどのように利用されているか？

実際の材料として代表的なものにセラミックスがあります。セラミックスは比誘電率（材料の誘電率を真空の誘電率に対する比率で表したもの）が4くらいのものから10 000を超えるものもあり、コンデンサを設計する際に最適なものを選びます。そもそも、誘電体はコンデンサを設計するために使われる材料だと認識してもよいでしょう。

比誘電率が大きいほどコンデンサの静電容量、すなわち電荷を溜める機能が大きくなり大容量のコンデンサを設計することができますが、一方で比誘電率が大きいと**誘電体損失**も大きくなるという問題が発生します。誘電体損失は、誘電体に交流電圧を印加すると誘電分極の向きが交互に入れ替わることが原因で発生し、コンデンサに加えた電気エネルギーの一部が熱エネルギーになってしまいます。この誘電体損失は「静電容量」や「周波数」に比例しているので、「比誘電率」や「使用する周波数」が高いと損失も大きくなります。よって、商用周波数（50/60 Hz）のようなあまり周波数の高くない回路では高い比誘電率のものが使われ、無線通信のような高周波の電波を扱うような回路では低い比誘電率のコンデンサが一般的に使われます。

理論科目のコンデンサの問題では、誘電体の特性を問われる問題が頻出となっています。ぜひここでイメージをつかんでください。

誘電体はコンデンサと切っても切れない関係がある材料
その特性を理解して問題に取り組みましょう！

平行板コンデンサの静電容量の式の意味が分かりません。

平行板コンデンサの静電容量の式に距離や誘電率が入っているのですが、なぜそうなるのか分かりません。詳しく教えてください。

Answer

静電容量は「電位差に対してどのくらい電荷が蓄えられるのか」を表す定数です。まずは電荷・電界・電位差の関係性を考えてみましょう。

コンデンサは、電荷を蓄える素子であることはご存知かと思います。コンデンサにはいろいろな種類がありますが、今回は、2つの導体板を平行になるよう設置した「平行板コンデンサ」について考えてみます（なお、導体板端部の電界の乱れによる影響はないものとします）。

まずは、静電容量の定義について考えてみます。**図1**の平行板コンデンサにおいて、一方の導体板に正の電荷、もう一方の導体板に同じ量の負の電荷を与えると、導体板間には同図の向きに電界が発生します。この電界によって、導体板間には電位差が生じます。この導体板の電荷と電位差には比例の関係があり、「電位差に対してどのくらい電荷が蓄えられるのか」を表す定数が静電容量になります。

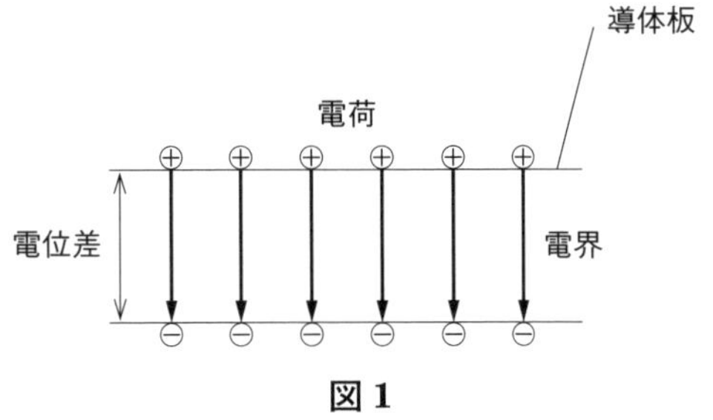

図1

以上に述べた関係を式で表すと、次のようになります。

$$\text{蓄えられる電荷} = \text{静電容量} \times \text{電位差} \quad \rightarrow \quad \text{静電容量} = \frac{\text{蓄えられる電荷}}{\text{電位差}}$$

そして、平行板コンデンサの静電容量は、次のように求められます。

$$\text{静電容量} = \frac{\text{誘電率} \times \text{導体板の表面積}}{\text{導体板間の距離}}$$

今回は、この「平行板コンデンサの静電容量の式」の意味するところについて考えてみましょう。

よく勘違いしがちなのですが、コンデンサに蓄えられる電荷は導体板の「内部」ではなく、「表面」に一様に並んでいるのです。そして、平行板コンデンサは、「同じ電位差に対しては、導体板の表面が大きいほどたくさん電荷を蓄える」

ことができます。このことは直感的にも分かりやすいと思います。

では、導体板間の距離に関してはどうでしょうか？　一見、「距離も広がった方が全体的にコンデンサも大きくなるし、電荷もたくさん蓄えられそう」な気がします。しかし、先述したように電荷が蓄えられるのはあくまで導体板の表面なので、「コンデンサの見た目が大きくなれば、たくさん蓄えられる」わけではないのです。

ここで、**図2**のように同じ量の電荷を蓄えた状態で、導体板間の距離を縮めた場合の平行板コンデンサについて考えてみます。

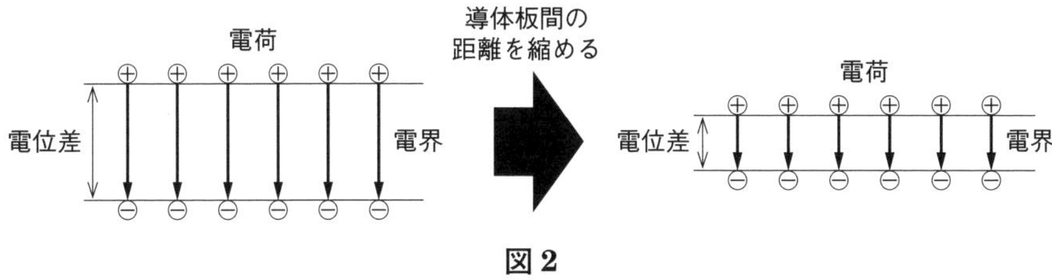

図2

導体板間の距離を縮めても、導体板に蓄えられる電荷の量が不変であれば、発生する電界の値は変わりません。しかしこのとき、導体板間の電位差（＝電界×距離）は小さくなります。ここで、電位差が小さくなったのにもかかわらず、図2の左右のコンデンサに同じだけ電荷が蓄えられているということは、「1Vあたりに対しては、距離を縮めたコンデンサの方がたくさん電荷を蓄えられている」ことになります。つまり、「距離を縮めると静電容量は大きくなる（距離と静電容量は反比例の関係にある）」といえるのです。

さらに、**図3**のように誘電体を挿入した平行板コンデンサを考えてみましょう。お悩みNo.03でも述べたように、誘電体を挿入したコンデンサには「誘電分極」が発生し、図3のように正の電荷が蓄えられている導体板の方には負の電

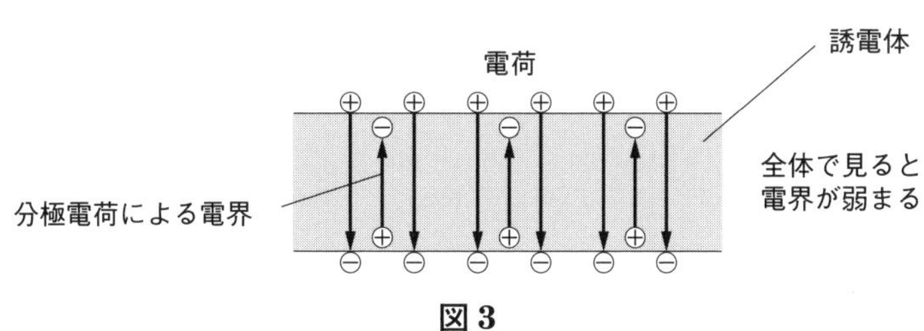

図3

荷、逆に負の電荷が蓄えられている導体板の方には正の電荷（これらは分極電荷といいます）があらわれます。

この分極電荷による電界は、図３のとおり極板に蓄えられた電荷による電界と向きが逆であるため、これらの電界は互いに弱め合い、コンデンサ全体で見ると誘電体を挿入する前と比べて「電界が弱まっている」状態になります。このとき、導体間の電位差（＝電界×距離）が小さくなることで、距離を縮めた場合と同様に静電容量は大きくなります。すなわち、「誘電体を挿入して、より誘電分極させる（誘電率が大きい誘電体を挿入する）と、静電容量が大きくなる」といえるのです。

以上より、静電容量を大きくするためには「導体板の表面積を大きくする」、「導体板間の距離を縮める」、「誘電率が大きい誘電体を挿入する」ということになり、式で表すと、

$$\text{静電容量}=\frac{\text{誘電率}\times\text{導体板の表面積}}{\text{導体板間の距離}}$$

という、冒頭で述べた式になります。

このように、電荷と電界、電位差の関係を考えると、コンデンサの静電容量に関してより理解が深まると思います。分からなくなった場合は、「距離を縮めると、コンデンサの電荷と電界、電位差はどうなるんだ？」などとイメージしながら考えていくのがおススメです。

コンデンサの静電容量で分からなくなったときは、
その電荷・電界・電位差の関係性を考えてみましょう！

フレミングの法則のよい覚え方はありませんか？

フレミングの右手と左手のよい覚え方はありますか？右手と左手のどちらを使えばよいか迷ってしまうことが多いので、使い分けも教えてください。

Answer

フレミングの法則は、両手共に「電・磁・力」でOK。指を見る順番は、両手共通で「右の指→左の指」と覚えておきましょう。

図1左のような磁界中に置いた導体に電流を流すと、導体に力が働きます。**フレミングの左手の法則**は、その電流・磁界・力の向きの覚え方の1つで、左手の親指・人差し指・中指をそれぞれ直角になるように曲げたとき、同図右のような対応関係にあるというものです。自分の体を使う覚え方なんて、なかなかユニークですよね。

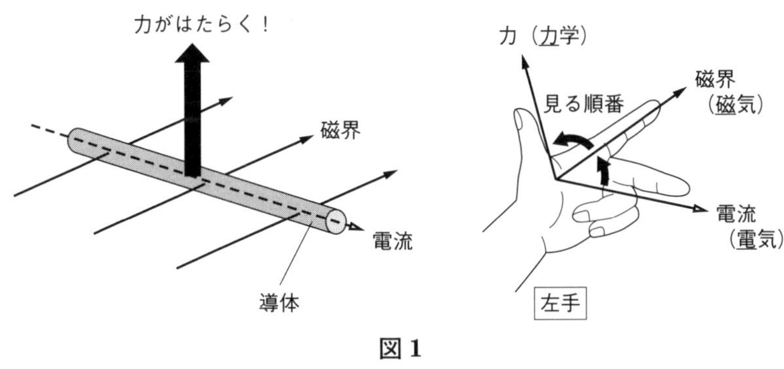

図1

一方、**図2**左のように磁界中で動いている導体が運動することで、導体に起電力が発生します。これらの向きに関しても、同図右のように右手の指を使って表すことができます。これが**フレミングの右手の法則**です。

このように、それぞれの量の向きを覚えやすくしてくれるフレミングの法則ですが、慣れないうちは「どの指がどれだったっけ？」と混乱することもあるかもしれません。そこで、それぞれの量の対応関係の覚え方として、どちらの手に関しても中指から順に「電・磁・力」とするのがおススメです（結構同じような覚え方をしている方も多いのではないでしょうか)。「電流」と「起電力」は共に「電気的なもの」、「磁界」は「磁気的なもの」、「力」と「導体の運動」は共に「力学的なもの」というように区分けすることができるので、両手で共通して覚えておくと混乱も少ないと思います。

フレミングの法則は両手共「電・磁・力」で覚えましょう！

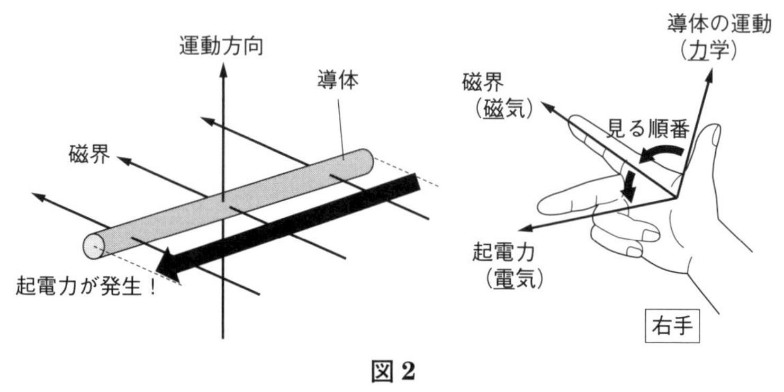

図 2

次に混乱しがちなのが、それぞれの法則の使い分けです。こちらは「最終的に何を求めたいか？」を意識することが大事になります。フレミングの左手の法則は「電流・磁界の向きが分かっている状態で力の向きを求める」ものであり、右手の法則は「運動・磁界の向きが分かっている状態で起電力の向きを求める」ものになります。こちらに関しては（図 1 と 2 に「見る順番」として示しています）、「手のひらを広げたときに、向かって右の指→左の指の順で見ていく」よう意識してみましょう。例えば、左手の場合は、「中指（電流）→人差し指（磁界）→親指（力）」、右手の場合は「親指（運動方向）→人差し指（磁界）→中指（起電力）」という順番で見ると、両手共に最終的に向きを求めたいものに行きつきます。混乱しがちな法則の使い分けですが、このようにあまり深く考えずに、見る順番だけ固定しておくことで、少しは覚えやすくなるのではないでしょうか。

結論として、覚えておくのは「電・磁・力」と「右の指→左の指」だけで OK です。自分の体だけで覚えられるフレミングの法則はすごく便利なので、ぜひ問題を解く際に活用してください。

指を見る順番は、両手共通で「右の指→左の指」で OK ！

「短絡」、「開放」ってどういうことですか？

電気回路で「短絡」、「開放」という言葉を聞きますが、何ですか？

Answer

「短絡」は抵抗ゼロでつなぐこと、「開放」はつながないことです。

図1に端子aと端子bの「**短絡**」、「**開放**」状態を示します。

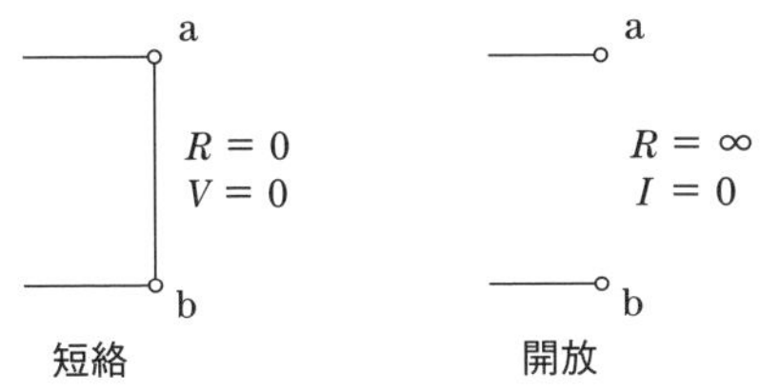

図1

「短絡」の状態は、端子aと端子bを直接つなぐことであり、これは抵抗0Ωで接続されていることと同じです。そのため、a–b間にオームの法則を適用して、

$$V=R\times I=0\times I=0$$

となるので、端子a–b間の電圧は0V（電圧があらわれない）になります。また、短絡を英語でshortというので、短絡したときに流れる短絡電流をI_sと表記したりします。この短絡電流I_sは、今後いろいろなところで登場します。

「開放」の状態は、端子aと端子bをつながないことであり、これは抵抗∞Ωで接続されていることと同じです。そのため、a–b間にオームの法則を適用して、

$$I=\frac{V}{R}=\frac{V}{\infty}=0$$

となるので、端子a–b間に流れる電流は0A（電流が流れない）になります。また、開放を英語でopenというので、開放したときに端子間にあらわれる開放電圧をV_oと表記したりします。

電験では、さまざまな場面で「短絡」と「開放」が出てくるので、上記の状態を思い出しましょう。

短絡は、端子を直接つなぐこと
開放は、端子をつながないこと

直流回路にコイルやコンデンサがない理由は何？

直流回路にコイルやコンデンサが出てこないのはなぜですか？

Answer

コイルの起電力は電流の時間変化に比例、コンデンサの電流は電圧の時間変化に比例します。よって回路の定常状態では、コイルは「短絡」、コンデンサは「開放」であるとみなせるからです。

まず、コイルとコンデンサの性質について確認しておきましょう。

図1のようにコイルに電流が流れると、自己誘導作用により起電力（電圧）が発生します。この起電力は、流れる電流の時間変化に比例します。また、コンデンサに電圧を加えると、その極板間に蓄えられた電荷が移動することで、回路に電流が流れます。このとき、電圧の大きさや向きが時間で変化すると、電荷が回路内で行ったり来たりして、コンデンサは充電・放電を繰り返します。このとき、電流の大きさは電圧の時間変化に比例します。

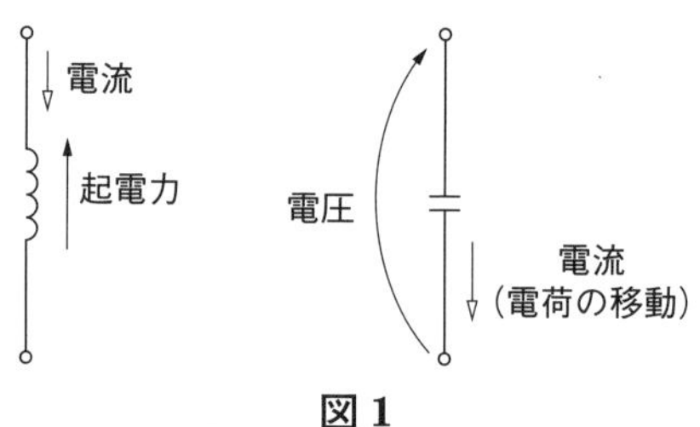

図1

コイルの起電力は電流の時間変化に比例する
コンデンサの電流は電圧の時間変化に比例する

では、直流回路におけるコイルとコンデンサについて考えてみましょう。

そもそも「直流」とは、時間によって変化がなく一定の大きさの電流が流れることです。

図2のようにコイルに直流電源が接続された回路において、スイッチをONにしてしばらく時間が経過した状態（定常状態）を考えます。この場合、時間変化がない一定の電流（直流電流）が回路に流れることになるので、コイルには起電力が発生しません。このとき回路全体で見ると、コイルは短絡状態になります。

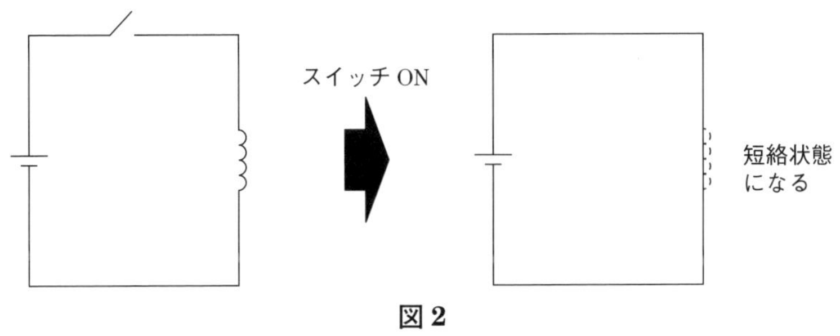

図 2

同様に、**図 3** のようにコンデンサに直流電源が接続された回路において、スイッチを ON にして、しばらく時間が経過した状態（定常状態）を考えます。この場合、コンデンサに直流電圧を加えた直後こそ電荷の移動はあるものの、やがてコンデンサは満充電状態となり、回路に電流は流れなくなります。このとき回路全体で見ると、コンデンサの部分は開放状態になります。

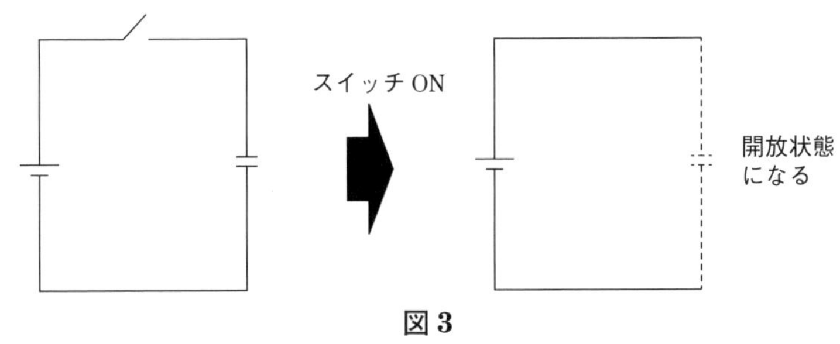

図 3

電験三種で登場するような一般的な直流回路では、特に条件がなければ定常状態における振る舞いを考えます。以上より、このような電圧・電流に変化がない回路では、コイルおよびコンデンサはまるで「回路内に存在しない」かのような状態になるのです。

定常状態では、コイルは短絡、コンデンサは開放とみなせる！

ただ、直流回路にはコイルやコンデンサがまったく使用されないかというと、そうではありません。むしろその性質を利用して、電子回路などの分野では、信号に含まれるノイズを分離するフィルタの役割を果たします。

また、ここでは定常状態を考えていますが、電験三種では、コイルやコンデンサを含む直流回路において、スイッチを ON にした瞬間の挙動を考える「過渡現象」の問題も出題されます。そちらの方も別途学習していきましょう。

渦電流って何ですか？

学習を進めていくと、渦電流という言葉が出てきます。どういったものか教えてください。

Answer

渦電流とは、電磁誘導現象によって発生する電流のことです。

渦電流は、ある物質を貫通する磁束が時間で変化したとき、その物質内に電流が生じる現象を指します。

図1左のように断面が長方形の物体について考えます。この断面には時間変化する磁束が流れており、ある瞬間で切り取ったとき、紙面奥から手前へ増加しようと流れているとします。すると、「レンツの法則」により、この磁束の増加を打ち消そうとする磁束（破線の紙面手前から奥）を生じようと起電力が生じます。そして、物質が導体ならば、磁束に対し右ねじの向き（時計回り、図1左の破線方向）に材料の断面を周回する電流が生じます。これが「渦電流」です。実際の渦電流は図1右のようにバウムクーヘン状に分布して流れます。

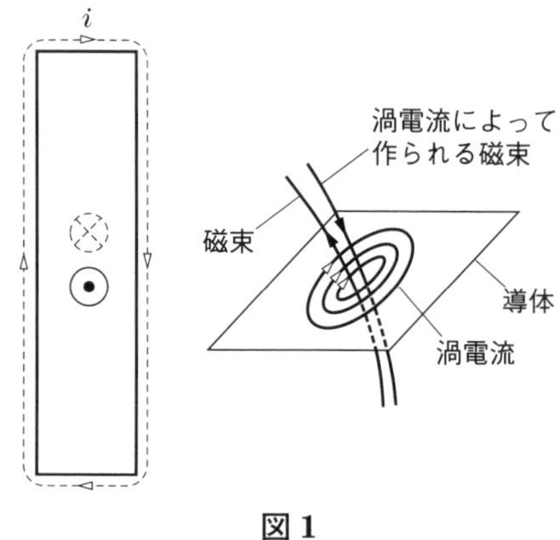

図1

発生する起電力の大きさは磁束の大きさ、周波数などに比例し、流れる電流は起電力に比例します。また、電流の2乗に比例してジュール損が発生することから、渦電流によって損失（渦電流損）が生じ、熱として放出されます。

算出には複雑な計算が必要ですが、渦電流損は最大磁束密度の2乗、周波数の2乗、材料の厚さの2乗に比例し、材料の抵抗率に反比例したものになります。

渦電流は、磁性体はもちろん導体内でも生じ、交流回路では発生することが宿命になっています。機器の損失の一因でもありますが、誘導加熱のように発生した熱を利用することもあります。

渦電流とは、ある材料内の変化する磁束を妨げようとする向きに流れる電流のこと

仕事とエネルギーの違いが分かりません。

仕事もエネルギーも同じ［J］という単位ですが、なぜ使い分ける必要があるんですか？仕事とエネルギーの違いを分かりやすく教えてください。

Answer

エネルギーはもっているだけでは意味がなく、消費して仕事をします。

仕事とエネルギーの違い、初学者がつまずきやすいポイントの1つですね。

ある物質に外力F［N］を加え距離x［m］だけ力と同じ方向に動かすと、外力がした仕事は$W=Fx$［J］と表されます。要するに、力学の世界ではモノを動かすことを「仕事をする」というのです。いくら頑張って力を加えても1 mmも動かなければ、仕事をしていないのと同じです。いかにも西洋的な発想ですね。

それでは、エネルギーとは何かというと、「仕事をする能力」を表す指標です。したがって、仕事をしたらそのぶんだけエネルギーが減ります。つまり、エネルギーと仕事の和は変化の前後で等しく、これを**エネルギー保存則**といいます。

そうはいっても、なかなかイメージしにくいのでRPGで例えましょう（**図1**）。RPGでは、魔法を使うためにMPを消費しますが、MPがエネルギー、魔法が仕事にあたります。MPはどれだけ高くても使用しなければ何の意味もありません。MPを消費することによって、はじめて強力な魔法を放つことができるのです。

エネルギーはMP、仕事は魔法！エネルギーはもっているだけでは意味がない！

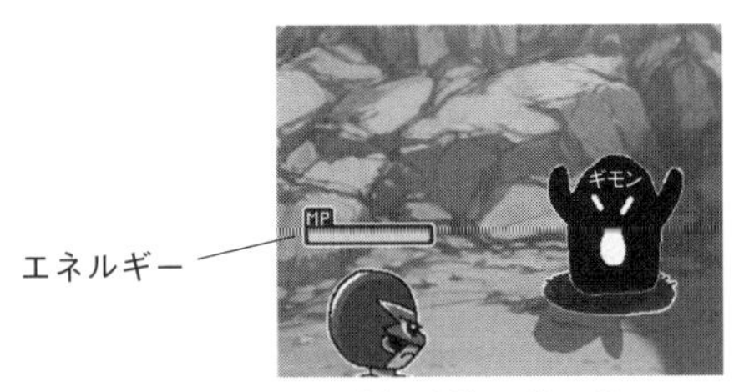

(a) 魔法を使う前

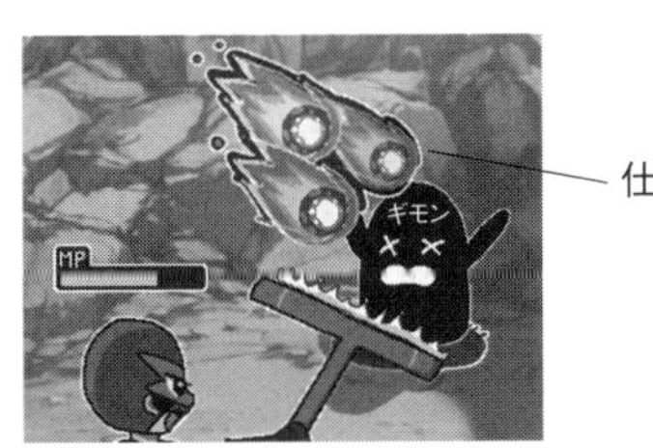

(b) 魔法使用中

図1

他にも、エネルギーと仕事の関係は買いもので例えられます。エネルギーは財布の中身、つまり「支払い能力」を表しており、仕事とは「お金を支払ってその対価を得る」ことを意味します。お金は、使わずにもっているだけではただの紙切れでしかなく、使ってはじめてその額に見合った対価が得られるのです。

電力と電力量の違いが分かりません。

電力と電力量、言葉は似ていますが単位が違って、電力量の単位は仕事と同じ［J］です。どのように考えたらいいのでしょうか？

Answer

電力は、単位時間あたりの電気的な仕事（電力量）。電力量は、電力×時間で、*P*–*t* グラフの面積を意味します。

お悩み No.09 で説明したように、ある物質に力を加えて動かすことが「仕事」なので、5 分で終わらせても 5 時間掛かったとしても、「仕事」という観点からは等しいのです。これだと不便なので、単位時間あたりの仕事を「仕事率」と定義します。ある仕事 W［J］をするのに時間 t［s］を要する場合、仕事率 P［W］は、

$$P=\frac{W}{t}$$

と表されます。電力と電力量もこれと同じ関係にあたります。よく家電製品に書かれている「○○ W」というのは「電力」を表しているのです。

電力は、単位時間あたりの電気的な仕事を表す

では「電力量」はというと、仕事に対応しています。つまり、消費電力が 500 W の電子レンジを 1 分間（60 秒）使ったとすると、消費する電力量は、

$$W=500\times60=30\,000\ [\mathrm{W\cdot s}]$$

となります。お悩み No.09 で説明した力学における仕事の単位［J］と電力量の単位［W·s］は等しいので、$W=30\,000$［J］と表すことも可能です。

電化製品のような小さな電力量であれば［J］を使っても問題はないと思いますが、例えば、発電所の発電電力量などは、非常に大きな値になります。例として、50 MW で 5 時間連続して発電した場合の発電電力量を［J］で表すと、

$$W=50\times10^6\ [\mathrm{W}]\times5\times60\times60\ [\mathrm{s}]=900\,000\,000\,000\ [\mathrm{J}]$$

となります。もはや、読む気にもなりませんね（苦笑）。これを、単純に単位どうしを掛け合わせた［MW·h］という単位を用いれば、

$$W=50\ [\mathrm{MW}]\times5\ [\mathrm{h}]=250\ [\mathrm{MW\cdot h}] \qquad (1)$$

と扱いやすくなります。このように、電力量にはさまざまな単位が存在します。

繰り返しますが、電力量は電力と時間の掛け算です。したがって、(1) 式で求めた電力量は、図 1 のグラフが示す長方形の面積となるのです。

このことが分かっていれば、法規などでよく出題される、**図 2** のようなグラフ

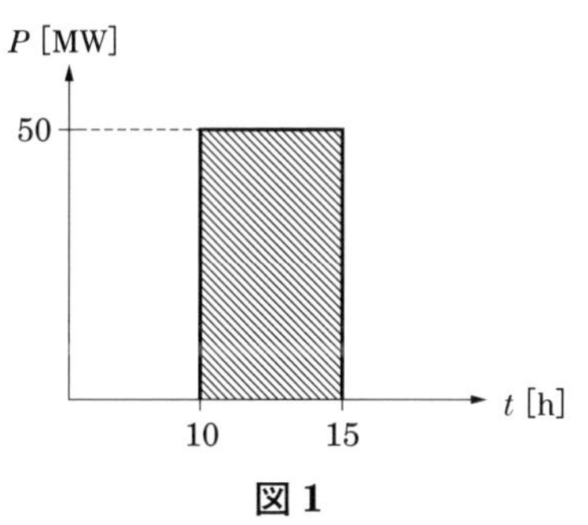

図 1

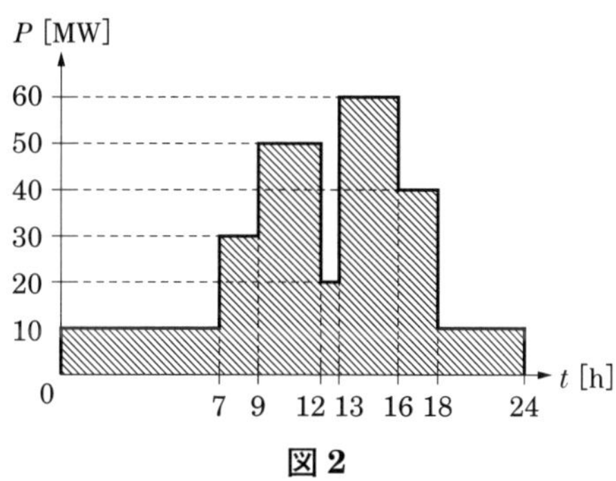

図 2

表 1

発電電力	時間		発電電力量
10 MW	7 h	0〜7 時	70 MW·h
	6 h	18〜24 時	60 MW·h
20 MW	1 h	12〜13 時	20 MW·h
30 MW	2 h	7〜9 時	60 MW·h
40 MW	2 h	16〜18 時	80 MW·h
50 MW	3 h	9〜12 時	150 MW·h
60 MW	3 h	13〜16 時	180 MW·h

表 2

k（キロ）	M（メガ）	G（ギガ）
10^3	10^6	10^9

表 3

h（時間）	min（分）	s（秒）
1	60	3 600

から発電電力量を求めることも容易にできるようになります。いくつかの長方形に分けて、それぞれの面積を求めて足し算すればよいだけなのです。例えば、図2のグラフから7つの長方形に分けてそれぞれの面積を求めたのが**表 1** なので、

$$W = 70 + 60 + 20 + 60 + 80 + 150 + 180 = 620 \ [\mathrm{MW \cdot h}]$$

というように総発電電力量を求めることができるのです。

電力量は電力と時間の掛け算であり、*P*–*t* グラフにおいてはその面積を表す！

最後に、単位の変換についてもお話ししておきましょう。P_{Wh} [MW·h] を [J]（= [W·s]）の単位に変換する場合、**表 2** より M は 10^6 であり、**表 3** より 1 時間（h）は 3 600 秒（s）なので、10^6 と 3 600 を単位の外に出して、

$$P_{\mathrm{Wh}} \ [\mathrm{MW \cdot h}] = P_{\mathrm{Wh}} \times 10^6 \times 3\,600 \ [\mathrm{W \cdot s}] = 3\,600 \times 10^6 P_{\mathrm{Wh}} \ [\mathrm{J}]$$

という式で変換できます。逆に、P_{Ws}[J] を [MW·h] の単位に変換するには、

$$P_{\mathrm{Ws}} \ [\mathrm{J}] = P_{\mathrm{Ws}} \times \frac{1}{10^6} \times 10^6 \times \frac{1}{3\,600} \times 3\,600 \ [\mathrm{W \cdot s}] = \frac{P_{\mathrm{Ws}}}{3\,600 \times 10^6} \ [\mathrm{MW \cdot h}]$$

という式で変換することができます。

トークⅠ

電験三種は、なぜこんなに範囲が広くて難しいのだろう？

水島：改めまして、カフェジカにお集まりいただきありがとうございます。お客さまからよくいただく質問で「電験三種は、なぜ４科目もあるのか？」というのがあります。正直、１科目だけでも範囲が広いと思うのですが。

なべさん：土台となる理論、電気を送る側の電力、電気を使う側の機械、ルールを司（つかさど）る法規、やはりどれも重要なんだと思います。範囲は確かに広いですが、実はつながっていることも多いのです。あまり教科ごとに独立したものだと思わずに、広い枠で勉強をした方がよいと思います。

niko：理論をまず勉強して、次に電力や機械、最後に法規、みたいな進め方をする方が多いと思うのですが、例えば私は電力や機械をやってるときにいろんな疑問が生じて、それを解決してくれるのが実は理論だった、みたいなことがよくありました。つまり、なべさんもおっしゃっているように、すべての科目はつながっているんですよね。

加藤：同感です。あと、学校教育を想像していただきたいのですが、小・中学校では国語も数学も社会も全部幅広く学び、高校・大学や専門学校、社会人になっていくにつれて少しずつ範囲を狭め、専門性を養っていく流れですよね。電気の学習も同じで、最初に電磁気や電気回路の計算、電力系統の全般的な知識や電気関連法規の理解といった「電気にもいろいろあって、全体的にこんな感じ」というのを、電験の勉強を通して学ぶようにシステムができていると思うんです。そのあと、それぞれの職種・専門性に合った知識を身につけていくという流れは、このような教育のスタイルにならっているのではないかと思っています。

電気男：そもそも電気主任技術者として保安の監督を務めるうえで必要なのは、基本やルールを忠実に守るだけではなく、より実情に即した安全ルールや設備構成を自分の頭で考える能力なんですよね。日本の伝統的な考え方に「守破離（しゅはり）」というものがあります。まずは教えを守り、そのうえに自分なりの改良を加え、そして学んだことを自分で発展させて物事を高めていくという意味の言葉です。電験の場合、電力、機械で設備の基本を、法規でルールを学ぶことは「守」に当たります。しかし、そこから改良・発展させるうえでどうしても必要なのが理論です。そこでこの4科目が課せられているのかなと思います。

水島：へー、面白いですね。4科目勉強する必要性は理解できました。では、「電磁気学が難しすぎる」とか「実務に関係ないじゃん」という声をよく聞くのですが、難解な電磁気学を学ぶ必要性については、どうですか？

加藤：電磁気学は、電荷や電界など目に見えない抽象的な量を扱うので、余計にそう思いますよね。しかし、電気を専門とする技術者である以上、「電圧が加わり、電流が流れる」あらゆるモノを扱います。それには、必ず電磁気学の概念が関わってくるものなんです。一方で、いつも「いや〜、今日もここには電界や磁界がかかってるな〜」と意識をする必要もないと思います。私たちの身近なもの、例えば、食品や衣服、住宅などの製造されたものでも「これを作るのはこういう理論が使われて…」と意識することがないのと同じです。どちらかというと、これから一緒に働いていく仲間について、「コイツはこういう奴なんだな」と知って仲良くするための最低限の作法だと思っていただければと思います。

電気男：加藤さんは魔術師だし、電界や磁界が実際に見えてそうですね（笑）。

加藤：もう人間を超越（ちょうえつ）してませんかー。この衣装、一応借りものなので…。

電気男：ちょ、そこは設定を忠実に守ってくださいよ（笑）。冗談はさておき、先ほどの守破離の話にもつながるのですが、例えば電磁界規制に関連して、一律に「電路から何m離す」というような決まりがあったとします。しかし、場所ごとに設備構成は異なるので、実際に計算してみると、そんなに距離をとる必要がない場所もあるかもしれません。そうすれば、スペースが有効活用できるなどのメリットが生まれます。根拠を示せば電技解釈に従わなくてもよいと認められているので、理論的に根拠を示す能力を養うために電磁気学が必要です。

niko：また、一般的に使われる機器としてコイルやコンデンサがありますが、これらがどのような原理でその機能を果たしているのか、というのは電磁気学を通してしか学べません。特に機械の知識は電磁気学をしっかりやらないとついていけなくなると思います。三種の電磁気学は、高校物理の範囲と考えてよいので、苦手と思わずに取り組んでいただきたいですね。

なべさん：あと、水島オーナーがおっしゃるように、確かに一見実務に必要ないように見えますし、常時はほとんど必要ないとも言えるでしょう。ただ、問題は非常時です。現在の電気設備は信頼性も上がっていますが、それでもトラブルに見舞われることがあります。トラブルが起きたとき、電気主任技術者は専門的見地に基づき、俯瞰（ふかん）的立場からさまざまな判断をしなければいけません。そういったときのために、専門知識が必要なんです。例えば、短絡事故で電流が流れれば、熱的影響、電磁力による機械的影響もあるわけですから。

加藤：確かに、いきなりトラブルの渦中に放り出されるのは怖いですもんね。何も知識がなくテンパっている状態では、必要な解決策はなかなか頭に浮かんでこないので、初心者のうちに最低限の「武装」をしておきたいところですね。

水島：理論的な根拠にもとづく確かな答え、それが電気主任技術者としての自信や存在意義につながり、しっかりとした実務の基礎になるというイメージがわきますね。でも実際、どこまで実務に役立つ知識が出題されるのでしょうか？

電気男：実務に直接役立つ知識はあまり出ないかもしれません。ただ、これだけ幅広い知識をもっておけば、実務で技術的な課題にぶつかったときにも自分の頭で考えられるだけの素養は身につくのではないかと思います。

加藤：そうですね。まったく未知の事態に遭遇するのと、ちょっと電験でかじったことのある事象とでは、それを解決するまでのスピードや精神的余裕が全然違うと思います。結果的に自分の所属する組織やお客さまのためにもなるので、特にいろいろ吸収できる機会がある初心者のうちに学んでおくことが大事ですね。

なべさん：あとは、試験合格という目標に向かって進む不屈の闘志。これは実務にきっと役立つと思いますよ！

11:00

ランチ前のもうひと踏んばり

おっ、もう 11 時ですね。
長いこと勉強したし、そろそろ休憩にしましょうか。

お昼ごはんのマーボー丼、もうできてますよ～♪
少し早いですが、ランチにしましょうか？

まだだ！まだ終わらんよ。

そ、それでは（汗）…お昼まであと 1 時間、もうひと踏んばりしましょうか。

等価回路って何ですか？

学習していると、等価回路というのが出てきます。等価回路を用いる理由は何でしょうか？

Answer

等価回路とは、いろいろ複雑な回路などを、それと等しい単純な電気回路のモデルにしてしまうことです。

まず、等価というのは、「等しい意味をもつ」という意味です。電気の勉強をしていくうえで、「電圧源と等価な電流源」や、「△結線と等価なＹ結線」など、さまざまな場面で登場します。**等価回路**とは、まさに「等しい意味をもつ回路」ということになります（そのまんまですが）。

では、なぜ「等価回路」を用いるのでしょうか？それは、「単純な回路モデルにして計算を容易にするため」にほかなりません。難しくしては意味がありませんからね。そして、等価回路を作図さえしてしまえば、あとはオームの法則、キルヒホッフの法則などを使用し、電気回路の計算をするだけです。そこで、最低限正しい等価回路を描けないといけません。ここでは、機械科目の「直流機」を例に、等価回路を作図する手順を見ていきましょう（変圧器と誘導機は、別のところで説明します）。

機械科目の等価回路は、基本となるパターンがほぼ決まっているので、まずは形を覚えてしまうのがよいと思います。とにかく描けなければ意味がありませんからね。ただし、直流機はそのパターンがいくつもあるので、注意が必要です。そこで、以下の手順で等価回路を作図します。

① 作図のルールを決める

② 与えられた条件を正しく回路に落とし込む

③ 矢印や記号などを記入する

例えば、①に関して、私は「電気の流れは左から右」となるように作図するマイルールをもっています。回転機の場合、「発電機」であるか「電動機」であるかによって、意味が変わってきます。描いた自分が勘違いするような回路図は避けたいですね。それでは実際に、次の例題にそって等価回路を描いてみましょう。

ある直流分巻電動機が入力電圧 100 V、入力電流 21 A で運転しており、界磁の抵抗は 100 Ω、電機子の抵抗は 0.2 Ω である。このときの電動機の電気的出力［W］を求めよ。ただし、ブラシの電圧降下、電機子反作用による影響は無視するものとする。

注）重要な情報には下線を記しています

まずは、直流とあるので、この回路は直流であることをインプットします。そして、①作図のルールで「電気の流れは左から右」と決めたので、電源は左、負荷は右になります。今回は電動機なので、**図1**のような配置となり、誘導起電力はVとします。シンボルとして電動機（モーター）はM、発電機（ジェネレーター）はGですね。

次に②の作業を行います。「分巻」とあるので、界磁（磁界を発生させる部分）は電機子（誘導起電力を発生させる部分）と並列に接続されています。そして、電機子には電機子抵抗が存在するので、Mに直列な電機子抵抗を接続します。ブラシや電機子反作用による電圧降下はないので、**図2**のように等価回路を作図します。

最後に③の作業で、**図3**のように電流や逆起電力の矢印や記号を入れていきましょう。あとは回路計算をするだけの作業になります。ここでは、電気的出力は$V \times I_a$となり、その値は1 920 Wになります。

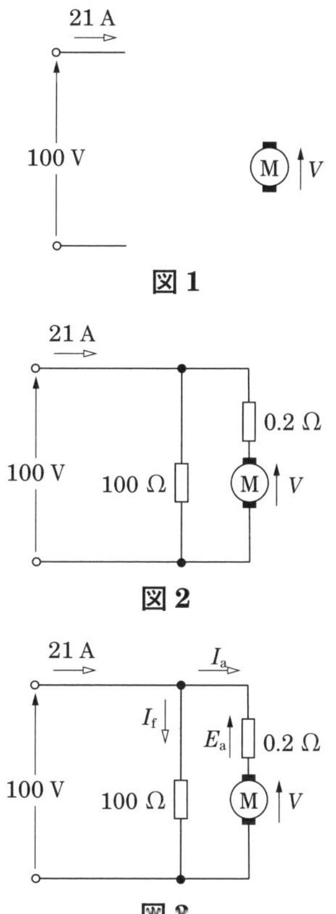

図1

図2

図3

最後に等価回路が最も威力を発揮するのは、「回路の諸条件が途中で変わった時」です。「電源電圧が変わった」、「界磁抵抗が変わった」、「電動機を発電機として使用した」など、諸条件が変わっても等価回路が分かれば恐れるに足りません。

等価回路は複雑な回路も簡単に計算できる魔法のアイテム

理解するには、丸写しでもいいので、まずは自分で描いてみる！

これに尽きます。眺めていても理解はできないので、頑張ってトレーニングしましょう。

なぜ交流を複素数や指数関数で表すのでしょうか？

テキストで唐突に、交流電圧や交流電流を複素数や指数関数で表していて、なぜなのかよく分からず困っています。考え方を詳しく教えてください。

Answer

交流の複素数表示やフェーザ表示は、直流と同じような簡単な計算で交流回路も解析できるように先人が編み出した必殺の手法です。

まず、正弦波交流は、最大値 E_m と最小値 $-E_m$ を往復する波打った形となり、

$$e(t) = E_m \sin \omega t$$

と表されます。これは、**図 1** の左図のように、半径 E_m の円の上を角速度 ω で回転する点 P の高さの変化を、図 1 の右図のように時間の関数で表したものです。

しかし、正弦波交流を三角関数のまま扱うと計算が非常に複雑になり、このままでは直流のように単純な四則演算（足し算、引き算、掛け算、割り算）で回路問題を解くのが困難です。そこで、少し工夫する必要があります。

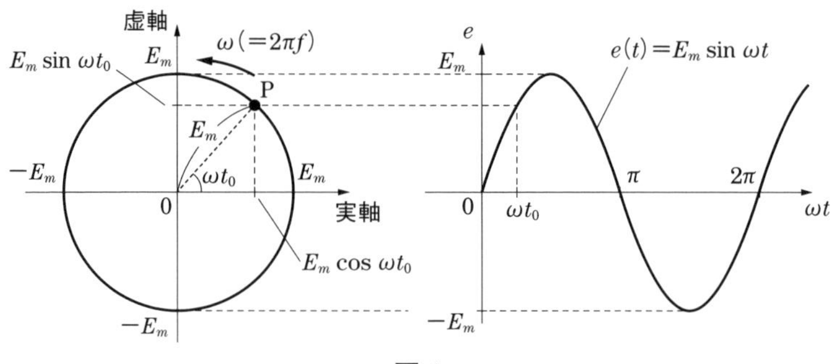

図 1

まず、図 1 の左図を複素数平面ととらえれば、円上の点 P の軌跡は、

$$\dot{E}_m = E_m \cos \omega t + \mathrm{j} E_m \sin \omega t$$

と、**複素数**で表すことができます。正弦波交流は円上の点 P の高さ（縦軸の値）を表すので、$\dot{E}_m$ の虚部が正弦波交流を表していることが分かります。つまり、上式から複素数の虚部を抜き出せば、もとの正弦波交流の形に戻すことができます。また、オイラーの公式 $\mathrm{e}^{\mathrm{j}\theta} = \cos \theta + \mathrm{j} \sin \theta$ を用いれば、

$$\dot{E}_m = E_m \mathrm{e}^{\mathrm{j}\omega t}$$

と、**指数関数**を用いて表せます。複素数や指数関数は三角関数よりも四則演算が簡単なので、<u>正弦波を複素数や指数関数に変換して計算し、最後にその虚部を抜</u>

き出して正弦波交流の形に直せば、交流回路の計算も容易になるのです。

ここで、さらに工夫を加えましょう。交流回路では、**図 2** のように、電流 $\dot{I}_m$ の位相が電圧 $\dot{E}_m$ に対して遅れたりして、電圧と電流の間に「位相差」を生じます。このときの位相差 θ を考慮すると、正弦波交流は、$i(t)=I_m \sin \omega t$ に対して $e(t)=E_m \sin(\omega t+\theta)$ と表されます。このとき、$\dot{E}_m$、$\dot{I}_m$ を指数関数で表すと、

$$\dot{E}_m=E_m e^{j(\omega t+\theta)}=E_m e^{j\omega t}e^{j\theta}、\dot{I}_m=I_m e^{j\omega t}$$

となり、$e^{j\omega t}$ が共通して出てきますが、共通しているものは計算するうえで邪魔なので、思いきって取り除いてしまいましょう。つまり、

$$\dot{E}'_m=E_m e^{j\theta}、\dot{I}'_m=I_m$$

と表し、正弦波に戻す際には $e^{j\omega t}$ を掛けたうえで虚部を取り出せばよいのです。

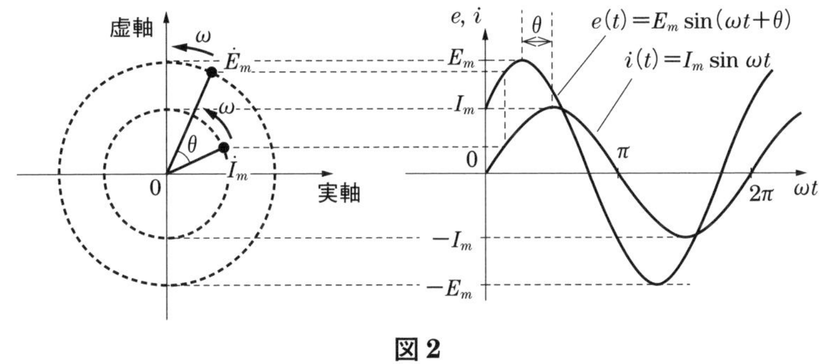

図 2

これを複素数平面上で考えると、**図 3** のように、$e^{j\omega t}$ を取り去ることによって、すべての点が等しく ω という角速度で反時計回りに目まぐるしく回転していたのを、ピタッと静止させるようなイメージになります。

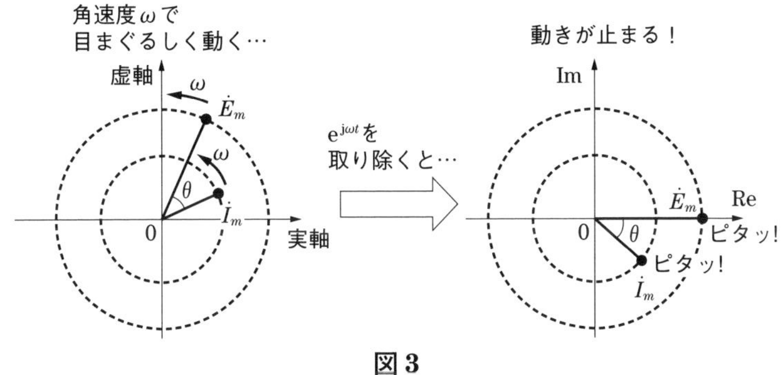

図 3

これで終わりではありません。まだまだ便利な形にしましょう。これまで波形

の大きさとして最大値E_mを用いてきました。しかし、ある抵抗負荷に掛かる電圧や流れる電流の最大値を、それぞれE_m、I_mとしたときの消費電力を計算すると、

$$P=\frac{E_m I_m}{2}$$

となります。直流の場合は、単純に電圧と電流の大きさを掛ければよかったのですが、交流の場合はそうはいかず、余計な「2」が出てきてしまうのです。

そこで、$E_m=\sqrt{2}E$、$I_m=\sqrt{2}I$となるようなEやIを導入すれば、

$$P=\frac{E_m I_m}{2}=\frac{E_m}{\sqrt{2}}\cdot\frac{I_m}{\sqrt{2}}=EI$$

となり、電圧Eと電流Iを掛け合わせた形となり、直流と同じように計算できるようになります。この$E=\frac{E_m}{\sqrt{2}}$や$I=\frac{I_m}{\sqrt{2}}$のことを**実効値**といい、交流で大きさが与えられた場合は、基本的にこの実効値で表されます。

以上ですべての工夫は完了しました。つまり、正弦波交流$e(t)=E_m\sin(\omega t+\theta)$を、これまでの内容を踏まえて「実効値」と「位相差」だけを用いて、

$$\dot{E}=E\mathrm{e}^{\mathrm{j}\theta}$$

と表せば、計算上とても便利になります。このように、邪魔な$\sqrt{2}$や$\mathrm{e}^{\mathrm{j}\omega t}$を取り除いて、「実効値」と「位相差」だけを用いて表す方法を**フェーザ表示**といいます。

そして、正弦波交流をフェーザ表示に変換し、回路計算を行って、最後に取り除いていた$\sqrt{2}$や$\mathrm{e}^{\mathrm{j}\omega t}$を掛け合わせたものの虚部だけを取り出せば、それが求める正弦波交流の関数となるのです。

また、指数関数のeの右肩に乗っている値が複雑になると見にくくなるため、

$$\dot{E}=E\mathrm{e}^{\mathrm{j}\theta}=E\angle\theta$$

と表記する方法もよく用いられます。

さらに、フェーザ表示したものにオイラーの公式を用いて、

$$\dot{E}=E\cos\theta+\mathrm{j}E\sin\theta$$

と複素数の形で表す方法は、**複素数表示**といいます。

フェーザ表示も複素数表示もいずれも広く用いられており、電験三種でも頻出なので、どちらかだけ覚えておけばよいというわけではなく、どちらもしっかりと理解したうえで使いこなせるようにしましょう。

フェーザ表示や複素数表示は、三角関数のままでは複雑になる交流回路計算を、直流と同様の方法で容易に解くために先人が編み出した必殺の手法！

コイルやコンデンサの遅れ・進みが分かりません。

交流回路にコイルやコンデンサが入ると位相が進んだり遅れたりして混乱します。何か分かりやすい覚え方や考え方はありますか？

Answer

コイルは、ぐるぐるストローを思い浮かべると電流が遅れるのが分かります。コンデンサはその逆で電流が進みます。

まずは最も基本的な**抵抗**から考えます（**図1**）。電流 $i_{\mathrm{R}}(t)$ と電圧 $e(t)$ には、

$$e(t) = Ri_{\mathrm{R}}(t)$$

という関係が成り立ちます。ここで、$e(t) \to \dot{E}$、$i_{\mathrm{R}}(t) \to \dot{I}_{\mathrm{R}}$ とフェーザ表示にしても、その関係は変わらず、

$$\dot{E} = R\dot{I}_{\mathrm{R}} \qquad \therefore \dot{I}_{\mathrm{R}} = \frac{\dot{E}}{R}$$

となり、抵抗に流れる電流は、抵抗の両端に印加される電圧を **1/*R*** 倍したもので、電流と電圧は同位相となります。

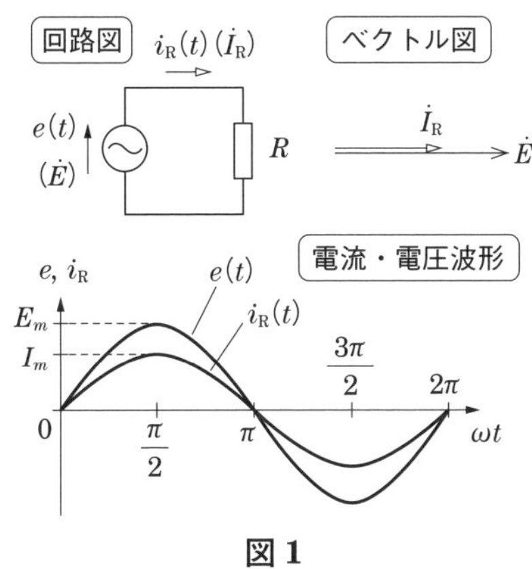

図1

続いて、**コイル**（**図2**）。コイルの起電力は電流の時間変化に比例します。つまり、

$$e(t) = L\frac{\Delta i_{\mathrm{L}}(t)}{\Delta t} \qquad (1)$$

が成り立ちます。この比例定数 L［H］を**インダクタンス**といいます。電験三種の範囲を逸脱するので詳しくは触れませんが、ここでは $e(t) \to \dot{E}$、$i_{\mathrm{L}}(t) \to \dot{I}_{\mathrm{L}}$ とフェーザ表示に変換すれば、$\frac{\Delta}{\Delta t} \to \mathrm{j}\omega$ となることだけ覚えてください。つまり、

$$\dot{E} = \mathrm{j}\omega L\dot{I}_{\mathrm{L}} \qquad \therefore \dot{I}_{\mathrm{L}} = \frac{\dot{E}}{\mathrm{j}\omega L}$$

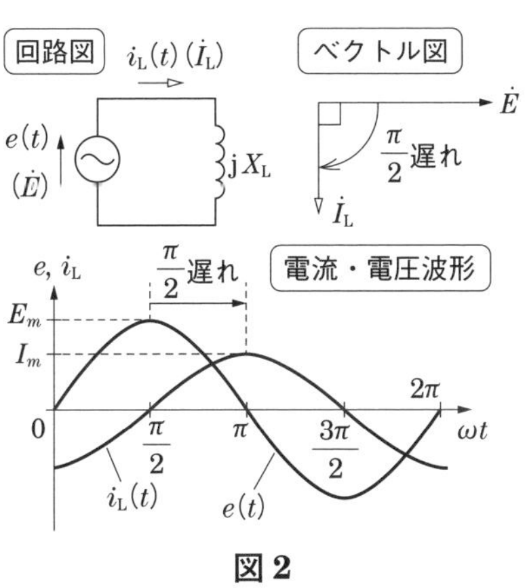

図2

となります。したがって、コイルに流れる電流は、コイルの両端に印加される電圧を$\frac{1}{X_L}\left(=\frac{1}{\omega L}\right)$倍して位相を$\frac{\pi}{2}$だけ遅らせたものとなります。

最後に、**コンデンサ**です（**図3**）。お悩みNo.07で説明したように、コンデンサに流れる電流は電圧の時間変化に比例します。つまり、

$$i_C(t)=C\frac{\Delta e(t)}{\Delta t} \qquad (2)$$

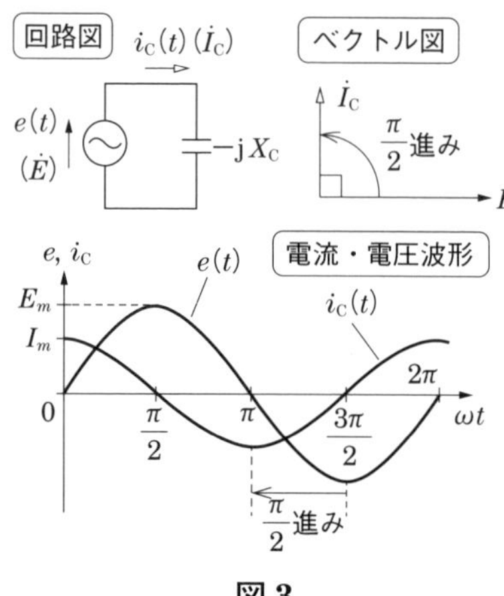

図3

が成り立ちます。ここで、比例係数C[F]は、**静電容量**といいます。(2)式は、コイルのときと同様に、$e(t)\rightarrow\dot{E}$、$i_C(t)\rightarrow\dot{I}_C$とフェーザ表示に変換すると、

$$\dot{I}_C=j\omega C\dot{E}$$

となります。したがって、コンデンサに流れる電流は、コンデンサの両端に印加される電圧を$\frac{1}{X_C}(=\omega C)$倍して位相を$\frac{\pi}{2}$だけ進めたものになります。

「コイルとコンデンサ、電流の位相が遅れるのはどっちだったっけ？」と分からなくなる方も多いと思いますが、**図4**のように、コイルのような「ぐるぐるストロー」をイメージしましょう。吸ってもすぐには口元まで飲み物が届かず、届くまでに時間が掛かるので、電流（飲み物の流れ）は遅れると覚えましょう。

そうすれば「コンデンサは逆に電流が進む！」とすぐに思い出せるでしょう。

図4

コイルはぐるぐるストローをイメージしよう！

インピーダンスを複素数表示する理由は何ですか？

交流回路において、インピーダンスがなぜ複素数で表示されるのか分かりません。その理由や、どのようなメリットがあって、それによりどんな問題が解けるのでしょうか？

Answer

直流回路と同様の公式や計算手順で問題が解けるようになります。

交流回路においては、お悩み No.13 で説明したように、抵抗成分は実数で表され、コイルやコンデンサのリアクタンス成分は純虚数で表されます。

しかし、実際には抵抗、コイル、コンデンサのいずれか１つのみを用いる回路は稀であり、これらが混在する回路を取り扱うケースの方が圧倒的に多いのが実情です。そういった複雑な交流回路を解析するときに、できる限り直流回路と同様に扱えれば楽ですよね。そのために生み出された方法が、お悩み No.12 で解説したフェーザ表示であり、今回のテーマでもあるインピーダンスの複素数表示なのです。

例えば、**図 1** のように、3 つの抵抗 R_1、R_2、R_3 が直列接続された直流回路の合成抵抗 R が、

$$R = R_1 + R_2 + R_3$$

となるのは周知の事実ですが、**図 2** のように抵抗 R、リアクタンス ωL のコイル、リアクタンス $\dfrac{1}{\omega C}$ のコンデンサが直列接続された交流回路（ただし、ω は角周波数）でも、直流回路と同様、

$$\dot{Z} = R + \mathrm{j}\omega L + \frac{1}{\mathrm{j}\omega C}$$

$$= R + \mathrm{j}\left(\omega L - \frac{1}{\omega C}\right)$$

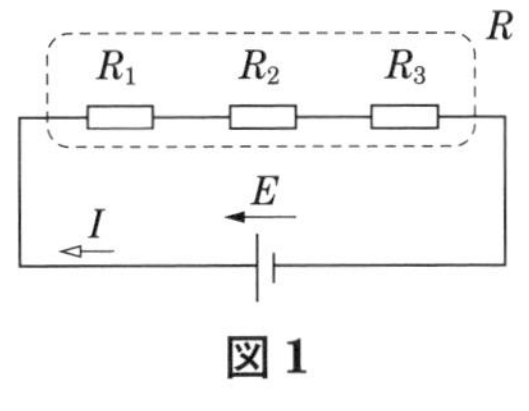

図 1

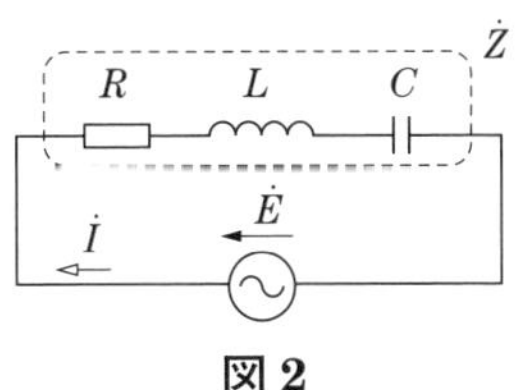

図 2

と、単純に足し算によって合成インピーダンス $\dot{Z}$ を求めることができるのです。

さらに、図 1 で直流回路に電流 I が流れたとすると、オームの法則より、

$$E = RI$$

と電源電圧の大きさ E を求めることができますが、図 2 の交流回路においても、

交流電流 $\dot{I}$ が流れたとすると、オームの法則と同様の形をした式、

$$\dot{E}=\dot{Z}\dot{I}$$

で電源電圧 $\dot{E}$ を求めることができます。これを**交流回路のオームの法則**といいます。

また、**図3**のように抵抗を並列接続した直流回路の場合、合成抵抗の逆数は、

$$\frac{1}{R}=\frac{1}{R_1}+\frac{1}{R_2}+\frac{1}{R_3}$$

と各抵抗の逆数の和で求めることができます。この抵抗の逆数は**コンダクタンス**といい、単位は［S］（ジーメンス）です。交流回路においても同様に、**図4**のように抵抗、コイル、コンデンサの並列接続について、インピーダンスの逆数は、

$$\frac{1}{\dot{Z}}=\frac{1}{R}+\frac{1}{\mathrm{j}\omega L}+\mathrm{j}\omega C$$

$$=\frac{1}{R}+\mathrm{j}\left(\omega C-\frac{1}{\omega L}\right)$$

と、抵抗やリアクタンスの逆数の和で求めることができます。このインピーダンスの逆数をアドミタンスといい、単位は同じく［S］（ジーメンス）です。並列接続の多い回路では、アドミタンスも活用すると非常に計算が容易になることもあるので、頭の片隅においておくとよいでしょう。

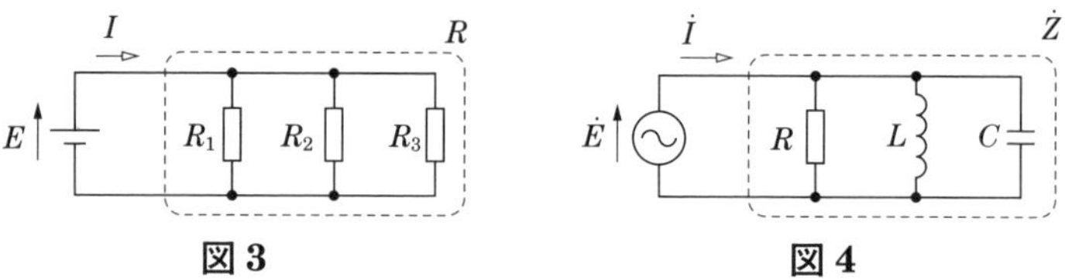

図3　**図4**

つまり、交流回路においてフェーザ表示を導入し、インピーダンスも複素数表示することによって、直列接続、並列接続、オームの法則をはじめとした直流回路で成り立つさまざまな公式や定理（重ね合わせの理、テブナンの定理、ノートンの定理、ミルマンの定理、キルヒホッフの法則など）が交流回路でも使用できるようになります。このことにより、直流回路を解くときと同じような計算手順で解けるようになるという大きなメリットがあるのです。

複雑な交流回路でも、直流回路と同じ公式・計算手順で問題が解ける！

jωLとjXの使い分けはどうしたらいいですか？

電験の問題で、コイルのリアクタンスの複素数表記が「$j\omega L$」の場合と「jX」の場合があります。それぞれどのように使い分けをすればいいか教えてください。

Answer

コイルの定数の単位に注目！リアクタンス［Ω］の場合はそのまま計算、インダクタンス［H］の場合は角周波数を掛け合わせます。

まず、リアクタンスについて説明します。リアクタンスは素子に加わる電圧と流れる電流の比を表し、特にコイルの場合は、**誘導性リアクタンス**といいます。リアクタンスの単位は［Ω］で、抵抗と同じです。コイルのインダクタンスをL［H］、電源の角周波数をω［rad/s］とすると、誘導性リアクタンスX［Ω］は、次の式で表すことができます。

$$X = \omega L \ [\Omega]$$

「j」（虚数単位）は、その大きさだけでなく位相を考慮する場合に使用しますが、基本的には同じ考え方で、

$$jX = j\omega L \ [\Omega]$$

となります。つまり、「$j\omega L$」と「jX」は同じものを表しているということですね。

さて、本題の使い分けに関する話です。電験三種の問題では、回路中のコイルはその性質を表す定数が与えられているのですが、それが誘導性リアクタンスXである場合と、インダクタンスLである場合の2パターンがあります。どちらにせよ、「（オームの法則を用いて）回路の電圧や電流を求めよ」という流れとなるのが大半です。

そこで、このような問題が出題された場合に、まず次のことを意識しましょう。

コイルの定数の「単位」に注目！

例えば、次のような問題が出題されたとします。

実効値が100 V、角周波数が500 rad/sの正弦波交流電源を含む回路を**図1**に示す。この回路に流れる電流iの実効値I［A］を求めよ。

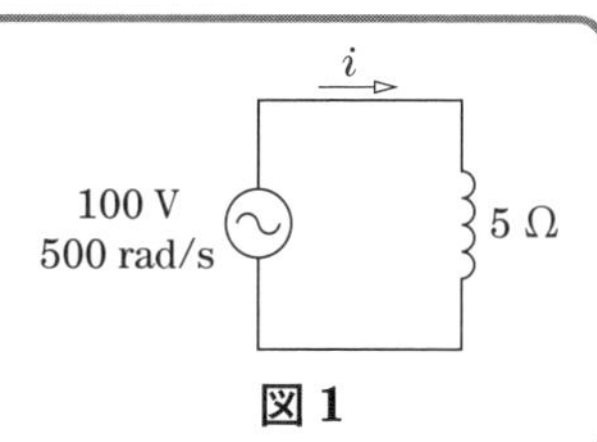

図1

図1の回路を見ると、正弦波交流電源にコイルが接続されており、その単位が［Ω］で表記されていることが分かります。つまり、図1の値が示すのは「誘導性リアクタンスが5Ω」であるということです。

そして、回路に流れる電流 i の実効値 I［A］は、電圧［V］とリアクタンス［Ω］が分かっているので、オームの法則を用いればよく、

$$I=\frac{100}{5}=20\ \mathrm{A}$$

となります。このとき、「角周波数が500 rad/s」と問題文で与えられているものの、解答の際には使用しないことにも注意しましょう。

では、次の問題の場合はどうでしょうか。

実効値が100 V、角周波数が500 rad/sの正弦波交流電源を含む回路を**図2**に示す。この回路に流れる電流 i の実効値 I［A］を求めよ。

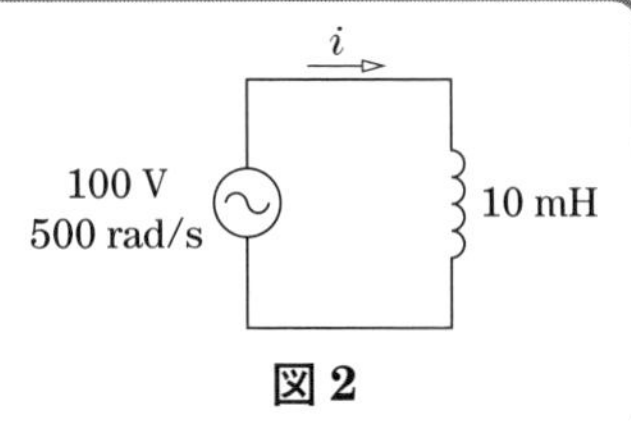

図2

図2の回路でも正弦波交流電源にコイルが接続されているのですが、その単位は［mH］です。つまり、図2の値が示すのは「インダクタンスが10 mH」であるということです。この場合、回路に流れる電流 i の実効値 I［A］を求めるためには、まず誘導性リアクタンス［Ω］を求めなくてはなりません。角周波数 $\omega=500$ rad/s、インダクタンス $L=10\ \mathrm{mH}=10\times10^{-3}\ \mathrm{H}$ であるため、誘導性リアクタンス X［Ω］は、

$$X=\omega L=500\times10\times10^{-3}=5\ \Omega$$

これで、電圧［V］とリアクタンス［Ω］が分かったので、オームの法則より、回路に流れる電流 i の実効値 I［A］は、

$$I=\frac{100}{5}=20\ \mathrm{A}$$

このように、回路の電圧や電流を求める場合、インダクタンスが与えられた際には角周波数を掛け合わせ、単位［Ω］に換算（つまり、「$\mathrm{j}\omega L$」の方の式を利用）しましょう。

リアクタンス［Ω］の場合はそのまま計算に使ってOK！
インダクタンス［H］の場合は角周波数を掛け合わせる！

アドミタンスを使う理由は何ですか？

アドミタンスはインピーダンスの逆数ですが、あえてこれを定義する理由が分かりません。

Answer

アドミタンスは、並列回路での電流計算が楽になるという利点があります。

レジスタンス（抵抗）、リアクタンス、インピーダンス、コンダクタンス、サセプタンス、そしてアドミタンス…、電気回路にまつわる用語はとても多くて混乱しますね。

お悩み No.14 でも触れたように、抵抗とリアクタンスを1つにまとめたものをインピーダンスといい、**電流の流れにくさ**を表します。そして、アドミタンスとはインピーダンスの逆数であり、**電流の流れやすさ**を表しています。

これだけを聞くと、「ただの逆数の関係であれば、別にインピーダンスだけ定義しておけばいいんじゃないの？」と感じる方は多いでしょう。それでは、なぜアドミタンスを定義する必要があるのでしょうか？それを紐解くために、お悩み No.14 の図4をもう一度ご覧ください。

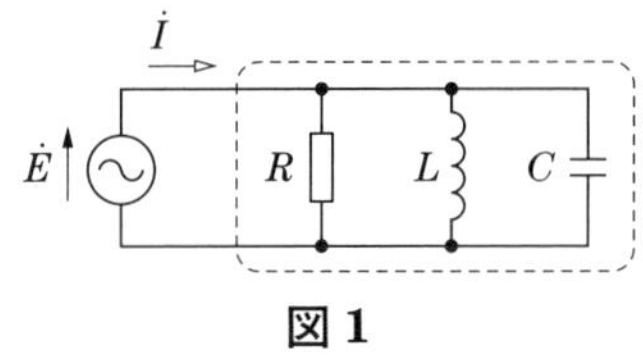

図1

図1の回路において流れる電流$\dot{I}$を求める式は、次のようになります。

$$\dot{I}=\frac{\dot{E}}{R}+\frac{\dot{E}}{\mathrm{j}\omega L}+\frac{\dot{E}}{\dfrac{1}{\mathrm{j}\omega C}}=\left\{\frac{1}{R}+\mathrm{j}\left(\omega C-\frac{1}{\omega L}\right)\right\}\dot{E}$$

この式から分かるとおり、求める回路電流は並列に並ぶ各素子に流れる電流の和です。ここで重要なのは、全電流を求めるときに合成インピーダンスを求めずとも、抵抗やリアクタンスの逆数を使って、各素子に流れる電流を調べて足し合わせることによって全電流を求めることができるということです。

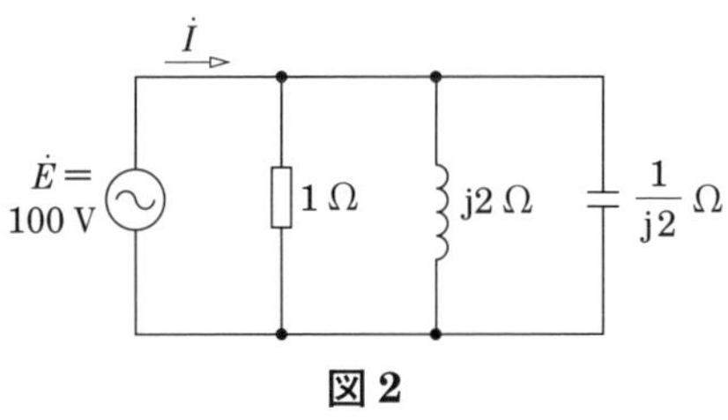

図2

では、具体例として**図2**の回路に流れる電流を求めてみましょう。

今回はあえて、合成インピーダンスを求めてから電流を求める場合と、合成アドミタンスから電流を求める場合の2とおりを考えてみたいと思います。

まず、合成インピーダンスを求める方法から説明します。図 2 の回路の合成インピーダンス $\dot{Z}$ は、

$$\dot{Z}=\frac{1}{\frac{1}{1}+\frac{1}{\mathrm{j}2}+\frac{1}{\frac{1}{\mathrm{j}2}}}=\frac{1}{1-\mathrm{j}\frac{1}{2}+\mathrm{j}2}=\frac{1}{1+\mathrm{j}\frac{3}{2}}=\frac{2}{2+\mathrm{j}3}\ \Omega$$

よって、電源から流れる電流は、

$$\dot{I}=\frac{\dot{E}}{\dot{Z}}=\frac{100}{\frac{2}{2+\mathrm{j}3}}=\frac{2+\mathrm{j}3}{2}\times 100=50(2+\mathrm{j}3)=100+\mathrm{j}150\ \mathrm{A}$$

いかがでしょうか？合成インピーダンスを求めてから回路電流を求める方法では、「分数の分数」の計算をすることになり、分母と分子、どっちがどっちだったっけ？と混乱してしまいかねません。また、人によっては合成インピーダンスを出すときに有理化までしてしまい、電流の計算の際にまた有理化をする、というような無駄な計算まで発生させてしまうこともあるかもしれません。

並列回路はインピーダンスで計算するとミスが起こりやすい

では次に、合成アドミタンスから求める方法を見てみましょう。図 1 の合成アドミタンス $\dot{Y}$ は、

$$\dot{Y}=\frac{1}{1}+\frac{1}{\mathrm{j}2}+\frac{1}{\frac{1}{\mathrm{j}2}}=1-\mathrm{j}\frac{1}{2}+\mathrm{j}2=1+\mathrm{j}\frac{3}{2}\ \mathrm{S}$$

よって、電源から流れる電流は、

$$\dot{I}=\dot{Y}\dot{E}=\left(1+\mathrm{j}\frac{3}{2}\right)\times 100=100+\mathrm{j}150\ \mathrm{A}$$

いかがでしょうか？この計算方法では、合成インピーダンスを求めたときのように「分数の分数」の計算をすることがないので、計算が簡略化されていることが分かります。このような並列回路の電流を求めたい場合、合成アドミタンスを使うと計算がかなり楽になることが、お分かりいただけましたでしょうか。

このように、アドミタンスは並列回路を解析する際に用いると便利です。

並列回路はアドミタンスで計算するとミスが起こりにくい

並列回路では、アドミタンスを使って考えることを意識してみましょう！

ベクトル図の描き方のコツを教えてください。

ベクトル図（フェーザ図）の描き方がいまひとつ分かりません。何か描くときのコツなどがあれば教えてください。

Answer

まずは基準ベクトルを決めます。それをベースに他のベクトルを順番に描いていきます。

お悩み No.12 で解説したように、正弦波交流は実効値と位相を用いて表すことができます。これを平面上に表した図を**ベクトル図**（または**フェーザ図**）といいます。

例えば、$\dot{E}=E\angle 0°$ および $\dot{I}=I\angle\theta$ のベクトル図は、**図 1** のようになります。

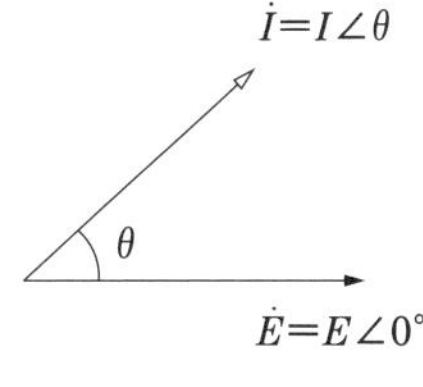

図 1

① RLC 直列回路のベクトル図

図 2 のような RLC 直列回路の場合、抵抗、コイル、コンデンサには共通した電流 $\dot{I}$ が流れるので、電流 $\dot{I}$ を、ベクトル図を描くうえでの基準ベクトルとしましょう（**図 3** ①）。そうすれば、お悩み No.13 でも解説したように、各素子に印加される電圧 $\dot{V}_R$、$\dot{V}_L$、$\dot{V}_C$ は、

$$\dot{V}_R=R\dot{I} \quad 、\quad \dot{V}_L=jX_L\dot{I} \quad 、\quad \dot{V}_C=-jX_C\dot{I}$$

となるので、それぞれ基準ベクトル $\dot{I}$ と同方向、90° 進み、90° 遅れのベクトルとなります（図 3 ②③④）。

ここで、ベクトルは自由に平行移動が可能なので、$\dot{V}_C$ の始点を $\dot{V}_L$ の先端にもってくると（図 3 ⑤）、$\dot{V}_L$ の始点から $\dot{V}_C$ の先端までのベクトルが $\dot{V}_L+\dot{V}_C$ となります（図 3 ⑥）。

したがって、キルヒホッフの電圧則より $\dot{V}=\dot{V}_R+\dot{V}_L+\dot{V}_C$ となるため、$\dot{V}$ は $\dot{V}_R$ と

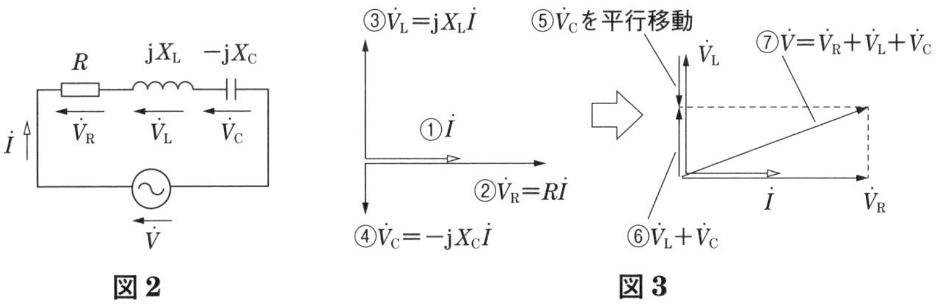

図 2　　**図 3**

$\dot{V}_L+\dot{V}_C$ とのベクトル和として図3⑦のように描くことができます。

② RLC 並列回路のベクトル図

図4のような RLC 並列回路の場合、抵抗、コイル、コンデンサには共通した電圧 $\dot{V}$ が印加されるので、電圧 $\dot{V}$ を、ベクトル図を描くうえでの基準ベクトルとしましょう（**図5**①）。各素子に流れる電流 $\dot{I}_R$、$\dot{I}_L$、$\dot{I}_C$ は、

$$\dot{I}_R=\frac{\dot{V}}{R}\quad、\quad\dot{I}_L=\frac{\dot{V}}{\mathrm{j}X_L}=-\mathrm{j}\frac{\dot{V}}{X_L}\quad、\quad\dot{I}_C=\frac{\dot{V}}{-\mathrm{j}X_C}=\mathrm{j}\frac{\dot{V}}{X_C}$$

となるので、それぞれ基準ベクトル $\dot{V}$ と同方向、90° 遅れ、90° 進みのベクトルとなります（図5②③④）。

あとは RLC 直列回路のときと同様に $\dot{I}_C$ を平行移動すれば（図5⑤）、$\dot{I}_L+\dot{I}_C$ が描けるので（図5⑥）、キルヒホッフの電流則より $\dot{I}=I_R+\dot{I}_L+\dot{I}_C$ となるため、$\dot{I}$ は $\dot{I}_R$ と $\dot{I}_L+\dot{I}_C$ とのベクトル和として図5⑦のように描くことができます。

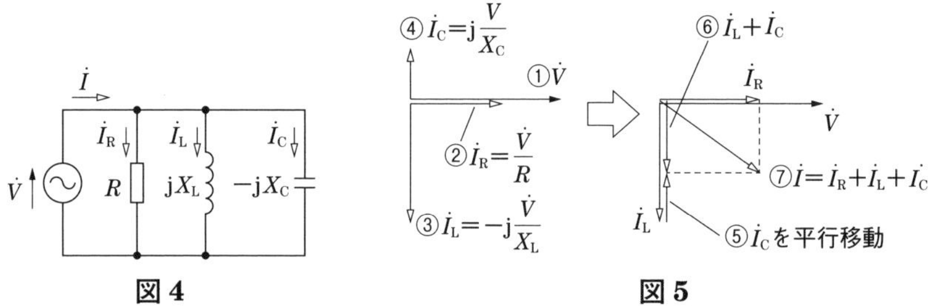

図4　**図5**

実はこの並列回路のベクトル図は、「コンデンサによる力率改善」の問題でよく出題されます。

図6のように、コンデンサが接続されていないときは回路に力率 $\cos\theta_1$ の電流 $\dot{I}_R+\dot{I}_L$ が流れていて、この力率を $\cos\theta_2$ に改善するために接続すべきコンデンサの容量はいくらか、というような問題で頻出です。ベクトル図を描いてしまえば、図形問題として解くことができるという大きなメリットがあります。

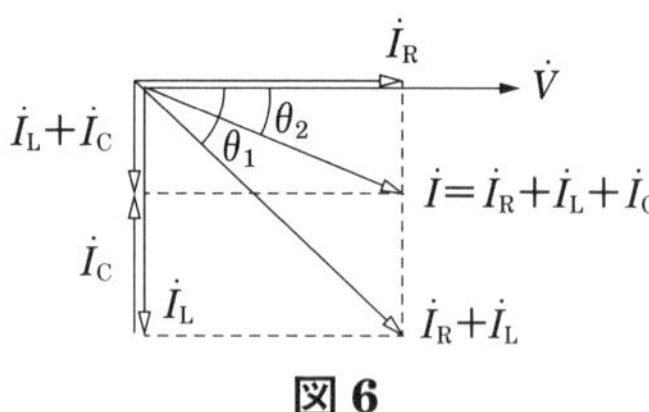

図6

③ 送配電線路のベクトル図

送配電線路のベクトル図は特に頻出なので、描き方も含めてしっかりと身につけておきましょう。**図7**は、一相分の等価回路です。受電端電圧 $\dot{E}_r=E_r\angle 0°$、負

荷の力率が $\cos\theta$（遅れ）、送配電線路の１線あたりの抵抗が r、リアクタンスが x の送配電線路に電流 $\dot{I}$ が流れているとき、送電端電圧 $\dot{E}_s$ の大きさをベクトル図を用いて求めてみましょう。

直列回路なので、これまでのセオリーからいくと電流 $\dot{I}$ を基準ベクトルとすればよいのですが、この手の問題では受電端電圧 $\dot{E}_r$ の位相が 0° と与えられている場合が多いため、素直にそれに従った方が描きやすいでしょう。つまり、まずは $\dot{E}_r = E_r\angle 0°$ を基準ベクトルとして描きます（**図８**①）。

次に、負荷の力率は $\cos\theta$（遅れ）であり、負荷には電流 $\dot{I}$ が流れているので、$\dot{I}$ は $\dot{E}_r$ よりも θ だけ遅れることが分かります（図８②）。

また、送配電線路の抵抗およびリアクタンスにおける電圧降下は $r\dot{I}$ および $\mathrm{j}x\dot{I}$ となるので、$\dot{I}$ と同方向および 90° 進みのベクトルとなります（図８③④）。

最後に、基準ベクトル $\dot{E}_r$ の始点から $\mathrm{j}x\dot{I}$ の先端までベクトルを引けば、それが送電端電圧 $\dot{E}_s$ となります（図８⑤）。

このベクトル図を用いれば、灰色部分の直角三角形に対してピタゴラスの定理を適用することによって、

$$E_s^2 = (E_r + rI\cos\theta + xI\sin\theta)^2 + (xI\cos\theta - rI\sin\theta)^2$$

$$\therefore E_s = \sqrt{(E_r + rI\cos\theta + xI\sin\theta)^2 + (xI\cos\theta - rI\sin\theta)^2}$$

と、E_s の大きさを幾何学的に求めることができるのです。

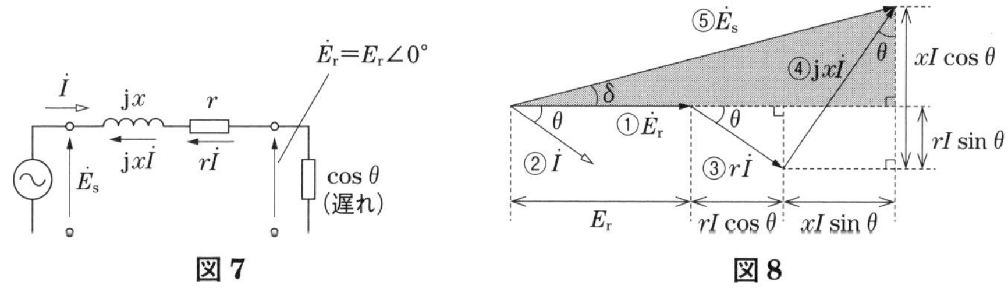

図７　　**図８**

ベクトル図を描くうえで最も重要なことは、「どのベクトルを基準ベクトルとするか」を見定めること！

基本的には各素子に共通しているものを基準とすれば描きやすい場合が多いので、覚えておくとよいでしょう。ベクトル図は、理論・電力・機械・法規すべての科目に登場する必須の概念です。niko さんが「ベクトル図を制するものが電験を制する」とおっしゃっていますが、さまざまなパターンのベクトル図を描く訓練を重ね、モノにしましょう。

有効電力・無効電力・皮相電力の単位は、なぜ異なるのですか？

交流電力の単位で有効電力が［W］、無効電力が［var］、皮相電力は［V・A］、同じ電力なのに単位表記が異なるのはなぜですか？

Answer

同じ電力でも意味が違うからです。

有効電力、無効電力、皮相電力、電気の世界ではさまざまな電力が登場しますが、その違いは何なのでしょうか？今回は、それらのもつ意味の違いについてお話しします。

世の中には運動、熱、光、化学などのさまざまなエネルギーがあります。ただ、それらのエネルギーを直接遠隔地に運ぶのは容易ではありません。しかし、遠くの発電所で電気の力（電力）に一度変換し、運び、再変換することによって、遠隔地で運動、熱、光、化学などのエネルギーとして取り出すことができます。さながら実社会でいうところの仕事をする人を運ぶ電車みたいなものです。

有効電力とは何でしょうか？有効電力はまさしく、実際の仕事に関与する電力です。発電所で運動、熱、光、化学などのエネルギーを電力に変換し、有効電力の形で私たちの身の周りに運ばれます。そして、私たちの身の周りで運動、熱、光、化学などに再変換されて私たちの役に立つ仕事をしてくれます。

無効電力とは何でしょうか？有効電力とは違い、運動エネルギーなど、他の力への受け渡しに関与しない電力です。実際の仕事には関与しないので一見ムダに見えますが、交流回路では必ず存在する電力です。そして、その正体は電磁気学で学んだ静電エネルギーや磁気エネルギーなのです。電気回路内のいたるところで、

電気エネルギー　⇔　静電エネルギー

電気エネルギー　⇔　磁気エネルギー

の変換が生じ、電気回路内を電力が行ったり来たり移動します。これが無効電力であり、電気回路内のみの移動で完結しています。

皮相電力とは何でしょうか？電気回路は電車のようだといいましたが、電車は輸送能力に上限があることは想像がつくと思います。電気回路でも同じことがいえ、電線でも変圧器でも、運ぶことができる電力には上限が存在します。そし

て、有効電力も無効電力も、電気回路内を一緒に移動していることに変わりはありません。そこで上限能力（電気容量）を検討するのに必要な見かけの電力が、皮相電力になります。

イメージをまとめると、**図1**のようになります。

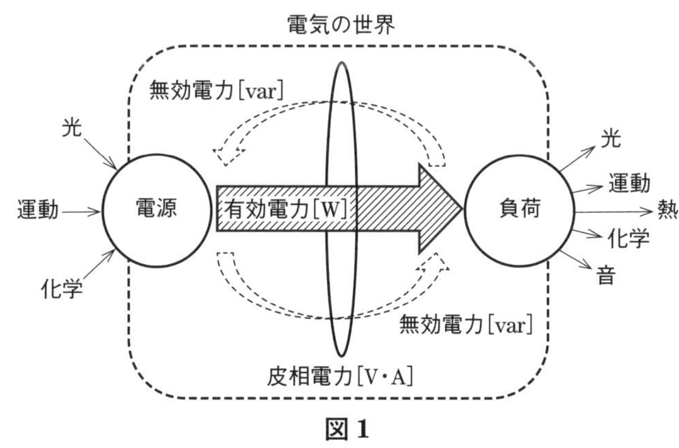

図1

有効電力、無効電力、皮相電力は性質も用途もまったく違うため、単位表記もしっかり区別しないといけません。また、単位の「W」は熱や力学にも登場しますが、「var」や「V・A」は、電気の世界でしか登場しないことも特徴ですね。

また、今回は詳しく説明しませんが、皮相電力は有効電力と無効電力を単純に足し合わせたものとはならないことにも注意しましょう。

○　$(\text{皮相電力}) = \sqrt{(\text{有効電力})^2 + (\text{無効電力})^2}$

×　$(\text{皮相電力}) = (\text{有効電力}) + (\text{無効電力})$

有効電力［W］：実際の仕事をする電力
無効電力［var］：実際の仕事に関与せず、電気回路内を行ったり来たりする電力
皮相電力［V・A］：電気回路を通過する見かけの電力
それぞれ同じ電力でも、単位が異なるように意味も異なる！

お悩み No.19

複素電力を求めるときの共役のとり方が分かりません。

電圧の共役をとるか、電流の共役をとるかで無効電力の正負が変わりますが、意味不明です。考え方や覚え方を教えてください。

Answer

複素数の指数関数表示→複素電力計算→フェーザ表示のプロセスを体感して、複素電力のイメージをつかみましょう。

まず、電力についておさらいします。直流回路における電力 P は、次式のように、単純な電圧 V と電流 I の積で表すことができます。

$$P = V \times I$$

しかし、交流回路における電力は、電圧と電流の単純な積では求められません。なぜなら交流回路には、電圧と電流の**実効値**で表した大きさに加え、電圧と電流の間の**位相差**という要素があり、電力はその両方を使って計算しなくてはいけないからです。

電圧 $\dot{V}$ と電流 $\dot{I}$ の位相を θ_1、θ_2 としてフェーザで表現すると**図1**のようになります。

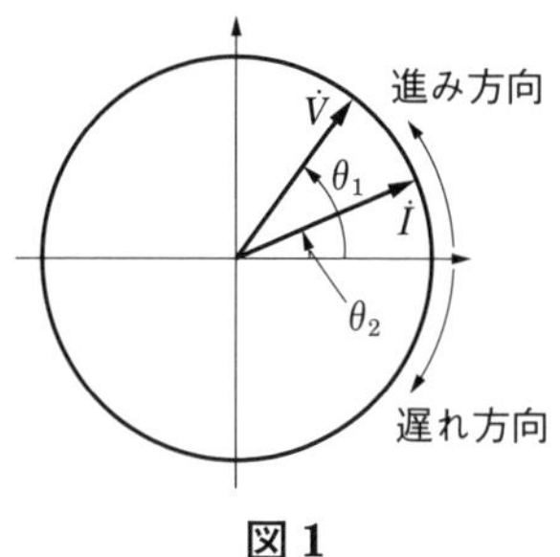

図1

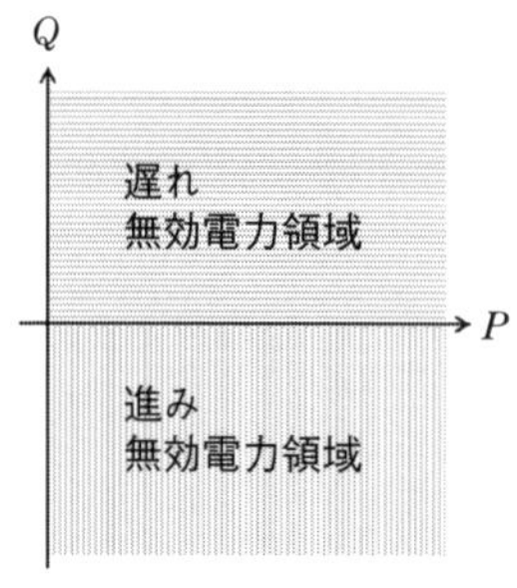

図2

図1のように、横軸を基準とし、横軸から見て反時計回りの方向を正として位相が大きいことを**位相が進んでいる**、またその逆を**位相が遅れている**といいます。図1では電圧 $\dot{V}$ を基準とすれば電流 $\dot{I}$ の方が $\dot{V}$ よりも（$\theta_1 - \theta_2$）だけ位相が遅れているので、このときの有効電力 P と無効電力 Q は次式のように表されます。

$$P = VI\cos(\theta_1 - \theta_2)$$

$$Q = VI\sin(\theta_1 - \theta_2)$$

電流の位相が電圧より進んでいる場合、発生する無効電力は**進み無効電力**、電圧より位相が遅れている場合を**遅れ無効電力**といいます。電力工学では電圧より電流が遅れる系統を考えることが多いため、電験でも必ずといっていいほど遅れ無効電力を正として計算します（**図2**）。しかし、電圧および電流をフェーザ表示した場合では進み方向を正としているため（図1）、まずはこの両者の違いを覚えておく必要があります。

電圧と電流フェーザは進み方向が正！電力は遅れ無効電力が正！

また、お悩みNo.12でも解説したとおり、図1のような電圧と電流は複素数を用いて表すこともできます。そして、この複素数で表した電圧と電流の積によって表される電力を**複素電力**といいます。この複素電力を求めたい場合、電圧と電流のどちらか片方を共役複素数にして計算するというルールがあります。

なぜ共役複素数をとる必要があるのでしょうか？ここでは、「正弦波交流の指数関数による式」を使って説明します。

以下の内容は、正弦波交流の指数関数表示についての知識が必要になります。詳細は、お悩みNo.12をご参照ください。

複素数表示（極座標表示形式）による式と指数関数表示による式は、オイラーの公式を用いて次のように変換が可能です。

$$\dot{E}=E(\cos\theta+\mathrm{j}\sin\theta)=E\mathrm{e}^{\mathrm{j}\theta}$$

この関係を使うと、図1の電圧 $\dot{V}$ と電流 $\dot{I}$ は次式のように表せます。

$$\dot{V}=V(\cos\theta_1+\mathrm{j}\sin\theta_1)=V\mathrm{e}^{\mathrm{j}\theta_1}\quad \dot{I}=I(\cos\theta_2+\mathrm{j}\sin\theta_2)=I\mathrm{e}^{\mathrm{j}\theta_2}$$

また、上式の共役複素数はそれぞれ、

$$\bar{\dot{V}}=V(\cos\theta_1-\mathrm{j}\sin\theta_1)=V\mathrm{e}^{-\mathrm{j}\theta_1}\quad \bar{\dot{I}}=I(\cos\theta_2-\mathrm{j}\sin\theta_2)=I\mathrm{e}^{-\mathrm{j}\theta_2}$$

と表されます。共役複素数は絶対値が変わらず、偏角だけ符号が変わる、というところがポイントです。

これをふまえて、複素電力を求めてみましょう。まず、普通に電圧と電流を掛け算すると、

$$\dot{V}\dot{I}=V\mathrm{e}^{\mathrm{j}\theta_1}\times I\mathrm{e}^{\mathrm{j}\theta_2}=VI\mathrm{e}^{\mathrm{j}(\theta_1+\theta_2)}$$
$$=VI\{\cos(\theta_1+\theta_2)+\mathrm{j}\sin(\theta_1+\theta_2)\}$$

上式を見ると、計算した結果が、<u>それぞれの偏角の和</u>になってしまっています。冒頭で説明したとおり、電力は電圧と電流の**位相差**によって求まるので、このままでは計算できません。よって、位相差を取り出すため、電流 $\dot{I}$ の共役複素数をとって $\bar{\dot{I}}$ を使って計算します。

$$\dot{V}\bar{\dot{I}}=V\mathrm{e}^{\mathrm{j}\theta_1}\times I\mathrm{e}^{-\mathrm{j}\theta_2}=VI\mathrm{e}^{\mathrm{j}(\theta_1-\theta_2)}$$
$$=VI\{\cos(\theta_1-\theta_2)+\mathrm{j}\sin(\theta_1-\theta_2)\}$$

$P=VI\cos(\theta_1-\theta_2)\quad Q=VI\sin(\theta_1-\theta_2)$ より、

$$\dot{V}\bar{\dot{I}}=P+\mathrm{j}Q$$

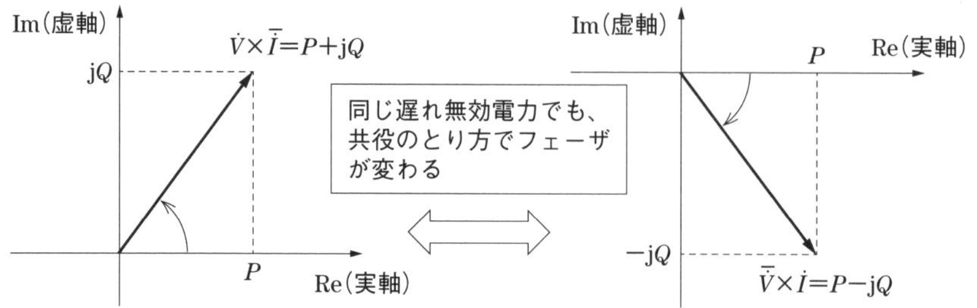

電流の共役複素数をとった場合の複素電力　　　電圧の共役複素数をとった場合の複素電力

図 3

このとき、電流は電圧より遅れていることを前提とすると、$\theta_1-\theta_2>0$ なので無効電力 $Q>0$ となります（ただし、$\theta_1-\theta_2<\dfrac{\pi}{2}$）。よって、複素電力のフェーザ表示は**図 3** 左のようになるので、これで遅れ無効電力を正とした複素電力を求めることができました。

一方、電圧 $\dot{V}$ の共役複素数をとって計算すると、

$$\bar{\dot{V}}\dot{I}=Ve^{-j\theta_1}\times Ie^{j\theta_2}=VIe^{j(-\theta_1+\theta_2)}=VIe^{-j(\theta_1-\theta_2)}$$

$$=VI[\cos\{-(\theta_1-\theta_2)\}+j\sin\{-(\theta_1-\theta_2)\}]$$

$$=VI\{\cos(\theta_1-\theta_2)-j\sin(\theta_1-\theta_2)\}$$

$P=VI\cos(\theta_1-\theta_2)$　$Q=VI\sin(\theta_1-\theta_2)$ より、

$$\bar{\dot{V}}\dot{I}=P-jQ$$

となります。

電流の共役複素数をとった場合は、偏角が「$\theta_1-\theta_2$」でしたが、電圧の共役複素数をとったときは、上式より「$-(\theta_1-\theta_2)$」となりました。どちらのパターンも、電圧と電流の位相差を取り出していることに変わりはないのですが、その位相差の符号が異なっています。そのため、先ほどと同じく遅れ無効電力を消費していることを前提とすると、複素電力のフェーザ表示は図 3 右のようになります。これでは遅れ無効電力を負としたフェーザ表示になってしまうので、一般的に電験では電圧の共役複素数をとる計算方法は使用されません。

ここまで、共役複素数をとることによる複素電力計算の原理について解説しました。ここで説明したとおり、複素電力は遅れ無効電力を正とするのが一般的なので、計算する際は電流の共役複素数をとって計算しましょう。

電験では遅れ無効電力が正。だから複素電力計算は $\dot{V}\times\bar{\dot{I}}$

$\sin(\theta+90°)$ や $\cos(\theta+90°)$ の計算が覚えられません。

三角関数が苦手で、特に 90 度足したり引いたりしたときに $\sin\theta$ が $\cos\theta$ になったりするのがよく分かりません。どうやって覚えたらよいですか？

Answer

分からなくなったときは、基本のグラフを使いましょう。また、位相差を求めたいときは、フェーザを使うのが便利です。

$\sin(\theta+90°)$ や $\cos(\theta+90°)$、$\cos(90°-\theta)$ などの条件が与えられた場合、これを簡単な三角関数に直すには基準となるグラフから考えるのが便利です。まず、$\sin(\theta+90°)$ の計算をするために、$\sin\theta$ のグラフを見てみましょう。

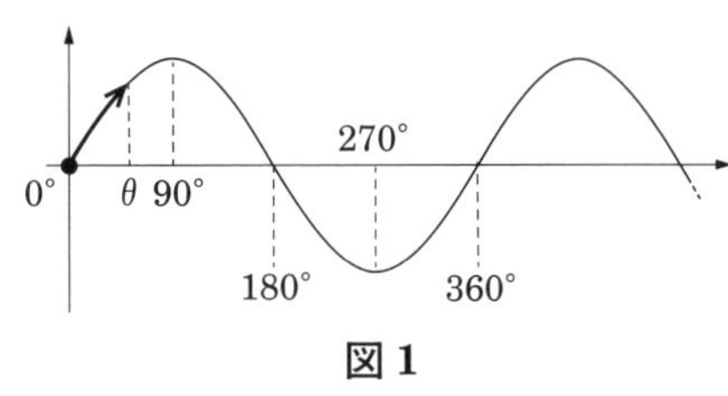

図 1

$\sin\theta$ は**図 1** で示されるように、0° を出発地点としたグラフです。このグラフを使って $\theta+90°$ をどう見たらよいかを説明します。

$\sin(\theta+90°)$ は、$\sin(90°+\theta)$ と書き換えれば、「$\sin\theta$ のグラフにおいて位相角 90° を出発地点として進行する波である」と見ることができます。

よって、**図 2** のように描き直すことによって、$\cos\theta$ と同じ波形になります。以上のことから、$\sin(\theta+90°)=\cos\theta$ であることが分かります。

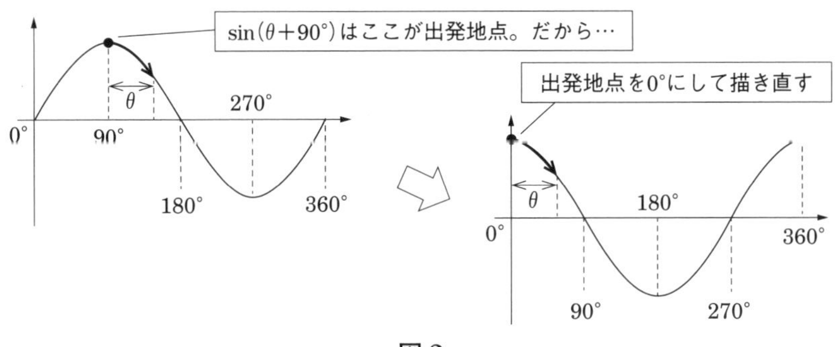

図 2

続いて、$\cos(\theta+90°)$ の計算をします。

$\sin(\theta+90°)$ と同様に考え、$\cos\theta$ のグラフの位相角 90° を出発地点として描き直します（**図 3**）。

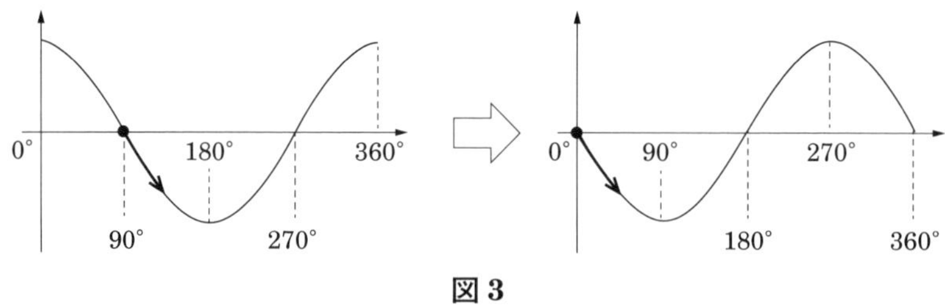

図 3

描き直したグラフは$\sin\theta$の正負を反転したものと同じなので、$\cos(\theta + 90^\circ) = -\sin\theta$であることが分かります。このように、基準となるグラフを描くことによって、求める数式を図形的に理解することができるのです。

出発地点がどこかを見て、その点を0°にして描き直すことで目的の式が得られる

そして、$\cos(90^\circ - \theta)$を計算してみましょう。

出発地点は90°ですが、いままでと違い、θの符号が負になっています。これは、「$\cos\theta$のグラフで見たときに、波の進行方向が負の方向になった」ことを意味しています。この場合は、逆になった進行方向を、**図 4** のように本来の進行方向である右向きに描き直します。簡単にいえば、出発地点をずらしてから、鏡のように左右反転させるのです。

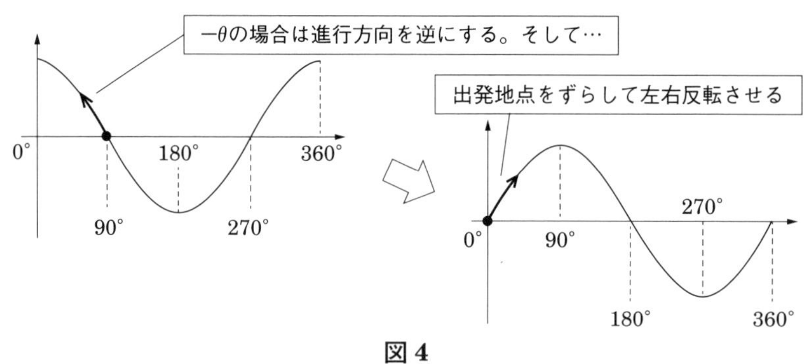

図 4

以上の結果から、$\sin\theta$と同じグラフになったので、$\cos(90^\circ - \theta) = \sin\theta$であることが分かります。

90°−θ の場合は、出発地点をずらして反転させる

理屈が分かると、この描き直しをすることなく、$\sin\theta$や$\cos\theta$のグラフを見るだけで、$\theta + 90^\circ$や$90^\circ - \theta$、さらに$\theta + 270^\circ$や$180^\circ - \theta$など、どのような数式でもグラフからすぐに求められるようになるので、ぜひ試してみてください。

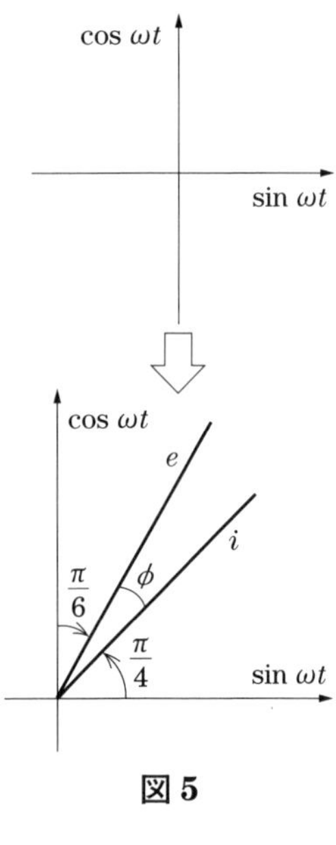

図 5

最後に、位相差を簡単に考える方法について解説します。例えば、次式で表される電圧と電流の位相差がいくらになるかを考えてみましょう。

$$e=E_m\cos\left(\omega t-\frac{\pi}{6}\right)\qquad i=I_m\sin\left(\omega t+\frac{\pi}{4}\right)$$

この位相差を問われる問題が過去にも実際に出題されたことがあります。このような問題の場合、先ほどのやり方でどちらかを sin か cos に直して比較するという方法もありますが、実は図 5 上のように直交座標軸を描いて、横軸に $\sin\omega t$、縦軸に $\cos\omega t$ と書くだけで裏技のように簡単に位相差を求めることができます。

やり方はいたってシンプルです。sin なら sin、cos なら cos の軸に対して電圧と電流の位相がどれだけずれているかを見て、それぞれの偏角を示すラインを描き加えるのです。

電圧は$e=E_m\cos\left(\omega t-\frac{\pi}{6}\right)$で与えられており、これは $\cos\omega t$より $\frac{\pi}{6}$ 遅れた位相なので、$\cos\omega t$の軸から時計回りに $\frac{\pi}{6}$ 回した位置に電圧ラインを表示させます。

また、電流は$i=I_m\sin\left(\omega t+\frac{\pi}{4}\right)$で与えられており、これは$\sin\omega t$より$\frac{\pi}{4}$進んだ位相なので、$\sin\omega t$の軸から反時計回りに $\frac{\pi}{4}$ 回した位置に電流ラインを表示させます。

これで電圧と電流ラインを描くことができたので、電圧と電流の位相差は図 5 下から、

$$\phi=\frac{\pi}{2}-\frac{\pi}{4}-\frac{\pi}{6}=\frac{\pi}{12}$$

と図から簡単に求めることができます。ポイントは、横軸に $\sin\omega t$、縦軸に $\cos\omega t$ と書く。それだけで三角関数の位相差を調べることができるので、ぜひ試してみてください。

分からなくなったら、基本のグラフを描いて思い出しましょう！

テブナンの定理が分かりません。

テブナンの定理がよく分からないので、等価回路の作り方を教えてください。

Answer

テブナンの定理は回路解析の切り札。身につければ強力な武器になるので、マスターしましょう。

テブナンの定理は、主に「回路内のある枝路に流れる電流を求めたい」ときに非常に有効な定理です。ここでは、そんなテブナンの定理の使い方を説明しますので、なぜ便利なのか実感していただきたいと思います。

まずは、テブナンの定理とは何かを知るために、こちらの回路を見てみましょう。

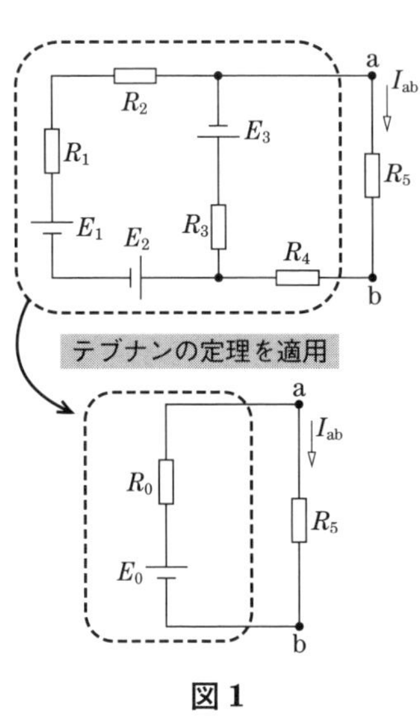

図 1

図 1 の上図において、a–b 端子間にある抵抗に流れる電流 I_{ab} を求める場合を考えます。キルヒホッフの法則や重ね合わせの理を使って解くこともできますが、やや複雑な計算になります。しかし、もしこの回路が、図 1 下のように、**1 つの等価電圧源 E_0 と 1 つの等価抵抗 R_0** で表されるシンプルな回路に変形できるとしたら、直列回路の電流計算だけをすればよくなり、大変便利です。このときの E_0 と R_0 を求める手法が、テブナンの定理です。次に、実際にこの定理を使って問題を解いてみたいと思います。

① E_0（等価電圧源）を求める

図 1 下の回路の E_0 は a–b 端子間の抵抗 R_5 を回路から切り離したときに a–b 端子間にあらわれる電圧です。

まずは、この E_0 を求めてみましょう。

図 2 は、実例として図 1 の回路の各電圧源と抵抗に数字を入れ、a–b 間の抵抗器を切り離したものです。ここで b′–b 間には電流が流れないため、a–b 間にあらわれる電圧 E_0 は a′–b′ 間の電圧 $V_{a'b'}$ と等しくなります。

$$E_0 = V_{a'b'}$$

閉回路に流れる電流 I を求めると、

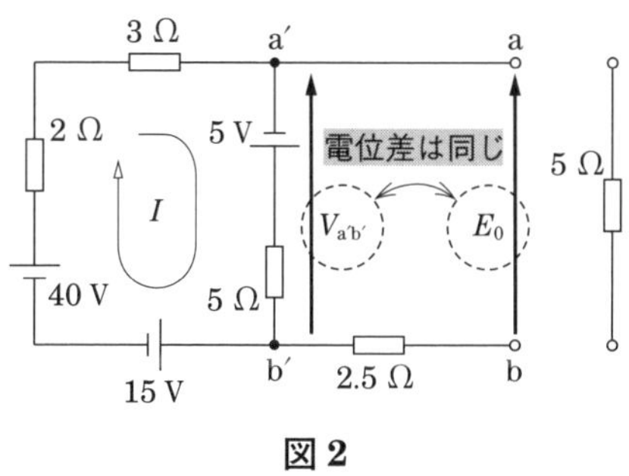

図 2

$$I=\frac{\text{電圧の和}}{\text{抵抗の和}}=\frac{40+5-15}{3+2+5}=3\ \text{A}$$

よって $E_0=V_{a'b'}$ は次式で求められます。

$$E_0=V_{a'b'}=-5\ \text{V}+5\ \Omega\times 3\ \text{A}=10\ \text{V}$$

② R_0 を求める。

続いて、等価抵抗 R_0 を求めます。R_0 は「a-b 端子間の抵抗を回路から切り離したときに a-b 端子から見た合成抵抗」です。合成抵抗を求めるときは**図 3** のような手順で、すべての電圧源を短絡した状態で計算します（電流源の場合は開放）。

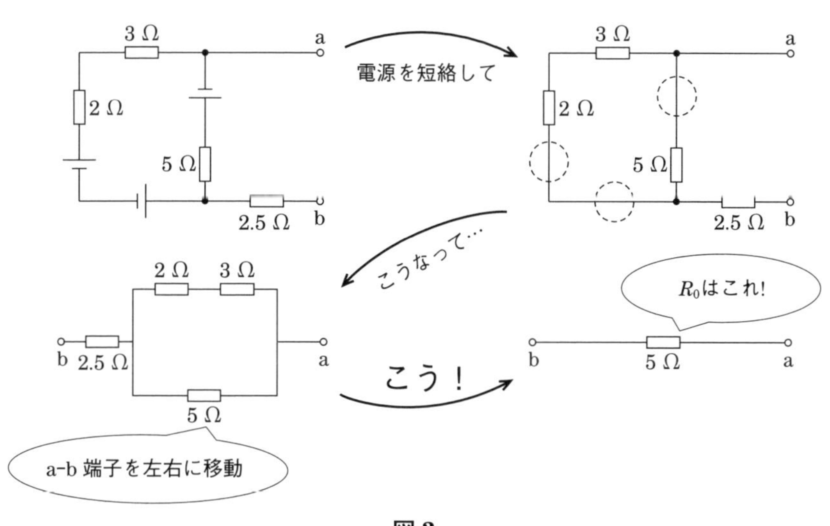

図 3

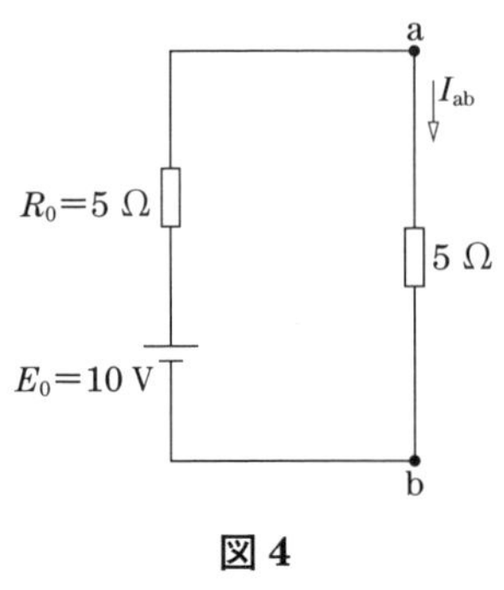

図 4

以上より、$E_0=10\ \mathrm{V}$、$R_0=5\ \Omega$ と求まったので、**図 4** のようにシンプルな等価回路へと描き換えることができます。

左の回路図から、

$$I_{ab}=\frac{10}{5+5}=1\ \mathrm{A}$$

と、a–b 端子間にある抵抗に流れる電流 I_{ab} を求めることができました。

このように、テブナンの定理は、等価電圧源と等価抵抗を求める過程が分かれば、簡単に回路の解析ができる必殺の手法なのです。

ここまでを読んだだけでいきなり問題を解こうとしても難しいかもしれませんが、慣れると楽に導けるようになります。主に、電源がたくさんあったりするなど複雑な形になっている回路を、1 つの等価電圧源と等価抵抗に置き換えることができるのが、テブナンの定理の便利な点といえるでしょう。テブナンの定理を使うと便利な回路は、お悩み No.22 をご参照ください。

テブナンの定理は回路解析の切り札

この必殺の手法をぜひマスターしましょう！

回路計算では、どの定理を使えばいいのでしょうか？

電気回路の定理が多すぎて、どれを使えばいいのか分かりません。何か見抜くコツなどはありますか？

Answer

各定理の特徴をよく理解し、暗記しなくてはいけない法則ではなく、電気回路を討伐（とうばつ）するための武器としてとらえましょう。

電験三種で頻出になる法則や定理には、主に以下のものがあります。

① キルヒホッフの法則　　② 重ね合わせの理

③ ミルマンの定理　　④ テブナンの定理

電験三種では、上記を扱えるようになればさまざまな回路に対応できます。そこでここでは、直流回路にしぼって各定理が特に有効な回路と、それを見抜くためのポイントを紹介します。

1. キルヒホッフの法則

キルヒホッフの法則は、全ての電気回路で成り立つ基本法則です。したがって、他の定理のように「使うと便利な回路」というものはありませんが、複雑な回路網では計算が難しくなるので、簡単な構成の回路や、局所的な解析をしたいときに使うとよいでしょう。

図 1 は抵抗 R_4 を流れる電流 I_4 を求める問題ですが、キルヒホッフの法則で瞬殺できます。

〈I_4 を求めよ〉

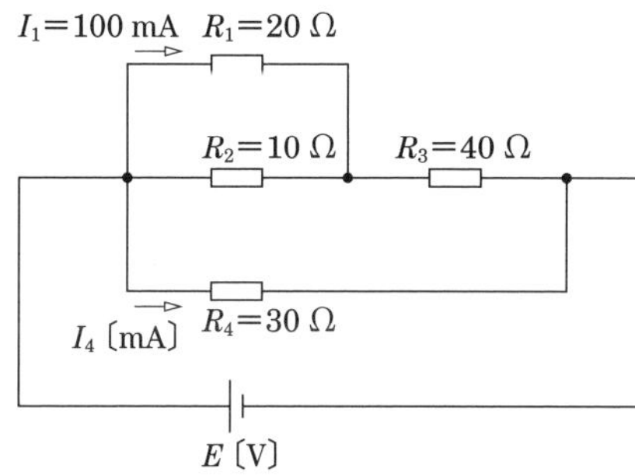

出典：平成 24 年度第三種電気主任技術者試験、理論科目、A 問題、問 6

図 1

まず、抵抗 R_1 を流れる電流 I_1 は 100 mA なので、抵抗 R_1 の両端の電圧 V_1 は 2 V であることが分かります。**キルヒホッフの電圧則**から、これと同じ電圧が抵抗 R_2 に加わっているので、抵抗 R_2 に流れる電流 I_2 は 200 mA ということが分かります。**キルヒホッフの電流則**より、電流 I_1 と電流 I_2 を合わせた電流 $I_3 = 300$ mA が R_3 に流れるので、抵抗 R_3 の両端の電圧 V_3 は 12 V ということが分かります。

よって、キルヒホッフの電圧則より V_1 と V_3 を足し合わせた電圧 $V_4 = 14$ V が抵抗 R_4 に加わるので、$I_4 = \dfrac{14}{30} = 0.466\,6\cdots \fallingdotseq 467$ mA（答）となります。このように、与えられた条件をもとに、1つずつ回路を解析していけばゴール（解答）にたどり着く、という問題には各定理は用いず、キルヒホッフの法則を使うのがよいでしょう。

2. 重ね合わせの理

重ね合わせの理は、電圧源や電流源が複数組み込まれている回路に対して有効です。各電源が単独で存在しているとみなしたときに、シンプルな直並列の電気回路になりそうな場合は、この理を使うとよいでしょう。重ね合わせの理を使うときの注意点はたった1つです。それは、電源を取り除くときに**電圧源は短絡**し、**電流源は開放する**ことです。覚え方としては、

電圧源をなくす→その枝路に電位差を生じさせない→等電位→短絡

電流源をなくす→その枝路に電流を流さない→抵抗が ∞→開放

とするのがよいでしょう。

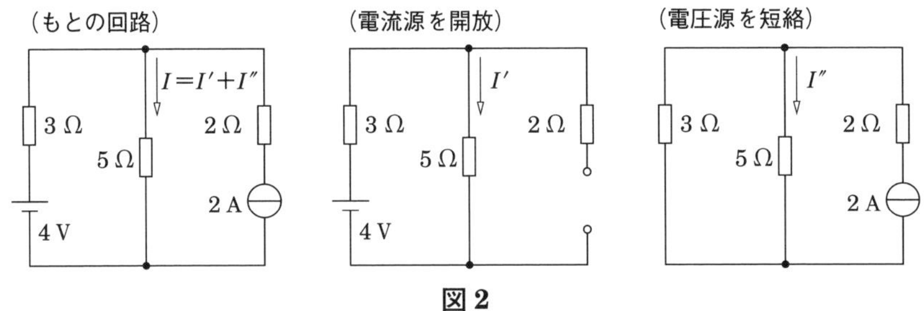

図2

図2は「5 Ω の抵抗に流れる電流 I を求めよ」という問題です。こういう「電圧源と電流源が混じっているが、枝路が少なそうな回路」には重ね合わせの理がおススメです。紙幅の都合上、解答過程は示しませんが、答えは $I = 1.25$ A となります。

3. ミルマンの定理

ミルマンの定理は、並列のみで構成される回路に有効な定理です。3つ以上の電源と抵抗が並列になっている場合は、ミルマンの定理が特に便利になるでしょ

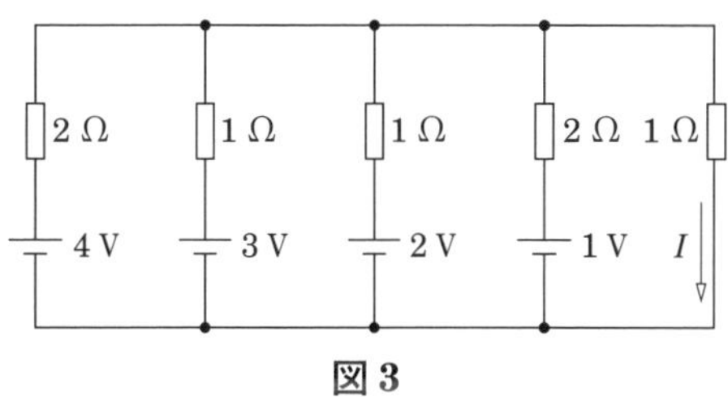

図 3

う。この定理を使うと便利な回路を**図 3** に示します。

図 3 は右端の抵抗に流れる電流 I を求める問題ですが、このような回路の形が出てきたらミルマンを使いましょう。詳しいミルマンの定理の公式の説明は省略しますが、計算過程を下に示すので、やってみてください。

$$V=\frac{\frac{4}{2}+\frac{3}{1}+\frac{2}{1}+\frac{1}{2}}{\frac{1}{2}+\frac{1}{1}+\frac{1}{1}+\frac{1}{2}+\frac{1}{1}}=\frac{7.5}{4}=1.875\ \mathrm{V} \qquad \therefore I=\frac{1.875}{1}=1.875\ \mathrm{A}$$

4. テブナンの定理

テブナンの定理は、複雑な回路網においてある枝路に流れる電流を求めたいときに特に有効な定理です。枝路を開放したとき、その端子から見た回路が対称性をもっていたり、問題文からすでに開放時の電位差が与えられているなどの条件がある場合は、迷わずテブナンの定理を使いましょう。テブナンの定理の使い方は、お悩み No.21 をご参照いただくとして、「こんな形の回路はテブナン」という例をいくつか示します。

〈例 1〉 対称性のある直並列回路

図 4 は、抵抗 R に流れる電流を求める問題です。直並列回路なので、ミルマンの定理は使えません。重ね合わせの理やキルヒホッフの法則でも解けますが、抵抗 R を開放したとき、電源のマイナス端子側の電位を 0 V と設定すると、キルヒホッフの電圧則から開放端の左端子と右端子の電位が、それぞれ 30 V、40 V であることが分かるので、この端子間の電位差、すなわち等価電圧源は 10 V と簡単に求まります。また、抵抗も対称的なので、開放端から見た合成抵抗も 50 Ω と簡単に求まります。よって、テブナンの定理を使うのがとても有効な回路です。

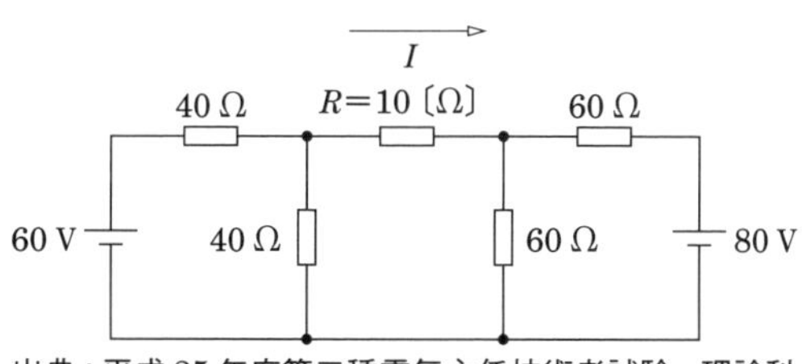

出典：平成 25 年度第三種電気主任技術者試験、理論科目、A 問題、問 6

図 4

〈例 2〉 開放端の電位差が、すでに与えられている

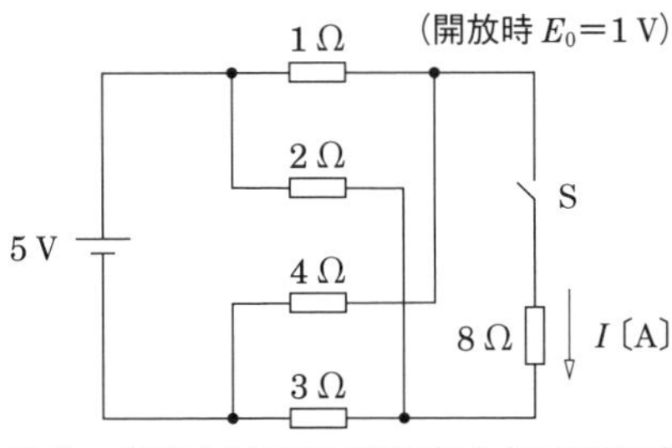

出典：令和2年度第三種電気主任技術者試験、理論科目、A問題、問7

図 5

図 5 は、一見分かりにくい形をしていますがブリッジ回路です。この問題は、スイッチを入れる前の開放端の電位差が与えられています。開放端の電位差とは、テブナンの定理でいうところの等価電圧源のことですから、開放端から見た合成抵抗だけ調べれば題意の電流が求まるので、このようにはじめから開放端の電位差が与えられている場合は、テブナンの定理を使うのがよいでしょう。

回路の解析には、他にもデルタスター変換などもあり、私は基本的には**図 6** のチャートに示したような思考プロセスで、回路パターンによってどの定理が適用可能かを判断しています。稀に、このとおりにいかないこともありますが（苦笑）。

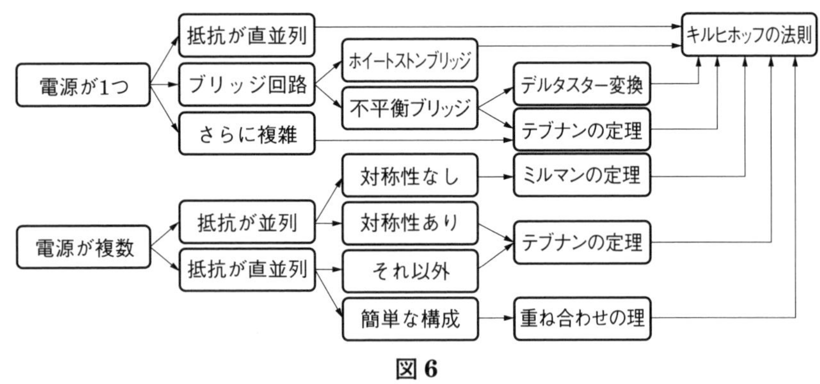

図 6

いろいろな問題を解くことによって、少しずつ直感的に判断できるようになります。

これを参考にたくさん問題を解いて、
各定理と相性のいい回路をつかみましょう！

電界や磁界中における電子の運動が分かりません。

電気工学を学んでいたはずなのに、急に力学の内容が出てきてまったく理解できません。力学の基礎的なところから分かりやすく教えてください。

Answer

一様電界中では、電子は等加速度で直線運動を行います。一様磁界中では、電子は進行方向と直角の力を受け、等速円運動を行います。

電気の勉強中に唐突に「力学」が登場するので、わけが分からないと感じて当然です。しかし、力学はイメージしやすいので、分かってしまえば簡単です。

まずは、物体の運動と力の関係について考えてみましょう。静止している物体に力を加えないと、どうなるでしょうか？当然、静止したままですね。

それでは、ある速度で移動する物体に力を加えないと、どうなるか分かりますか？直感的には、**図1**のように「やがて止まる」と思いますよね。しかし、ここに大きな誤解があり、実は**図2**のように「一定の速度で移動し続ける」のです。

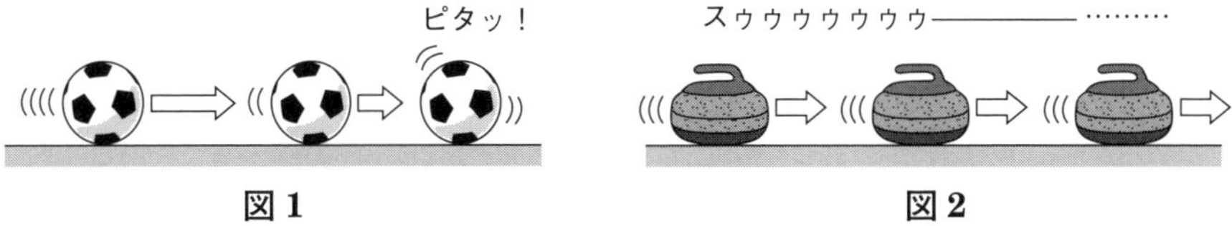

図1　　**図2**

なぜ現実の世界では動いているものがやがて止まるのかというと、例えば図1の場合、サッカーボールと地面との間に摩擦力が働くからです。つまり、人がボールに力を加えていなくても、地面がボールに力を加えているのです。

しかし、図2のカーリングをイメージしてください。氷は摩擦が非常に小さく、最初にストーンを軽く押すだけで、一定の速度でどこまでも進みます。つまり、力が働いていないと、止まっている物質は止まり続け、動いている物質は動き続けるのです。これが力学を正しく理解するうえでとても大事なポイントです。

一定の速度 v_0 で進む物質の t 秒後の速度と位置は、

$$(\text{速度})\ v=v_0 \qquad (\text{位置})\ x=v_0 t$$

と表されます。これを**等速直線運動**といいます。

次に、物体に力が掛かっている場合について考えましょう。クルマを運転しているとき、アクセルペダルを踏むと加速力が働いてどんどん加速しますね（**図3**）。逆にブレーキペダルを踏むと減速力が働いてやがて停止します（**図4**）。このように、運動している物体に力を加えると速度を変化させる作用をします。この速度の変化の度合いを**加速度**といい、運動の方向を正とすると、加速は正、減速は負になります。物体に加える力を F、物体の質量を m、加速度を a とすると、

$$F = ma$$

という式が成り立ち、これを**運動方程式**といいます。

初速度が v_0 で、一定の加速度 a で加速（減速）するとき、t 秒経過後の速度 v および位置 x は、以下のようになり、これを**等加速度直線運動**といいます。

$$（速度）\ v = v_0 + at \qquad （位置）\ x = v_0 t + \frac{1}{2}at^2$$

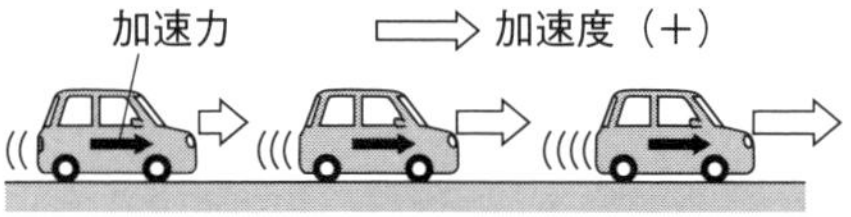

加速力　加速度（＋）

図 3

減速力　加速度（－）

図 4

以上をもとに、電界中の電子の運動を考えましょう。

図 5 のように、極板間隔 d の 2 つの極板に電圧 V を印加すると極板間には一様な電界が生じる。質量 m、電荷 $-e$ の電子が一様な電界から力を受けて陰極から陽極に向かうとき、電子の加速度 a を求めよ。

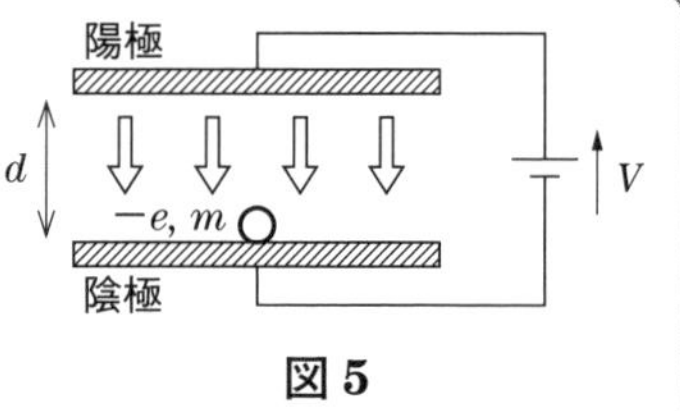

図 5

一様な電界 E の中にいる電子は、**図 6** のように、

$$F = eE = \frac{eV}{d}$$

という力を電界から受けます。電子の電荷は負なので、この力は電界の向きと逆方向となります。この力により電子は加速されるので、

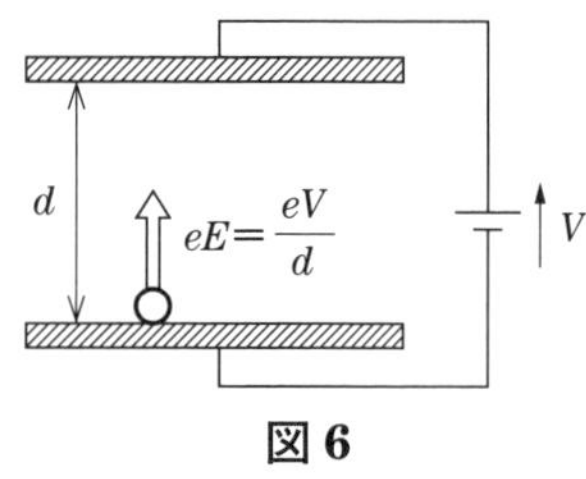

図 6

$$F = ma \qquad \therefore a = \frac{F}{m} = \frac{eV}{md}$$

という加速度によって等加速度直線運動を行うことが分かります。

一様な電界中の電子は、進行方向に力を受けて等加速度直線運動を行う

続いて、円運動について考えましょう。**図 7** のような遊園地のティーカップに

乗っているとき、人は外側に放り出されるような力を感じますよね。これを**遠心力**といい、遠心力の向きは円の中心から外に向かう方向になります。

しかし、人が遠心力によって外に放り出されずに済んでいるのは、ティーカップの背もたれの部分が人を支えてくれている、いい換えれば、遠心力と同じ大きさで円の中心に向かう力を背もたれから受けるからです。これを**向心力**といいます。遠心力と向心力が釣り合うことによって、人は円運動を続けられるのです。

図 8 に示すように、質量 m の物体が角速度 ω で半径 r の円運動をする場合、速度 v および遠心力（＝向心力）の大きさ F は、以下のようになります。

（速度）$v=r\omega$　　（遠心力）$F=mr\omega^2=\dfrac{mv^2}{r}$

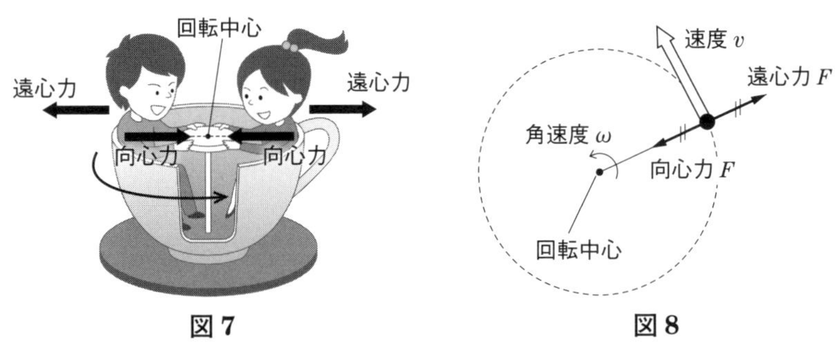

図 7　　**図 8**

以上をもとに、磁界中の電子の運動を考えましょう。

> **図 9** のような磁束密度 B の一様な磁界中を質量 m、電荷 $-e$ の電子が速度 v で進むとき、電子は円運動を行う。このときの回転半径 r を求めよ。 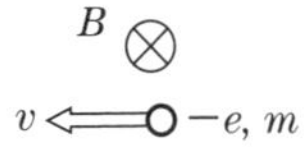
>
> **図 9**

お悩み No.05 で説明したフレミングの左手の法則により、電子は $F=evB$ という力を磁界から受けます。この力は進行方向に対して直角なので、電子はこの力を向心力とした円運動を行います（**図 10**）。これが遠心力と釣り合うため、

図 10

$$evB=\frac{mv^2}{r}\qquad \therefore r=\frac{mv}{eB}$$

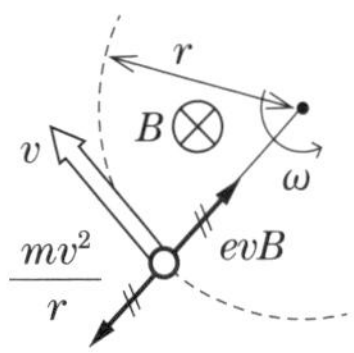

と回転半径 r を求めることができます。

一様な磁界中の電子は、進行方向と垂直な力を受けて等速円運動を行う

molって、いったい何なんですか？

火力発電のCO_2や石炭量の計算で使う「mol」とは何ですか？なぜこのような単位を使用しなければいけないのか、分かりやすく教えてください。

Answer

膨大な数の原子や分子を扱いやすい大きさにするために用いられます。化学反応の問題を解くコツは、いつも「mol」で考えることです。

一昔前に「12個だから、ダースです♪」という12個入りのチョコレートのテレビCMがありましたが、1ダースは12個をひとくくりにした単位です。他にも、瓶ビール20本をひとくくりにして1ケースというのもあります。タバコを吸う方は、10個セットを1カートンと呼ぶのも馴染みがあるのではないでしょうか。

同様に、「**mol**（モル）」という単位も、数多くの原子や分子を集めてひとくくりにするときに使われる単位です。具体的には、6.02×10^{23}個をひとくくりにして1 molと呼び、この単位で表される量を**物質量**といいます。

それでは、なぜ「個」で取り扱わず、わざわざダース、ケース、カートン、molなどの単位を定義して使うのでしょうか？それは、取り扱う数量が非常に多い場合に便利だからです。居酒屋さんが瓶ビールを仕入れるとき、200本をバラで発注するよりも、10ケースで発注した方が、納品時に数量を確認するのが楽ですよね。

電験三種では、重油などの燃料を燃焼させたときに、二酸化炭素や水がどのくらい発生するかを問う問題が頻出です。簡単な例を見てみましょう。

> 重油120 kgを完全燃焼させたときに生じる二酸化炭素の質量を求めよ。ただし、重油の化学成分は重量比で炭素85 %、水素15 %とし、炭素の原子量を12、酸素の原子量を16とする。また、炭素の酸化反応は次のとおり。
>
> C（炭素）$+O_2$（酸素分子）$\rightarrow CO_2$（二酸化炭素）

molを使わずに解こうとすると、重油中の炭素の質量は全体の85 %なので、$120\ \text{kg} \times 0.85 = 102\ \text{kg}$となります。したがって、まずは炭素102 kgを炭素原子1個分の質量で割って、炭素原子が何個分になるかを計算します。しかし、当然ながら炭素原子1個はものすごく軽い（約2×10^{-23} g）ので、膨大な数の炭素原子

(102×10^3 g ÷ (2×10^{-23} g) = 51×10^{26} 個）を含んでいることになり、このまま進めると計算が煩雑になってしまい、桁の間違いを起こしてしまう可能性もあります。

そこで、mol という単位を用いるのです。問題文中で与えられている原子量というのは、その原子を 1 mol 集めたときの質量［g］を表しているため、炭素原子 1 mol あたりの質量は 12 g となります。したがって、炭素原子の物質量 M_C は、

$$M_C = \frac{102 \times 10^3 \text{ g}}{12 \text{ g}} = 8\,500 \text{ mol}$$

と、扱いやすい値になりますね。これが mol という単位がよく用いられる理由です。

「mol」という単位は、膨大な数の原子や分子を扱いやすくするために用いる

次に、化学反応式について説明します。問題文で与えられた炭素の燃焼反応の式の他にも、以下に示す水素分子が酸素分子と反応して水になる式も頻出です。

C（炭素）+ O_2（酸素分子）→ CO_2（二酸化炭素）

$2H_2$（水素分子）+ O_2（酸素分子）→ $2H_2O$（水）

これらの式は、「炭素 1 個と酸素分子 1 個が反応して二酸化炭素 1 個が発生する」「水素分子 2 個と酸素分子 1 個が反応して水 2 個が発生する」ということを意味します。しかし、上述したように、mol という単位は 6.02×10^{23} 個ごとにひとくくりにしたものなので、本質的には数量に関連した単位です。したがって、「炭素 1 mol と酸素分子 1 mol が反応して二酸化炭素 1 mol が発生する」「水素分子 2 mol と酸素分子 1 mol が反応して水 2 mol が発生する」ととらえることもできるのです。

この考えに基づけば、先ほどの問題の場合、炭素 8 500 mol が完全燃焼すると二酸化炭素も 8 500 mol 発生することになります。また、二酸化炭素は炭素原子 1 個と酸素原子 2 個から成り立つので、その分子量（原子量の和）は**図 1** に示すように $12 + 16 \times 2 = 44$ となるため、1 mol あたりの質量は 44 g ということになります。したがって、発生する二酸化炭素の質量 m_{CO_2} は、

$$m_{CO_2} = 8\,500 \times 44 = 374\,000 \text{ g} = 374 \text{ kg}$$

というように求めることができます。

これまでは数量や質量だけを扱ってきましたが、発生する物質が気体の場合、その気体が占める体積を求めるような問題も出題されます。しかし、これも質量の場合と同じように、mol で考えれば簡単に解くことができます。

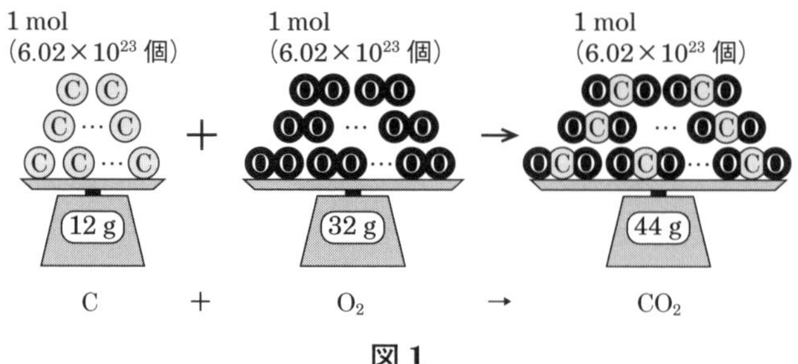

図 1

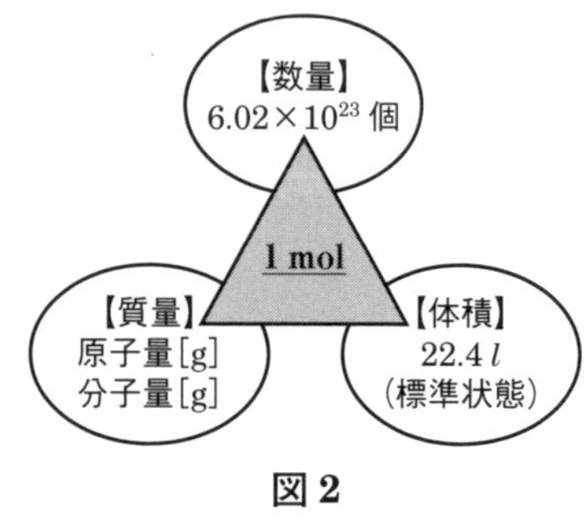

図 2

というのも、温度が 0 ℃、圧力が 1 気圧（＝大気圧）の状態を標準状態といいますが、標準状態の気体 1 mol の占める体積は、いかなる物質であっても 22.4 l となることが知られているのです。つまり、求めたい物質の物質量［mol］さえ求まれば、それに 22.4 を掛ければ簡単に体積を求めることができるということです。

いままでの内容をまとめると、**図 2** に示すように、数量・質量・体積は三位一体であり、物質量を介することで相互に変換することが可能です。なお、原子量や分子量はその物質によって異なりますが、たいていは問題中で与えられるので、**表 1** に示す基本的なものだけ押さえておけば問題ないでしょう。

表 1

原子	名称	炭素	水素	酸素	硫黄	
	元素記号	C	H	O	S	
	原子量	12	1	16	32	
分子	名称	水素分子	酸素分子	二酸化炭素	水	二酸化硫黄
	分子式	H_2	O_2	CO_2	H_2O	SO_2
	分子量	2	32	44	18	64

このように、質量を求める場合でも、体積を求める場合でも、まずはその物質の物質量［mol］を求め、あとはその物質量に分子量［g］を掛ければ質量［g］を求められ、22.4 を掛ければ体積［l］が求められます。つまり、いつも mol で考えることが、化学反応の問題を解くうえでのコツなのです。

化学反応の問題を解くコツは、いつも「mol」で考えること！

短絡と地絡の違いは何ですか？

電力系統の故障として短絡や地絡がありますが、違いがいまひとつ分かりません。詳しく教えてください。

Answer

「短絡」は電線どうしが接触すること、「地絡」は電線と大地が接触することです。

送電線に発生する短絡と地絡について、そのイメージを**図1**に示します。

まず、**短絡**とは、「異なる2本以上の電線どうしが、直接または接触する導体などを介して導通してしまうこと」を表し、いわゆる**ショート**と呼ばれます。原因としては、鳥獣や風による飛来物の接触、送電線の絶縁不良や劣化など多岐にわたります。送電線に短絡が発生すると、その回路には電気抵抗となる物体が存在せず、非常に大きな電流が流れます。

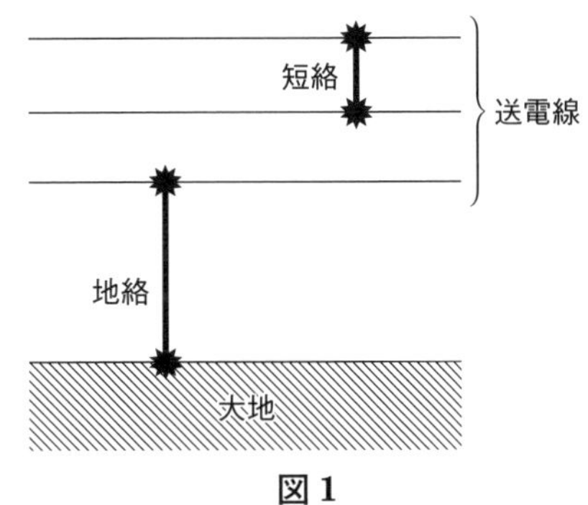

図1

ちなみに、三相の送電線すべてが短絡する**三相短絡事故**は、系統で発生する事故の中で最も過酷であり、三相短絡電流の計算は事故が発生した際のリスクを考えるうえで非常に重要です。

短絡は「電線どうしが接触すること」

次に、**地絡**とは、「大地と電線または電気機器が低いインピーダンスで接続されること」を表します。「大地との接触がある」のが短絡との大きな違いで、大地を介して低インピーダンスの回路が形成されることで、場合によっては大きな電流が流れます。原因としては、樹木などによる電線への接触、落雷によるフラッシオーバ、電線や機器の絶縁不良などが挙げられます。似た現象に**漏電**があり、こちらは「本来流れるべき経路以外に電流が流れること」を表します。漏電の経路は必ずしも低インピーダンスの回路であるとは限りませんが、機器の筐体（きょうたい）など、人が触れる可能性のあるところにまで電気が流れ、感電の危険性があるので要注意です。

ちなみに、送電線のうち1本が地絡する**一線地絡事故**は、系統の事故の中で最も頻繁に発生し、高電圧の系統であれば大きな電流が流れます。

地絡は「電線と大地が接触すること」

お悩み No.26

フラッシオーバと逆フラッシオーバの違いは何ですか？

フラッシオーバと逆フラッシオーバ、どっちがどっちなのか分からなくなります。考え方を教えてください。

Answer

雷が落ちる場所と雷電流が流れる経路を考えてみましょう！

フラッシオーバ自体は、「気体が放電により絶縁破壊する」現象で、日本語に直すと「火花放電」といいます。**図1**左のような鉄塔にがいし連を介して架設された送電線に雷が直撃すると、送電線を伝って過電圧が侵入します。そして、過電圧によりがいし連に加わる電圧が、その耐電圧を超えると発生するのがフラッシオーバです。このとき、雷電流が流れる経路が形成（橋絡）され、鉄塔や架設される架空地線へと雷電流が流れます。

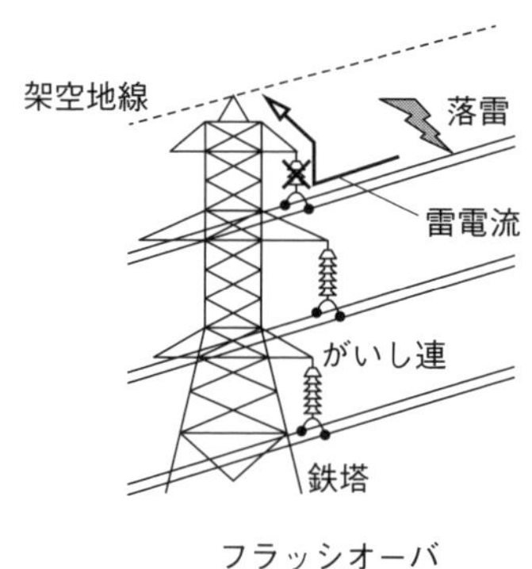

フラッシオーバ

逆フラッシオーバ

図1

一方、図1右のように、雷が鉄塔や架空地線に直撃すると、雷電流により（接地されていた）鉄塔の電位が上昇し、がいし連、または架空地線と導体間でフラッシオーバして、雷電流が送電線に侵入します。これは通常のフラッシオーバと経路が「逆」なので、**逆フラッシオーバ**と呼ばれます。

これらを覚える際のコツとしては、「雷が落ちる場所」、「雷電流の流れる経路」の2点に注目しましょう。

フラッシオーバは送電線→がいし連→鉄塔（架空地線）の方向

逆フラッシオーバは鉄塔（架空地線）→がいし連→送電線の方向

No.27 スリートジャンプやギャロッピングが覚えられないんです。

送電線のスリートジャンプや、ギャロッピングなどが分かりにくいうえに覚えにくいです。何かコツはありますか？

Answer

スリートジャンプはジャンプ！ギャロッピングはジャンプではない！と覚えましょう。

スリートジャンプとギャロッピングは共に、冬季の氷雪によって発生する振動現象です。この2つを見分けるには「ジャンプなのか、ジャンプではないのか」と考えるのがよいでしょう。

スリートジャンプは文字どおり、電線がジャンプする現象です。送電線に雪が付着し、それが何かの拍子ではがれ落ちたときに、それまで電線に載っていた「雪という重り」が一気に外れたことによって、ばねを押さえつけていた指を離したかのごとく、電線が跳ね上がる現象です（**図1**）。

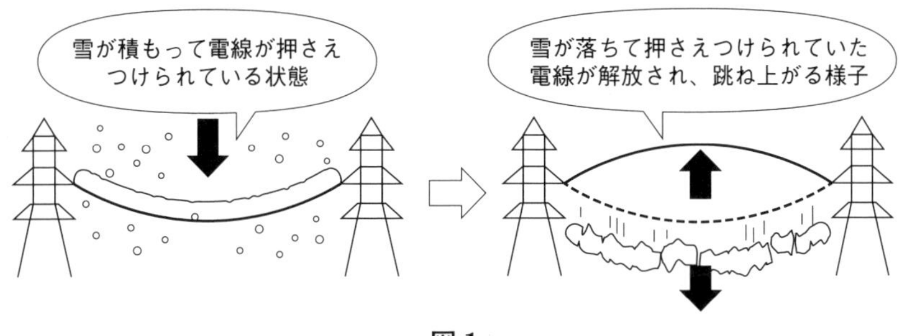

図1

この振動は、最初の跳ね上がりが一番のピークで、それからは徐々に振動が小さくなっていく上下方向の**減衰振動**です。大きな跳ね上がりの場合、他の電線と接触することで**相間短絡事故**が起こる可能性があるので、対策が必要です。主な対策としては、

・降雪の影響が少ない送電線ルートを選択する
・鉄塔から吊り下げるときの電線の位置を相ごとに左右にずらす「オフセット」を大きくとる（**図2**）
・難着雪リングや相間スペーサを採用する

などがあります。

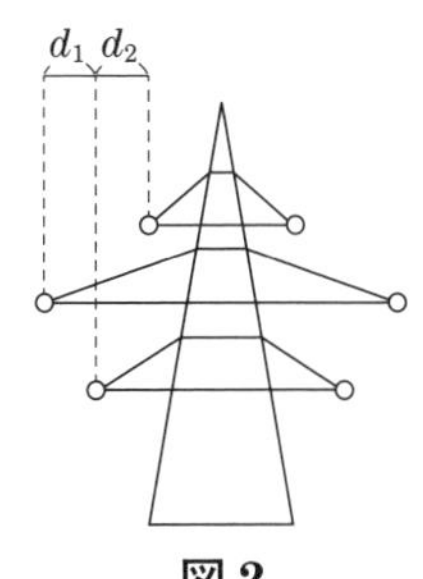

図2

ギャロッピングは、スリートジャンプと違って、雪の脱落によるジャンプ現象ではなく、雪や氷が電線に付着してそれが飛行機の翼のような形になったときに、強い風を受けることで揚力が発生し、浮き上がったり下がったりを繰り返すことで大縄跳びの縄のようにぐるぐると回る動きになる振動現象です。

スリートジャンプと違うのは、強く風が吹く限りはこの現象は止まらず、むしろ振動が大きくなりかねないという点です。大きく円運動することもあれば、**図3**のようにねじれるように振動することもあり、最悪の場合は、スリートジャンプのときと同様に相間短絡事故が起こる可能性があります。

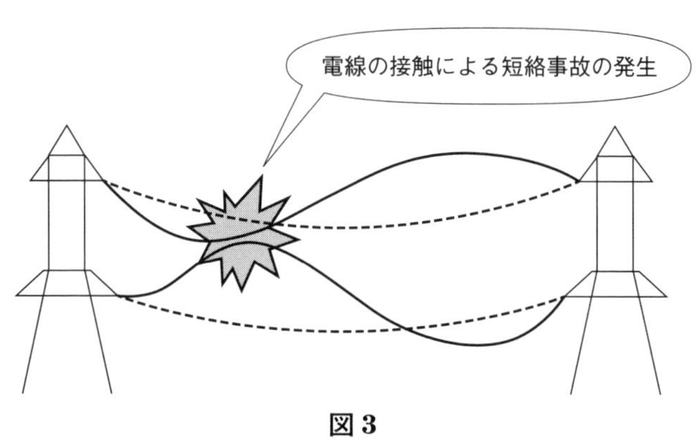

図3

こちらの対策も基本的にはスリートジャンプと大きく違いませんが、スリートジャンプの対策に加えて、

・電線の張力の適正化

・ギャロッピング防止用ダンパ（重り）の採用

などの対策を講じることがあります。

また、馬が疾走している様子をギャロッピングといい、この現象もその様子に似ていることから名前がつけられているので、そのようなイメージをもつのもよいでしょう。

スリートジャンプはジャンプ！ギャロッピングはジャンプではない！

トークⅡ

効率的な勉強方法とは？

水島：電験アカデミアの方々のお話を聞いていると、合格のためにはとにかく勉強するしかないと思うのですが、勉強が苦手な方は、どうやったらいいのか分からないと思うんです。私も参考書を開いたら寝てしまうタイプなので…。参考に、どのように勉強されてきたのか教えてください。

電気男：私は電気科卒で、ある程度の前提知識があったので、いきなり過去問から取りかかりました。試験センターが公表している約10年分の過去問をやれば、だいたいの傾向と自分の弱点はつかめるので、あとは弱点を潰す作業をひたすらやったという感じです。同じ境遇の方は、このやり方で十分合格は可能だと思いますよ。

加藤：そうですね。私も電気男さんと同じように、過去問は最新10年のものを5回は繰り返しました。これだけ繰り返すと、中には答えの選択肢を覚えてしまった問題もありましたが、それでも「解答を導く過程」を理解することが重要なので、なぜその解答になるのかを常に考えながら学習を進めていました。

niko：私も加藤さんと同じく、過去問は10年分を5回やりました。最初の1周目はすごく時間がかかりました。何せ、1つ1つの問題の文章の意味から確認してましたから。ですが、2周目、3周目と繰り返すにつれて、その周回スピードはぐんぐん上がっていって、5周目になる頃には1科目10年分を1日で消化できるようになっていました。電験は、ともすれば時間切れになる場合もあるので、スピードを意識するとよいと思います。

加藤：10年分というのはキリがいいですし、分量的にも妥当なところではないでしょうか。ちなみに私は、一種受験時は30年分近くやりました（笑）。

水島：レベルが高いですね…。「まずは算数から勉強します」みたいな超初学者に向いている勉強法はあるのでしょうか？　あれば私も実践してみたいので、ぜひ教えてください。

加藤：まず参考書は、4科目オールインワンのものから始めてみるのはいかがでしょうか。その本だけでは合格に足る知識量には及ばないかもしれませんが、ほどよい分量で終わらせることができるため、まずは達成感が得られて勉強に弾みがつきます。そのあと、各々の科目の、やや分厚めの参考書のうち、もっと知識をつけたいところだけ取捨選択して取り組むのがおススメです。参考書を最初から最後まで満遍（まんべん）なくやるというよりは、それぞれの本に役割をつけて、バランスよく取り組むようにすると、挫折せずに勉強が続くのではないかと思います。

なべさん：参考書というのは読者のレベルを想定して作られているので、そこを見誤ると参考書のレベルにまったく追いつけません。そうなると、やる気も失せて参考書も倉庫の中、本棚のオブジェになります（笑）。加藤さんもおっしゃっていますが、まずは手軽にこなせて、ほどよい負荷をかけられるものがよいです。筋トレと一緒です。あと、参考書を買うのをケチってはいけません。参考書は安い買いものではありません。でも自分の目で見て、これなら！という本に出会えたら、迷わず買うべきだと思います。

加藤：一方で、懐に余裕があれば「やり比べ」して自分にあった参考書をチョイスするのがベストだと思います。なべさんもおっしゃるように、電験の参考書を含め、技術系の書籍は結構お高めなところがありますが、私はその本にしか書いていない内容を知るために買うことが多々あります。結果的に調べる時間が節約できるので、長い目で見るとオトクなんじゃないかと思います。

niko：数学にある程度心得がある方なら、いきなり三種のテキストからでよいと思うのですが、算数からやり直したいということであれば、数学入門の本から始めるのがよいでしょうね。ただし、できるだけ薄い本がいいです。数学であまり分厚いものを用意すると、そこで挫折する可能性があります。数学はサクッと終わらせて、すぐに理論などのテキストを始めて、分からない計算があれば数学の本に戻って確認する、というようなやり方をすれば、あまりストレスなく学習を進められるのではないでしょうか。

電気男：私は、電力や機械を理解するために、まずはやはり理論をしっかり身につけることが大事だと思っています。理論に抵抗がある方は、電磁気学と電気回路だけでもまずはやってみるとよいでしょう。最近は数学から丁寧に教えてくれる参考書も多いので、そういうものを選んでみてはどうでしょうか。

なべさん：電磁気学と電気回路は、「電験のストーカー分野」だと思ってます。まさにどこまでやっても、あとから追いかけてくる分野（笑）。

電気男：ストーカーとは、言い得て妙ですね。

水島：理論ですかぁ。初学者から見た１つの大きな壁ですね。「理論が苦手」という声もたくさん聞きます。理論に特化した勉強法があれば知りたいです。

加藤：理論が苦手な理由の１つに「どうやって解くのか分からない」というのがあると思います。理論では、定理や法則、公式などをいろいろ覚える必要がありますが、問題を解くときにそれらが結びついてこないんですよね。一方で、解答を導くには、いくつかのステップを踏む必要があり、それらが組み合わさって解法になります。なので、問題を見てもいきなり答えが出せないという場合は、まずは参考書の解説を読み、「これは○○の公式を使うんだな」、「ここは△△の定理を使えばいいのか」といった「法則・定理・公式の使い方」の学習を重点的に行っていくのがいいと思います。

電気男：なるほど、公式や定理は問題を解くためのツールですからね。DIYがしたくて良い工具をたくさん揃えても、それだけでは本棚を作れないのと同じですね。使い方を学ぶ必要がある、と。

加藤：その通りです。資格をとってからもそれは応用できて、実際に知識があるだけでは実務はこなせないですから、「どのように得た知識を活用していくか」を考えていく必要があると思います。得た知識を実際に使えるとなったら、シンプルに技術者として最強じゃないですかね。

なべさん：大学で電気科を出た自分も、最初はさっぱりでしたからね。正直、初学者でなくても理論は最初の壁なんですよ。まずは前提として、電気数学はある程度こなせるようにしておかなければいけません。理論科目自体、計算問題のウエイトが高めなので。過去問を解いてみて数学力に不安があるようだったら、電気数学の演習はやっておいた方がよいと思います。あとはベクトル（フェーザ）ですね。理論嫌い＝ベクトル嫌いという、私の勝手な先入観もありますが、ベクトル計算が得意になると、レベルアップすること間違いなしです。

niko：ですね！ベクトルを制するものが電験を制する、というのは私の持論ですが、本当にそう思っています。理論でも電力でも機械でも法規でも、ベクトルが使えないと解くのが苦しい問題がそれぞれあります。複素数の計算も苦手な方が多いようなので、数学をやるときはこの２つを合わせて、ぜひ攻略していただきたいですね。理論の勉強法としては、本当にもう好きになっていただくしかないというか、電磁気学は物理の楽しさ、直流回路はパズルの楽しさ、などそれぞれ良いところがあるので、楽しめるようになるといいですね。

電気男：私も高校時代、交流回路がワケ分からなさすぎて辛かったのですが、大手予備校の参考書を読んだら頭の中がすっきり整理され、電気が得意科目になったことを、いまでも鮮明に覚えています。大学受験用の物理の参考書は、理論を学ぶのに超おススメです。

加藤：大学受験用のものはいいですよね。読者層の大半が、電気が専門ではない高校生なので、初心者に分かりやすく書かれていることが多いですね。ここだけの話、自分は高校の物理は赤点だったんですが（苦笑）、高校生のときに読んだ受験用の参考書に救われました。

水島：なるほど！続いて機械科目についてですが、専門用語が多くて、眠くなる魔法をかけられているように思います。初学者の方が、機械を楽しくイメージしながら勉強できる方法があれば教えてください。

なべさん：理論科目が得意かそうでないかは、機械科目の得意不得意に効いてくると思いますね。電気化学など理論の関与が薄い科目もありますが、一見関係なさそうな照明や電気加熱も、電磁気学や電気回路と考えが似てくるところもあります。理論の引き出しにしっかり知識を収納して、自由に引き出せるようになると、機械科目の攻略に光が見えてくると思います。

niko：私は本当に機械が苦手で…。実機の動作イメージと理論的な数式をリンクさせるのが困難でした。変圧器、誘導機、同期機など、まったくイメージできず、ずっと苦しかったです。このあたりは鉄道会社や発電所・変電所などで働いてる方にはきっと簡単なんだろうなぁと思っていました。

電気男：最近は、モータの仕組みを分かりやすく解説する本がたくさん出版されています。モータと発電機は基本的に同じ構造なので、まずはモータに限定して、分かりやすい解説本を読んでみるのがいいかもしれません。

なべさん：自分はもともと変圧器の設計者でしたが、電験の勉強を通じて、やっと経験に理解が追いつきました。「訳も分からず設計していたんかい！」と突っ込まれそうですが、返す言葉がないです…（苦笑）。

加藤：あと、照明や電熱、情報などの分野は、実際に身の周りの家電やコンピュータにも使われている技術ですし、学習の導入として、どこでその技術が使われているか調べてみるのもアリだと思います。学んだ知識と実生活とでつながりがあると分かると、学習がより一層面白くなってくるのでおススメです。

水島：そして法規！文系出身の私は暗記系の方が取っつきやすく、同じ文系出身の受験生からも同じような意見を聞きます。電験受験者は理系卒の方が多いと思いますが、理系の方でも法規が苦手にならない必勝術はありますか？

加藤：僕の場合はむしろ暗記がキツく、覚えるだけの作業の方が苦痛だったりします。とはいえ、全部の項目を理屈立てて覚えるのも時間がかかりすぎるので、例えば電技解釈であれば、『電気設備技術基準・解釈の解説』が発行されているので（ネットでも見られます）、各条文がなぜ制定されているのかの理由づけをすることで少しは興味がわくと思います。必勝術というほどではありませんが、とにかく理屈が分からないと覚えられない、という方は試してみてください。

なべさん：法律は独特な言い回しがありますよね。そもそも人に読んでもらいたいと思って書かれてないじゃないですか、オチもないし（笑）。過去問をこなしながら、まずはそういった堅苦しい言い回しに耐性をつけるといいと思います。

niko：独特な言い回しに慣れるというのは本当にそうですよね。三種の法規は扱う法令の数も多く、範囲がとても広いです。すべての条文を暗記するのは難しいので、ここは法規のテキストをしっかりこなすことが大切な気がします。また、いつでもどこでも法規の暗記ができるように、例えば暗記カードを作ったり、スマホでいつでも条文をチェックできるようにしておくなど、スキマ時間をうまく活用できるといいですね。あ、ただ１つ、法規に関しては、計算問題以外の過去問をむやみに周回しない方がいいと思います。

電気男：過去問を周回しない方がいい、その心は？

niko：法規の対策は、「正しい言い回しや語句にどれだけ触れるか」が大事だと思うんですよ。過去問は紛らわしい語句を並べているので、過去問をやりすぎると、紛らわしい言葉まで覚えてしまいます。

電気男：なるほど、誤った条文を読む機会を極力減らすべきということですか。一理ありますね。ちなみに、法規のＢ問題は、ほとんどが計算問題です。しかもパターン化されたものばかりが出題されますので、これを確実に仕留められるようにしっかり勉強すれば、暗記が苦手な方でも法規の合格は十分に可能ですよ。

なべさん：間違いないですね。法規といっても確実に計算問題は出ますし、そこは得点源ですね。最近は電気工事士法や電気用品安全法などからの出題もありますが、いわゆる電技を除く法令の部分は割と得点しやすいので、計算問題と併せて安定した得点源にしたうえで、電技での上積みを図るのがよいと思います。

水島：教科ごとに、それぞれ勉強法やポイントがあるんですね。過去問の取り組み方もそれぞれ違いますし、奥が深いです。こういった声を参考に、受験生の皆さんにはご自身に合ったやり方を見つけていただきたいですね。

13:00

午後は設備を見てみましょう

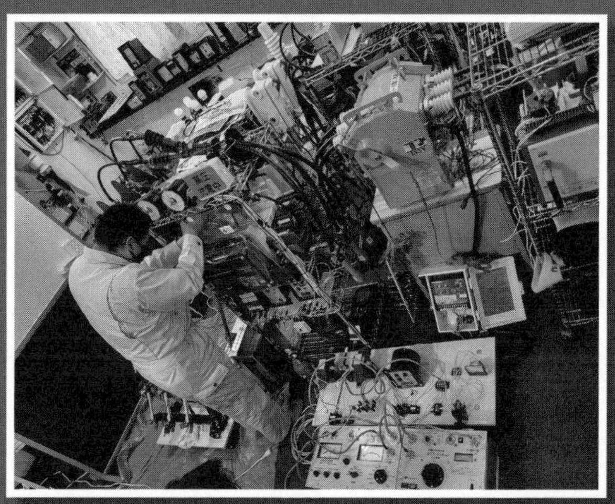

皆さま、マーボー丼はいかがでしたか？

美味しかったでーす。あまりに美味しかったので、鍋に入れてもち帰りたいくらいです。なべさんだけに（笑）

ご満足いただけたようで良かったです。
それでは電験アカデミア、そして、あきら先生よろしくお願いします。

午後は、カフェジカ自慢の設備を見ながら学びましょう。
自由に触っていいですよー。

定格という言葉の意味が分からないのですが…。

定格電流、定格容量、定格運転など、定格がつく言葉がたくさんありますが、定格ってどういう意味ですか？

Answer

定格は、その機器を安全に使用できる限度を表した言葉です。

例えば変圧器を見ると、このような銘板が貼ってあります（**表1**）。

表1

油入自冷式	変　　圧　　器		
定格容量	50 kV・A	周波数	50 Hz
一次（端子 U・V・W）			
電圧（V）	接続		
R6600	3-3-3	総質量	240 kg
F6300	2-2-2	油量	46 ℓ
6000	1-1-1	内容積	59 ℓ
二次（端子 u・v・w）		自重	199 kg
電圧（V）	電流（A）	短絡インピーダンス	2.4 % at 75 ℃
210	137	製造番号	×××××

ここに記されている**定格容量**は、この変圧器に接続して使用できる負荷の最大皮相電力を表しています。これを超える皮相電力の負荷を接続して使用すると、変圧器が**過負荷**となり、過電流による変圧器の焼損、最悪の場合は、火災事故につながりかねません。電験では定格電流などの語句がよく出てきますが、定格とは、電気機器を安全に使用できる限度を表しています。

定格は、機器が損壊することなく安全に使用できる限度を表す指標

そして、電験で気をつけなくてはいけないのが、「定格出力と実際の出力とは別」ということです。定格出力は、あくまで機器が安全に使用できる限度を表すことであり、実際の出力や負荷電流は、接続している負荷の運転状況を考える必要があります。貨物トラックに例えてみましょう。トラックは、安全に載せられる積載量（最大積載量）が決まっています。この最大積載量が、電気設備でいうところの定格容量といえます。対して、トラックが実際にどれだけの貨物を積んで輸送しているかが、実際の出力にあたります。これが定格出力運転か、そうではないかの違いです。

問題文に「定格出力で運転している」という一文があれば、定格容量を使って負荷電流を求めることができますが、そう書いていない場合は、定格出力とは限らないので、接続している負荷が、どのような電力を要求しているのかをよく確認しましょう。

変圧器の巻線と鉄心が、短絡しない理由は何ですか？

変圧器は巻線が鉄心に触れているのに、なぜ短絡しないんですか？

Answer

実際の変圧器は、絶縁紙や絶縁筒などの絶縁物により手厚く保護されているからです。

電験の教科書では、変圧器の原理の説明の際、鉄心に巻線が直接巻かれている図がよく登場しますよね。一方、実際の変圧器の構造と照らし合わせると省略されている部分が多々あり、そのうちの１つに、**巻線の絶縁**があります。

高電圧が加えられる実際の変圧器（内鉄形）では、**図１**左のように、鉄心に複数の巻線が同軸上に巻かれている構造が一般的です。

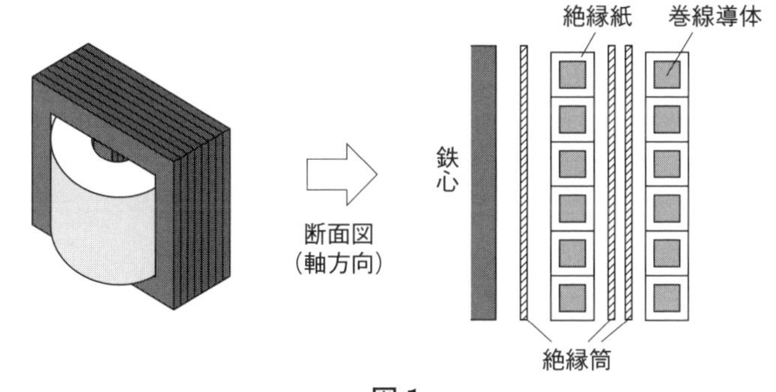

図１

図１右の軸方向（縦方向）に沿った断面図を見ると、正確には巻線は鉄心に直接巻かれているのではなく、その間に絶縁物（プレスボード）である絶縁筒を介して巻かれています。絶縁筒は鉄心だけでなく、他の巻線どうしやリード線、変圧器タンクなどのあらゆる金属面に対して保護するものです。

また、巻線に使用する導体は、絶縁紙（油入変圧器の場合は、クラフト紙など）で包まれます。こちらも鉄心だけでなく、巻線のターン間に対する絶縁（絶縁が施されていないと、接触するあらゆる方向に電流が流れてしまう）が目的です。

さらに、例えば油入変圧器であれば絶縁油に浸かり、乾式変圧器であれば絶縁性の樹脂で固められます。これらも鉄心と巻線の間の絶縁をさらに強化します。このように、実際の変圧器では、鉄心と巻線の間に手厚く絶縁が施され、安全にその機能が果たされるような構造になっています。

機会があれば、実機の構造についても学んでみましょう！

変圧器の諸量の意味を教えてください。

漏れリアクタンス、巻線抵抗、励磁サセプタンス、励磁コンダクタンスなどの諸量が多すぎて理解不能です。

Answer

変圧器の諸特性を単純な電気回路に置き換えるための量です。

何も損失がない変圧器を**理想変圧器**といいますが、実際には変圧器内部に無負荷損や負荷損が存在します。おまけに変圧比も考えなくてはいけないとなると、変圧器の特性計算はドンドン面倒くさくなっていきます。そんな面倒な計算を少しでも考えやすくするために、それぞれの特性を表す諸量を設定して、**単純な電気回路のモデルにしてしまおう**というのが、ここでのお話です。

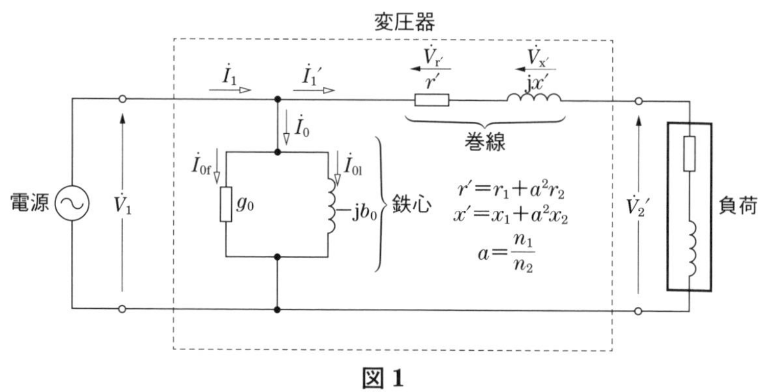

図1

図1の単相変圧器の一次換算簡易等価回路では、励磁サセプタンス b_0、漏れリアクタンス x'、励磁コンダクタンス g_0、巻線抵抗 r' といった各定数が存在します。それでは、これらの意味について見ていきましょう。

1. 励磁サセプタンス b_0

一般的な（二巻線）変圧器では、**図2**のように2組の**巻線**（コイル）とその巻線どうしを磁気的に結合する（主磁束を流す）**鉄心**（コア）から構成されます。

図2のように、変圧器の二次巻線端子に電圧 $\dot{V}_2$ を発生させるためには、一次巻線に電流を流すことにより発生させた主磁束を、鉄心を通じて二次巻線に鎖交さ

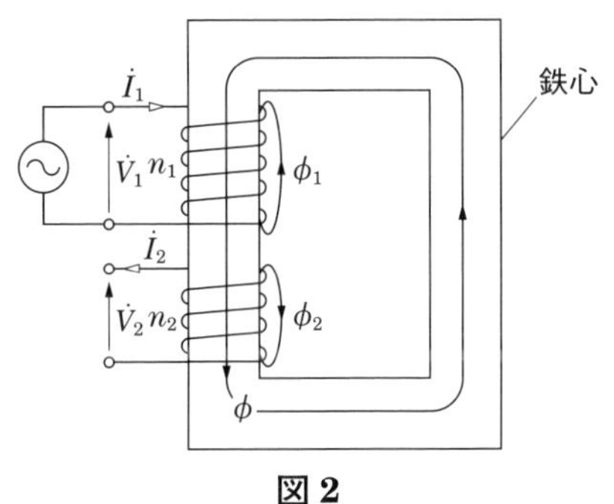

図 2

せる必要があります。このときに一次巻線に流す電流を**磁化電流**といい、磁化電流は一次電圧に対し位相が 90° 遅れているのが特徴です。よって、この磁化電流を流す回路として、**回路に並列なサセプタンス $\boldsymbol{b_0}$**（アドミタンスの虚数成分）で表しているのです。

2. 漏れリアクタンス x'

1. の磁化電流により、二次巻線端子に電圧が発生します。次に、この端子に負荷を接続すると、オームの法則にしたがって二次巻線には負荷電流 $\dot{I}_2$ が図 2 の向きに流れます。これにより、二次巻線には主磁束の向きと逆向きに磁束を流そうとする起磁力 $n_2\dot{I}_2$ が生じます。そして、今度はこの磁束を打ち消そうと、一次巻線に電流 I_1' が流れ、この起磁力を打ち消そうとします。

以上のことから、一次巻線電流 $\dot{I}_1'$ と二次巻線電流 $\dot{I}_2$ には、

$$n_1\dot{I}_1' = n_2\dot{I}_2$$

という重要な関係が成り立ちます。

ここで、磁気回路のオームの法則を思い出してみましょう。巻数 n のコイルに電流 I が流れると、磁束を流そうとする起磁力 nI が発生します。これは電気回路でいえば電圧に対応し、流れる磁束 ϕ が電流に相当するため、式で表すと、

$$nI = \phi R_{\mathrm{m}} \qquad R_{\mathrm{m}}：磁気抵抗$$

が成り立ちます。

しかし、電気回路と大きく違うのは、磁束を流しやすい鉄心と磁束を流しにくい空気中では、磁気抵抗は値として大きな差がないということです。これは電気と異なり、磁気は比較的良く漏れることを意味します（図 2 中の ϕ_1、ϕ_2 に相当します）。

そして、これらの漏れた磁束（漏れ磁束）は、それぞれのコイル自身にのみ鎖交することにより、コイルの電圧降下を生じさせます。これがコイルの漏れリアクタンス成分であり、**回路に直列なリアクタンス $\boldsymbol{x'}$** で表しているのです。

この漏れリアクタンスには、一次巻線の漏れリアクタンス x_1 と二次巻線の漏れリアクタンス x_2 がありますが、図１中の式では、一次換算合成リアクタンス x' としています。

3. 励磁コンダクタンス $\boldsymbol{g_0}$

変圧器は交流で使用されるため、電圧および電流は時間的に方向を変えます。ということは、鉄心内を流れる磁束 ϕ も時間的に方向を変えます。このことにより、鉄心内の磁気分子が方向や配列を変え、分子間に摩擦損を発生する**ヒステリシス損**が生じます。加えて、磁束の変化により、鉄心内で起電力を生じることで流れる電流による抵抗損である**渦電流損**も生じます。これらの損失は併せて**無負荷損**と呼ばれます。

詳細は割愛しますが、一般的な変圧器で周波数が変わらなければ、無負荷損はほとんど電圧の２乗に比例した有効電力となります。また、この無負荷損を供給している電流を**鉄損電流**といい、鉄損電流は一次電圧に対し同相となっているのが特徴です。よって、この鉄損電流を流す回路として、**回路に並列なコンダクタンス $\boldsymbol{g_0}$** で表しているのです。つまり、無負荷損 W_{i} とすると一次側から見て、

$$W_{\mathrm{i}} = V_1{}^2 \times g_0$$

の関係があります。

1. の結果も踏まえて、励磁電流 $\dot{I}_0$ と鉄損電流 $\dot{I}_{0\mathrm{f}}$ と磁化電流 $\dot{I}_{0\mathrm{l}}$ には、

$$\dot{I}_0 = \dot{I}_{0\mathrm{f}} + \dot{I}_{0\mathrm{l}}$$

の関係が成り立ちます。そして、一次電流 $\dot{I}_1$ は、

$$\dot{I}_1 = \dot{I}_0 + \dot{I}_1{}'$$

となりますが、励磁電流は巻線電流に比べてずっと小さい値なので、

$$\dot{I}_1 \fallingdotseq \dot{I}_1{}'$$

として実用上問題はありません。

4. 巻線抵抗 $\boldsymbol{r'}$

電源に接続される一次巻線や負荷に接続される二次巻線は、銅やアルミなどの導体で構成されます。導体には抵抗があり、そこに電流が流れるわけですから、

ジュール損が発生します。これを変圧器の**銅損**と呼びます。

変圧器の二次側を短絡して行う「短絡試験」で負荷損を測定すると、別途測定された巻線抵抗 r により算出される銅損より、若干大きな値になります。この理由として、**漂遊負荷損**（交流回路であるがゆえの損失）と呼ばれる損失も含まれるからです。漂遊負荷損は、導体内の表皮効果や、漏れ磁束がタンクなどの構造材に誘導起電力を生じることにより発生します。

銅損と漂遊負荷損を併せたものが負荷損ですが、負荷損はほとんど電流の２乗に比例した有効電力となります。よって、**回路に直列な抵抗 r'** で表しているのです。つまり、負荷損 W_c とすると一次側から見て、

$$W_c = I_1'^2 \times r'$$

の関係があります。

2. の漏れリアクタンス同様に、一次巻線の巻線抵抗 r_1 と二次巻線の巻線抵抗 r_2 がありますが、図１中の式では、一次換算合成巻線抵抗 r' としています。

2. の結果も踏まえて、一次換算二次電圧 $\dot{V}_2'$ は変圧器内部で巻線抵抗 r' による電圧降下 $\dot{V}_{r'}$ と漏れリアクタンス x' による電圧降下 $\dot{V}_{x'}$ の影響により、

$$\dot{V}_2' = \dot{V}_1 - \dot{V}_{r'} - \dot{V}_{x'}$$

となります。これは、実際の変圧器で二次電圧の大きさは、負荷電流の大きさなどに応じて変化することを意味しています。

以上が変圧器の諸量の説明となります。まとめると、

励磁サセプタンス：変圧器の磁化電流の流れを表す定数

漏れリアクタンス：変圧器の電圧降下のうちリアクタンス成分を表す定数

励磁コンダクタンス：変圧器の鉄損電流の流れを表し、無負荷損を示す定数

巻線抵抗：変圧器の電圧降下のうち抵抗成分を表し、負荷損を示す定数

になります。

変圧器の等価回路を読み解くだけで、さまざまなことが分かったと思います。変圧器は、等価回路にすることにより単純な電気回路で理解することが可能です。まずは等価回路を描いて、理解を進めましょう。

変流器の二次側を開放してはいけない理由は何ですか？

もしやってしまったら、どんなことが起こるのでしょうか？

Answer

変流器の二次側開放は、過大な電圧が発生して非常に危険です。絶対やらないでください。

「変流器の二次側を開放してはいけない」、変流器を扱う際は必ず目にする注意ポイントですが、まずはその理論について見ていきましょう。

図 1 に変流器の等価回路を示します。通常時（図 1 上）、変流器の二次側には計器や保護リレーなどの**低インピーダンス負荷**（「負担」といいます）が接続されています。そして、一次側からの電流 I_1 は、二次巻線側および励磁回路側に分流します。励磁回路のインピーダンスは、二次巻線および負担のインピーダンスより非常に大きいため、励磁電流 I_0 は二次電流 I_2 よりも小さくなるのが通常時です。

ここで、変流器の二次側を開放してしまう（図 1 下）と、電流の経路が励磁回路のみとなってしまうため、一次電流 I_1 はすべて励磁電流 I_0 として流れます。こ

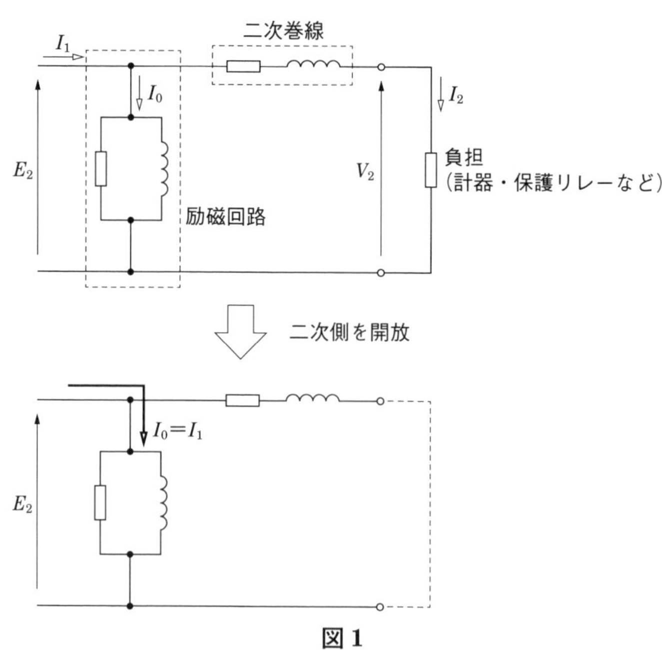

図 1

のような大きな電流は、変流器の鉄心を飽和させる要因になります。

では、鉄心が飽和するとどうなるのでしょうか？鉄心が飽和すると、励磁電流 I_0 がいくら流れても磁束 ϕ があまり増えなくなり、**図 2** のように、その波形は正弦波（点線）に対してやや平らな形状になります。このとき、磁束 ϕ の波形全体で見ると「平らな形状で非常にゆるやかに変化する」ときと「正弦波状で急峻に変化する（正負が逆転する）」ときの 2 つのパターンを、時間ごとに繰り返していることが分かります。

ここで、図 2 の二次誘起電圧 E_2 について考えてみます。E_2 は、励磁電流 I_0（≒一次電流 I_1）による誘起電圧であり、ファラデーの電磁誘導の法則に基づいて磁束 ϕ の時間変化に比例します。したがって、二次側を開放すると、先述した磁束 ϕ の「急峻に変化する」タイミングで E_2 の値は非常に大きくなり、尖った波形になります。

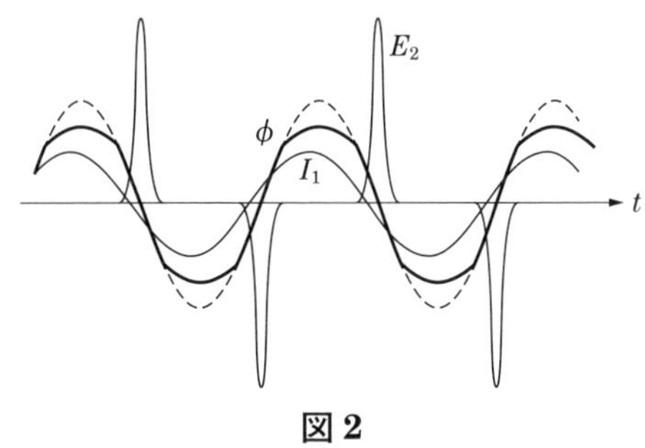

図 2

図 2 のような過大な誘起電圧は、二次巻線の絶縁破壊の原因になります。加えて、鉄心飽和時はうなり音が生じるうえ、大きな電流により鉄損が増大して温度上昇が過大になり、巻線が焼損する恐れもあります。

以上より、変流器の二次側を開放するのは非常に危険です。設備の安全を守る技術者として、肝に銘じておいてください。

変流器の二次側開放は過大な電圧が発生して、非常に危険！

絶対やらないこと！

単巻変圧器は、どういうものですか？メリットとデメリットは？

単巻変圧器は、普通の変圧器と何が違うんですか？良い点、悪い点も教えてください。

Answer

単巻変圧器は通常の変圧器（分離巻線変圧器）の一次と二次をつないで巻線を共有したものです。

メリット：小型、軽量、安価、効率が良い

デメリット：短絡電流が大きい、絶縁がされていない

単巻変圧器は、巻線の一部を一次回路と二次回路で共有しているものです。**図1**で降圧（$\dot{V}_1 > \dot{V}_2$）の場合の分離巻線変圧器（ここでは単巻変圧器と特に区別するため、この名称にします）と単巻変圧器を示します。

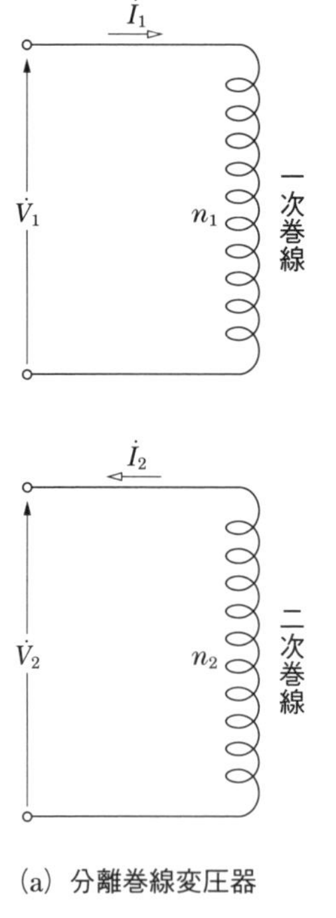

（a）分離巻線変圧器

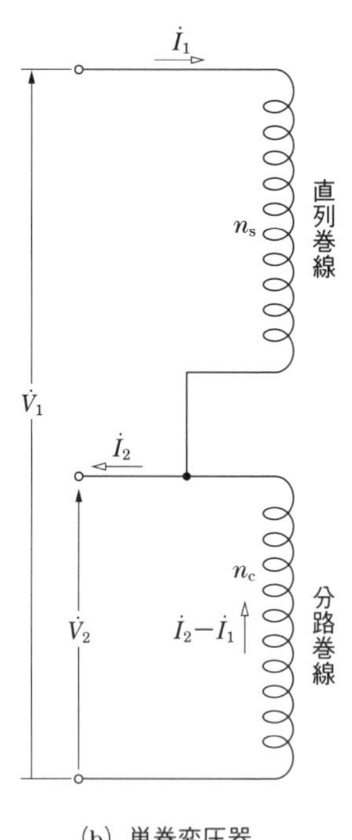

（b）単巻変圧器

図1

図1 (a)、(b) を見比べて分かるとおり、分離巻線変圧器の接続を変更すると単巻変圧器となることが分かります。単巻変圧器では、一次回路と二次回路で共通した巻線を**分路巻線**、共通しない巻線を**直列巻線**といいます。

いま、図1の分離巻線変圧器と単巻変圧器は同じ電圧、同じ容量をもっているとします。まずは、二次巻線と分路巻線を見比べてみましょう。巻回数に関しては、二次巻線（巻回数 n_2）と分路巻線（巻回数 n_c）は同じ電圧が誘起されるので、これらの巻線は同じ巻回数にする、すなわち、

$$n_c = n_2$$

となります。しかし、図1 (b) より分路巻線を流れる電流は $\dot{I}_2 - \dot{I}_1$ となり、二次巻線電流 $\dot{I}_2$ より小さくなります。つまり、分路巻線は二次巻線と等しい巻回数で、より導体断面積の小さい巻線構造とすることができます。

次に、図1の一次巻線と直列巻線を見比べてみましょう。直列巻線を流れる電流は、一次巻線電流と等しく $\dot{I}_1$ となります。しかし、巻回数は、$\dot{V}_1 - \dot{V}_2$ の電圧を誘起させる巻回数で十分です。そのため、直列巻線の巻回数 n_s は、一次巻線および二次巻線の巻回数 n_1、n_2 を用いて、

$$n_s = n_1 - n_2$$

とすることができます。すなわち、直列巻線は一次巻線と等しい導体断面積で、巻回数が少ないサイズの小さい巻線構造とすることができます。

変圧器の大きさは、(巻線電圧)×(巻線電流)で定まる「巻線容量」で決まります。分離巻線変圧器の場合、定格容量を P とすると、

$$\text{巻線容量} = V_1 I_1 = V_2 I_2 = P$$

となりますが、単巻変圧器の場合、

$$\text{直列巻線容量} = (V_1 - V_2) I_1$$

$$\text{分路巻線容量} = (I_2 - I_1) V_2$$

であり、変圧比 $a = V_1/V_2 = I_2/I_1$ とすると、

$$\text{直列巻線容量} = \left(1 - \frac{1}{a}\right) V_1 I_1 = \left(1 - \frac{1}{a}\right) P$$

$$\text{分路巻線容量} = \left(1 - \frac{1}{a}\right) V_2 I_2 = \left(1 - \frac{1}{a}\right) P$$

となります。単巻変圧器では、この巻線容量を**自己容量**と呼びます。この自己容量は、分離巻線変圧器に換算した場合、どのくらいの容量かを示します。また、単巻変圧器の定格容量のことを**線路容量**ともいいます。上式より、変圧比 a が1

に近づくほど、自己容量は線路容量に対し、より小さくなるのも分かります。一次電圧と二次電圧の差がないほど電圧・電流変成する度合いが小さくなるため、変圧器として小さくなる、とイメージすると理解しやすいです。

以上より、単巻変圧器は分離巻線変圧器と同じ出力が可能でありながら、分離巻線変圧器よりも実質的に容量が小さくなるため、

- **使用する銅、鉄が少ないため小型、軽量、さらに安価**
- **同じ容量の分離巻線変圧器と比べ無負荷損、負荷損が小さく、効率が良い**
- **電圧変動率が小さい**

といったメリットがあります。

このように、単巻変圧器にはメリットが多いですが、以下のデメリットもあります。

- **短絡インピーダンスが低いため、短絡電流が大きい**
- **一次と二次が電気的に絶縁されていない**

短絡電流が大きいことは、遮断器（遮断容量）の選定や、短絡電流に対しての機械的強度設計に影響を及ぼします。そして、一次（高圧側）と二次（低圧側）の間が絶縁されていないため、低圧側の絶縁レベルを高圧側の絶縁レベルに高める必要があります。そのため、設備全体としての設計も難しくなり、コストが上がる可能性もあります。

単巻変圧器にはデメリットもありますが、メリットも多くあります。電験でも登場する**単巻変圧器に関して、各種計算と共にその特徴に関しても理解を深めましょう！**

お悩み No.33

単相3線式であらわれる電圧波形について教えてください。

単相 3 線式で単相 200 V から単相 100 V を取り出すとき、二相にあらわれる電圧波形が逆位相になるのが理解できません。なぜ単相の 200 V から二相の 100 V が取り出せるのでしょうか？

Answer

単相 3 線式は単相 200 V の中点を接地して中性線としているため、中性線を基準電位として見る必要があります。200 V の電圧波形を描いて、中性線基準に描き換えてみましょう。

まずは、ゴールを確認しましょう。単相 3 線式の回路図と、R 相 T 相に発生する電圧波形を**図 1** に示します。

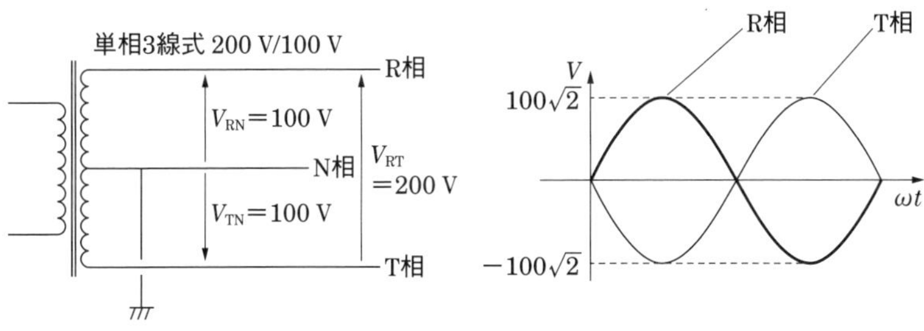

図 1

この単相 3 線式では、図 1 の左図のように単相 200 V の回路の中点 N（中性線）を接地しています。すると、図 1 右図のように、V_{RN} と V_{TN} には互いに逆位相の電圧波形があらわれます。互いに逆位相とはどういうことかというと、「ある瞬間での V_{RN} が 100 V であったとするとその瞬間の V_{TN} は −100 V である」ということです。なぜこのような波形があらわれるのでしょうか？

それを紐解くには、まず R 相と T 相の間の線間電圧 V_{RT} の電圧波形を考える必要があります。

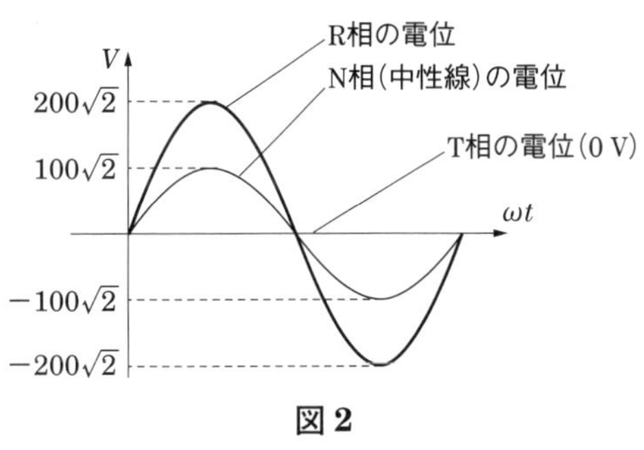

図 2

図 2 は、N 相の接地を外して T 相に付け直し、T 相を基準電位（0 V）

とした場合の電圧波形です。T 相を 0 V としているので、V_{RT} は 200 V の電圧源ですから、最大値 $200\sqrt{2}$ V の交流波形となります（図 2 の R 相の電位）。

これにより、R 相と T 相の 2 線から 200 V の電源が取れるということになります。

今度は、図 2 の N 相の電位に注目してみましょう。N 相は電源のちょうど真ん中であり、その電位は T 相を基準電位とすると、最大値 $100\sqrt{2}$ V の交流波形になっていることが波形から理解できると思います。この点を前提に次の図を見てください。

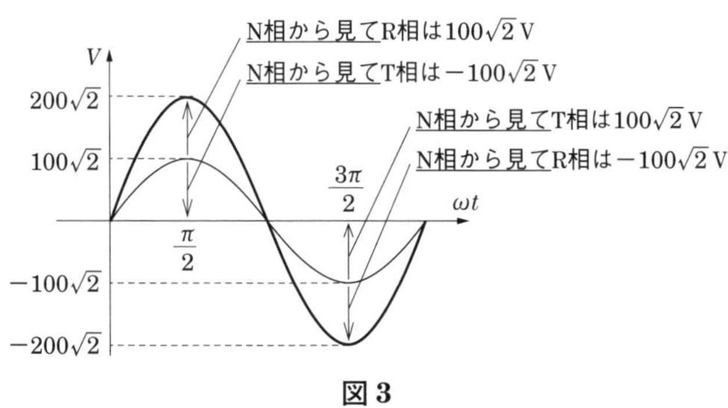

図 3

図 3 は、N 相から見た R 相と T 相の電位がどうなっているかに着目しています。$\omega t=\pi/2$ の瞬間は N 相から見て R 相は $100\sqrt{2}$ V であり、T 相は $-100\sqrt{2}$ V です。また、$\omega t=3\pi/2$ の瞬間は N 相から見て R 相は $-100\sqrt{2}$ V であり、T 相は $100\sqrt{2}$ V です。

ここで、**N 相を接地することで基準電位にする（N 相の電位が常に 0）とした波形に描き換えると**、R 相と T 相の電位が相対的に変化し、**図 4** のようになります。

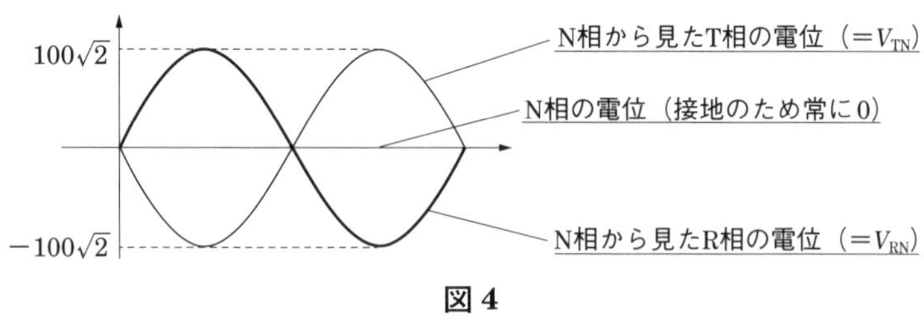

図 4

図4に示すように、N相を基準電位とすることで、R相とT相それぞれから100V取り出せること、さらにそれぞれが逆位相になっていることが分かります。

この関係を数式でも確認してみましょう。T相を基準電位としたとき、図2からも分かるように、V_{RT}の瞬時値v_{RT}は$200\sqrt{2}\sin\omega t$、N相の瞬時値v_{NT}は$100\sqrt{2}\sin\omega t$です。

$$v_{\mathrm{RT}}=200\sqrt{2}\sin\omega t$$

$$v_{\mathrm{NT}}=100\sqrt{2}\sin\omega t$$

よって、N相から見たR相の電位V_{RN}の瞬時値v_{RN}は、v_{RT}とv_{NT}の差になります。

$$v_{\mathrm{RN}}=v_{\mathrm{RT}}-v_{\mathrm{NT}}=200\sqrt{2}\sin\omega t-100\sqrt{2}\sin\omega t=100\sqrt{2}\sin\omega t$$

また、N相から見たT相の電位V_{TN}の瞬時値v_{TN}は以下のようになります。

$$v_{\mathrm{TN}}=-v_{\mathrm{NT}}=-100\sqrt{2}\sin\omega t$$

よって、数式からもR–N、T–N間で互いに逆位相の100Vがあらわれることが示されました。

数式ではイメージしにくいという場合は、基準電位がN相になることで、図3から図4にグラフの描き方が変わるということをイメージするとよいでしょう。

中性線を接地することで各相の電位が相対的に変わるイメージをつかみましょう！

いろいろな回路と現実との対応関係を知りたいです。

たくさんの回路が出てきますが、現実世界の何を指しているのか、いまひとつ分かりません。

Answer

電験で取り上げられている回路は、現実の系統に対応しています。その回路をなぜ考えなくてはいけないのか、に思いを馳せて、電力系統にコミットしましょう。

ここでは、基本的な回路図記号の基本的な意味をおさらいしながら、電験三種で過去に取り上げられた回路のいくつかと実際の系統との対応関係を紹介します。

まずは、電験三種で登場する主な回路図記号と基本的な解釈を**表1**に示します。

表1

名称	記号	用途／実用例
定電圧源	—┤├—	直流の電圧源／電池など
定電流源	—⦶—	直流・交流の電流源／フォトダイオードの出力など
交流電圧源	—(～)—	交流の電圧源／発電機、コンセントなど
抵抗	—▭—	有効電力を消費する負荷／白熱灯、ストーブなど
リアクトル（インダクタ）	—⌒⌒⌒—	遅れ無効電力を消費する負荷／分路リアクトル、線路リアクタンスなど
コンデンサ（キャパシタ）	—┤├—	進み無効電力を消費する負荷／電力用コンデンサ、対地静電容量など
スイッチ	—╲—	電流を開閉、遮断する設備／断路器など
グラウンド（接地）	⏚	電路を大地につなげた状態／A種B種C種D種接地など
変圧器	—⚭—	電圧を変成する設備／変電所、柱上変圧器など

表1の図記号を前提に、まずは理論科目で過去に出題された回路を見てみましょう。

〈例1〉進相コンデンサ

図1は、Y接続された三相平衡負荷に、スイッチSを介して△結線の三相平衡コンデンサを接続できるようにした回路です。

図1の回路が登場した設問の内容としては、(a) 負荷が消費する有効電力と力

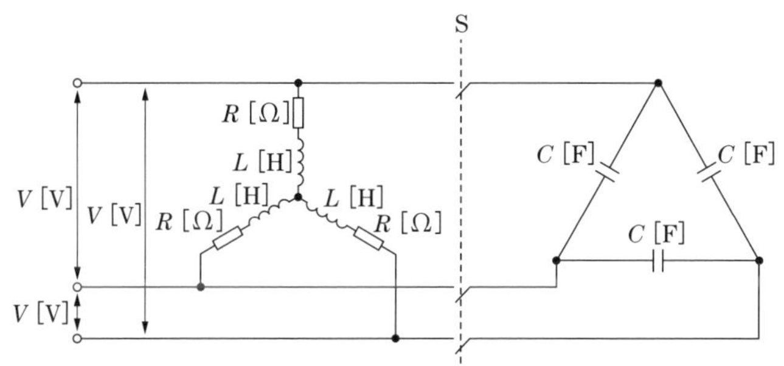

出典：平成 29 年度第三種電気主任技術者試験、理論科目、B 問題、問 16

図 1

率、(b) 電源側から見た力率を 1 にするときのコンデンサの静電容量の値が、それぞれ問われました。図 1 の三相平衡負荷は、抵抗とリアクトルの直列接続で表される「誘導性負荷」です。三相の誘導性負荷で最も一般的なものは「モータ」であり、図 1 は例えば、三相交流電力を用いてモータを回している状態だと考えてください。そこに、スイッチ S を介してコンデンサを接続することで力率を 1 にしようとしています。このときのコンデンサを**進相コンデンサ**といいます。

電気事業者や需要家が受電電力の力率を 1 に近づけたい主な理由は、①線路損失や電圧降下の低減、②高圧受電設備の余裕の増大、そして需要家にとって重要なのが③電力料金が安くなるためです。電気料金には「力率割引」というものがあり、力率が 85 %を上回る場合、1 %につき基本料金が割引されます。反対に下回る場合は 1 %につき割増しになってしまいます。そこで、受電する電力の力率をなるべく 1 に近づけるために設置するのが、進相コンデンサなのです。

進相コンデンサは、先ほどの①〜③の理由に応じて設置位置が変わります。

〈例 2〉 バランサ

図 2 は、単相 3 線式の回路の末端に負荷が接続されており、スイッチを介して**バランサ**と呼ばれる機器を接続できるようにしています。バランサとは、一種の単巻変圧器であり、過去の出題ではバランサ接続前後の線路損失の変化量の

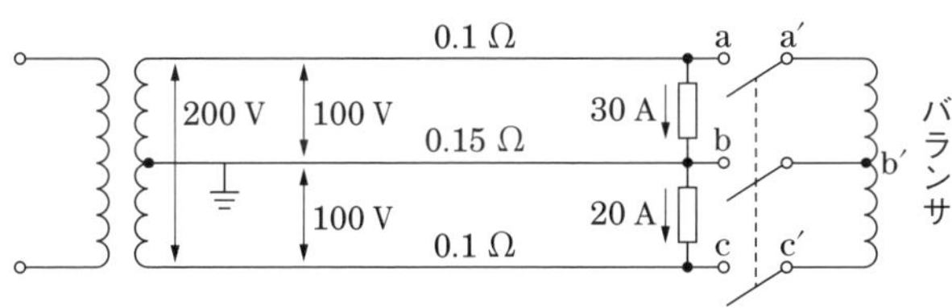

出典：平成 28 年度第三種電気主任技術者試験、電力科目、B 問題、問 17

図 2

値が問われました。

単相3線式は、お悩みNo. 33でも紹介したとおり、単相200Vから単相100Vの回路を2つ分取り出せるようにした配電方式で、一般住宅などに電力を供給するのに使われています。図2において、負荷によって異なる値の電流が流れる回路は、負荷の分配が偏ったことによって生じた不平衡状態と考えてください。

さて、そんな不平衡状態では回路の中性線にも電流が流れるので、3本の電線上で線路抵抗による電力損失が発生し、さらに各負荷電圧も不均衡となります。

そこにバランサを接続することで、接続前に中性線に流れていた電流がバランサを介して非接地線へと流れるようになり、中性線の電線に電流が流れなくなります。このことにより電流の不平衡が解消され、負荷電圧が等しくなると同時に電力損失も少なくすることができるのです。

〈例3〉 π 型等価回路

一般に、送電線が短いときは線路の静電容量が無視できるため、送電線のインピーダンスは抵抗と線路リアクタンスのみを考えればよいのですが、送電線が長くなると、線路の対地静電容量による充電電流の影響が無視できなくなるため、これを考慮した回路を考える必要が出てきます。

特に地中送電方式など対地静電容量が無視できない状況では、線路のインピーダンスが「容量性」となり、軽負荷時には受電端電圧が送電端電圧より高くなる「フェランチ現象」が発生する恐れがあります。

フェランチ現象に対しては、進み無効電力を供給するために分路リアクトルを投入するなどの調相対策が必要になりますが、どの程度対地静電容量の影響があるかを解析するための計算に使うのが**図3の π 型等価回路**です（そのほか、**T型等価回路**というものもあります）。

電験三種では頻出とまではいかずとも、定期的に出題される傾向がある回路です。最初は見慣れなくて苦手意識をもつかもしれません。しかし、問題の解き方としてはパターン化されているので、上述のように「**長距離の送電線を等価的に模した回路**」であることをイメージしながら取り組むとよいと思います。このように、電験三種に登場する回路は、現実の系統に必ず対応します。

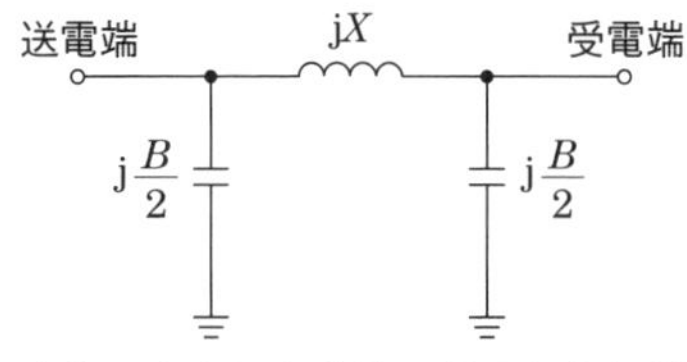

出典：令和元年度第三種電気主任技術者試験、電力科目、B問題、問16

図3

問題を解くときは、なぜこの回路を考える必要があるかについて意識しましょう！

漏電遮断器って何ですか？

よく漏電遮断器という言葉を聞きますが、どのような原理で漏電を検知しているんですか？

Answer

行きと帰りの電流の差を見て、漏電を検知しています。

漏電遮断器は、いったい普通の配電用遮断器と何が違うのでしょうか？配電用遮断器との違いは、漏電遮断器は零相変流器（ZCT）を内蔵していることにあります。このZCTの働きにより漏電（漏洩電流）を検知しています。そして、配電用遮断器と同じく過電流による遮断に加えて、漏洩電流による遮断もできます。それでは、漏電遮断器の要であるZCTがどのように漏電を検知するのかを学んでいきましょう。

まず、どうやって漏洩電流を検知するかのメカニズムについて説明します。

図1のように、ドーナッツ状の鉄心の穴を通すように交流電流を流した場合、鉄心には交流磁束ϕが生じます。鉄心にコイルを巻きつけておけば、先ほど生じた交流磁束ϕを打ち消そうとする向きに交流電流を流そうと起電力$\dot{V}$を発生させます。これが変流器（CT）やZCTの動作原理です。なお、穴を通る交流電流が複数の場合、それらの交流電流の**ベクトル和**（$\dot{I}_1+\dot{I}_2+\dot{I}_3+\cdots$）となることに注意が必要です。

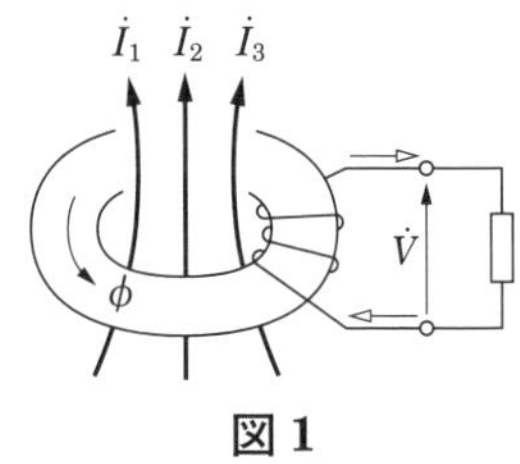

図1

ここで、**図2**のような交流回路を考えてみます。この回路において、ZCTを通る導体は行きと帰りの2本であり、それらに流れる電流は、$\dot{I}_1$と$\dot{I}_2$であることが分かります。他に枝路もないことから、$\dot{I}_1=\dot{I}_2$となるのでZCTを通る電流のベクトル和$\Delta\dot{I}$は、

$$|\Delta\dot{I}|=|\dot{I}_1-\dot{I}_2|=|\dot{I}_1-\dot{I}_1|=0$$

と、ゼロになります。この場合、ZCTの鉄心に磁束は生じません。

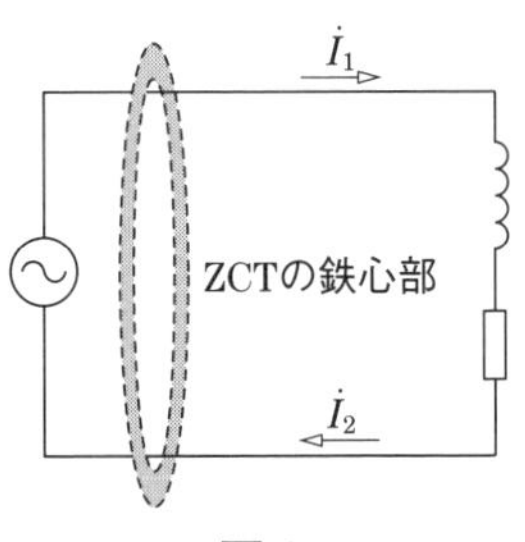

図2

ここで、キルヒホッフの電流則を思い出してみましょう。「流れ込む電流の和と流れ出る電流の和は等しい」でしたね。これは、図2において$\dot{I}_1=\dot{I}_2$が成り立つように、「電流は回路の途中で消えてなく

ならない」ともいい換えることができます。

もし、$\dot{I}_1 \neq \dot{I}_2$ となる場合があったらどうでしょう。電流が途中で消えてなくなったのでしょうか？もちろん違います。電流 $\dot{I}_1$ の一部が意図しない別の経路を流れているのです。

絶縁不良等で意図しない経路を電流が流れることが漏電であり、漏電を生じると、**図3**のように電流の一部（漏洩電流 $\dot{I}_g$）が大地を通って電源へと戻ります。そのため、行きと帰りの電線を流れる電流に差が生じます。これにより、ZCT を通る電流のベクトル和がゼロではなくなるため、鉄心部に磁束が流れます。そしてコイルに起電力が発生することにより、漏電が検知されます。

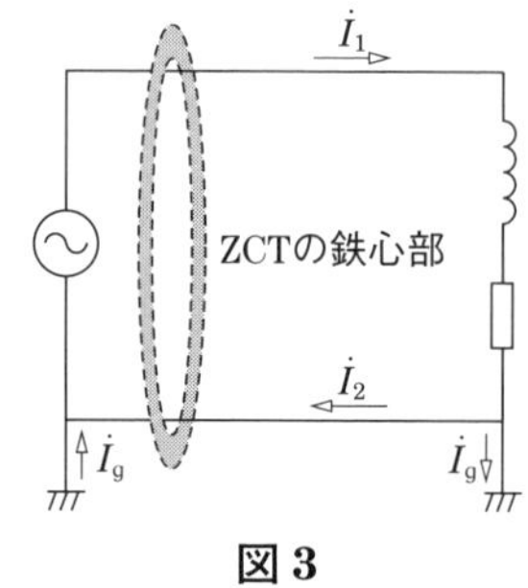

図3

【参考】

三相回路の場合、対称座標法という考え方があり、a 相、b 相、c 相にそれぞれ $\dot{I}_a$、$\dot{I}_b$、$\dot{I}_c$ の電流が流れている場合、

$$\dot{I}_a + \dot{I}_b + \dot{I}_c = 3\dot{I}_0$$

となる $\dot{I}_0$ を**零相電流**と定義しています。これは ZCT で検知する値そのものであり、漏洩電流は零相電流でもあるといえます。

漏電遮断器は感電や漏電火災を防止する、電気保安上極めて重要な機器です。電気設備に関する技術基準を定める省令第 15 条でも「地絡遮断器」という名で登場し、電気設備の使用環境などによりその設置が義務づけられています。

そして漏電遮断器の選定においては、漏電遮断を行う漏洩電流値である「定格感度電流」という値があります。一般的に感電防止を目的とするならば、定格感度電流は 30 mA 以下のものを選定することが必要です。

漏電（地絡）のメカニズムと共に、
設置義務や、その目的に関しても理解を深めましょう！

さまざまな電気方式がありますが、どこで使われていますか？

三相３線式、単相２線式、単相３線式など、いろいろな電気方式が出てきますが、実際にどのようなところで使用されているのでしょうか？

Answer

送電線、配電線、屋内配線で、それぞれ適した電気方式が採用されます。電気方式と実設備が頭の中でリンクすれば理解が深まります。

三相３線式、単相２線式、単相３線式…、いろいろな電気方式があって、電気回路としては理解できても、実際にどんなところで使われているのか疑問に思ったことがあると思います。ここではそんな疑問にお答えします。

1. 三相３線式

三相３線式はあらゆるところで用いられています。発電所や変電所をつないでいる送電線（**図１**(a)）や、配電用変電所から出て、街中の電柱に支持されている高圧配電線（図１(b)）などがその例です。

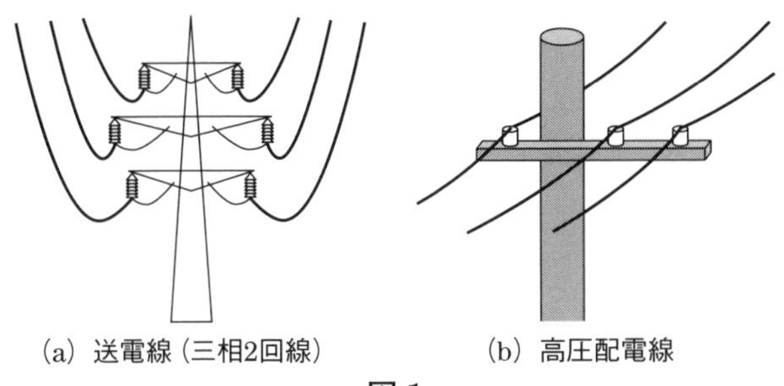

(a) 送電線（三相2回線）　(b) 高圧配電線

図１

また、単相負荷だけでなく三相負荷も使用するような工場やビルなどでは、**図２**に示すように、高圧配電線を電気室に引き込んで、三相変圧器を介して降圧したうえで三相負荷に電力を供給する方法がとられます。単相負荷に対しては、別置きの単相変圧器を介して、単相２線式や単相３線式に変換して供給する方法が主流です。

単相負荷は照明などがメインの負荷なので「電灯負荷」、三相負荷はエレベータやポンプなどの電動機がメインの負荷なので「動力負荷」という呼び方が一般的です。

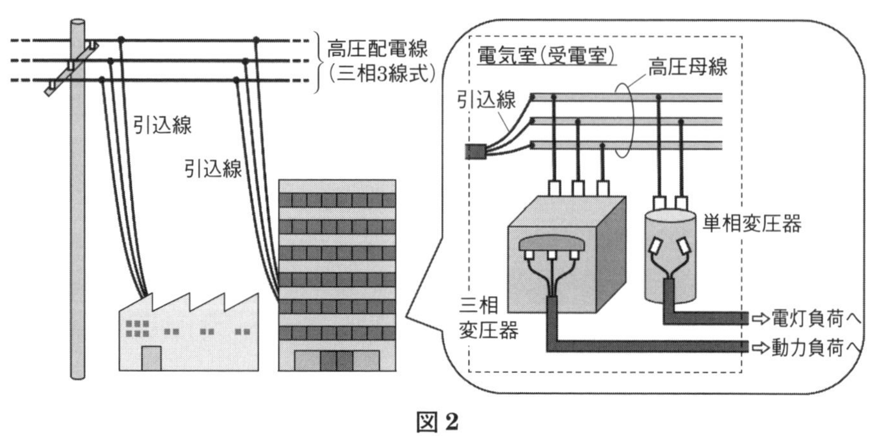

図 2

2. 単相 2 線式

単相 2 線式は、屋内配線の電気方式として以前は住宅などでよく見られましたが、いまは単相 3 線式が主流になってきています。**図 3** のように、高圧配電線の 3 つの相のうち 2 つの相を単相の柱上変圧器に引き込んで 100 V に降圧して利用します。

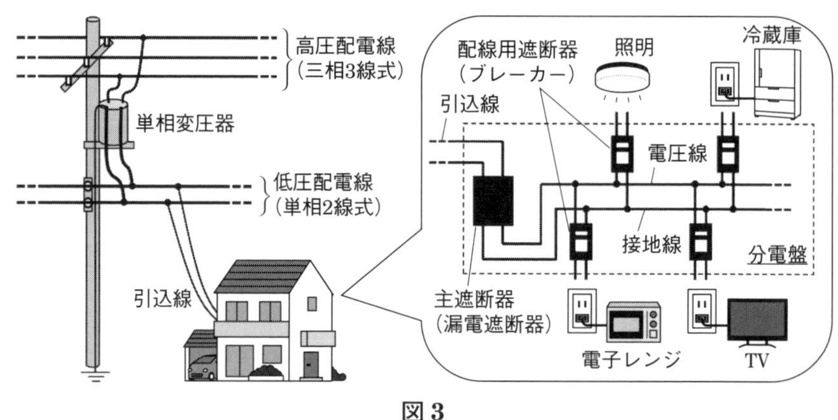

図 3

3. 単相 3 線式

単相 3 線式（**図 4**）は、お悩み No. 33 でも説明したように、電圧線・接地線間から 100 V が得られるだけでなく、2 本の電圧線間から 200 V を得ることもできます。そのため、200 V 負荷（エアコン、IH クッキングヒーター、食洗機など）が増えてきた昨今、単相2線式に取って代わる方式として広く採用されています。

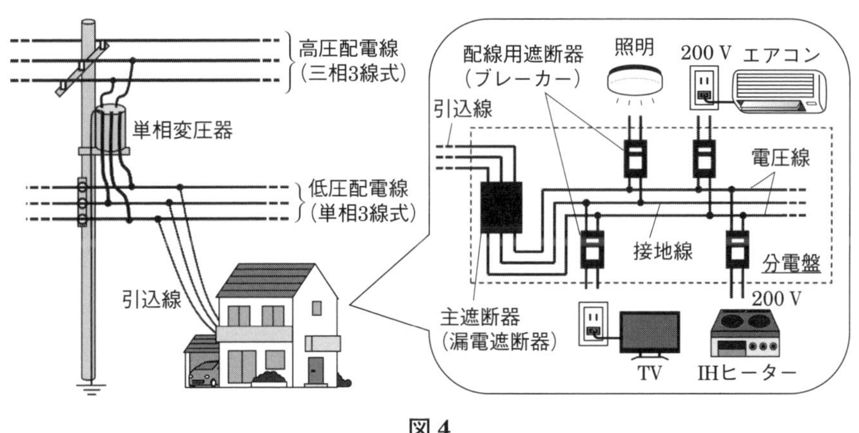

図 4

4. 三相 4 線式（灯動共用方式）

容量の異なる 2 台の単相変圧器を用いると、**図 5** に示すように、単相負荷にも三相負荷にも電力を供給することができます。このような変圧器の結線方法を**異容量 V 結線**といい、三相負荷のみに電力を供給する容量が小さい方の変圧器を**専用変圧器**、単相負荷と三相負荷に電力を供給する容量が大きい方の変圧器を**共用変圧器**といいます。

また、異容量 V 結線を用いた電気方式を「三相 4 線式」、または「灯動共用方式」といいます。この方式は、**図 6** に示すように、付近に単相負荷のみを必要とする需要家と三相負荷も必要な需要家が混在するときなどに用いられる方式です。

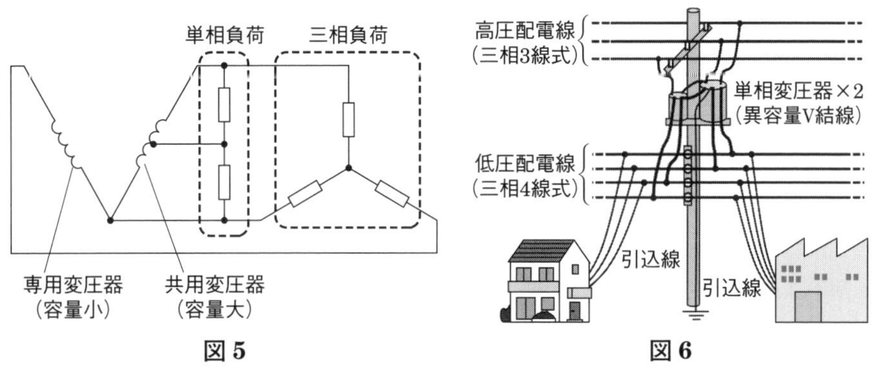

図 5　　**図 6**

電気方式と実設備とが頭の中でリンクすれば、より理解が深まるでしょう！

波形率、波高率は、何に使うのでしょうか？

実用上、波形率や波高率を考える意味って何ですか？

Answer

波形率は、実効値を主に算出するために使用されます。波高率は、最大値が重要になる場合に使用されます。

まず、波形率について考えましょう。波形率は、次の式で求めることができます。

$$波形率 = \frac{実効値}{平均値}$$

波形率は波形が「どれくらい凸凹しているか」を表す指標で、方形波（平均値＝実効値）だと1（すなわち、まったく凹凸のない波形であることを意味します）、正弦波だと $\frac{\pi}{2\sqrt{2}} \fallingdotseq 1.11$ となります（導出は割愛します）。また、上の定義式より、波形の平均値が分かっている場合に波形率を掛け合わせることで、実効値を算出することができます。

この波形率が使用されるのは、もっぱら電気計測の分野です。例えば、電験三種で登場する計測器のうち、整流形計器の回路図を**図1**に示します。

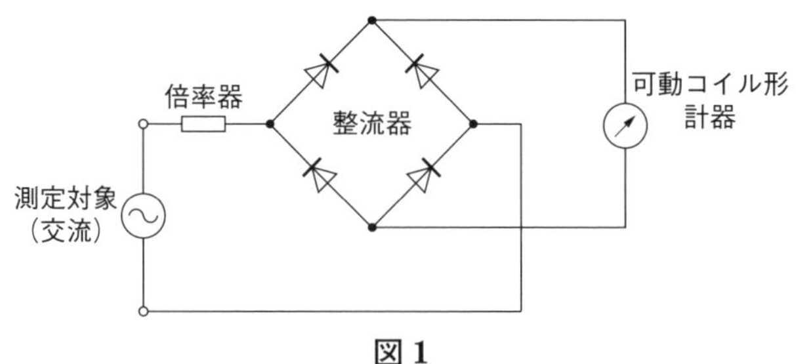

図1

整流形計器は測定対象である交流信号を、整流器を介し、感度の良い可動コイル形計器で指示する構造です。整流後の信号は直流であり、可動コイル形計器は平均値を指示するのが特徴ですが、一方で、交流信号を測定する際に得たいのは（ほとんどの場合）実効値になります。そこで、対応する波形率を計器の出力（平均値）に掛け合わせることで、実効値に変換して目盛りとして表示させることができます。

このように、平均値しか出力できない計器を使用する場合に、波形率を掛け合わせることで測定対象の範囲を広げることができます。

波形率は実効値を主に算出するために使用され、測定の幅を広げることができる

次に、波高率について見てみましょう。波高率は、次の式で求めることができます。

$$波高率=\frac{最大値}{実効値}$$

波高率は波形が「どれくらい尖っているか」を表す指標です。方形波（実効値＝最大値）だと1（すなわち、まったく尖っていない波形であることを意味します）、正弦波だと $\sqrt{2} \fallingdotseq 1.41$ となります（導出は割愛します）。

波高率に関しても、電気計測の分野で使用されることが多いです。例えば、**図2**のような実効値に比べて最大値（ピーク値）が大きい波形があったとします。

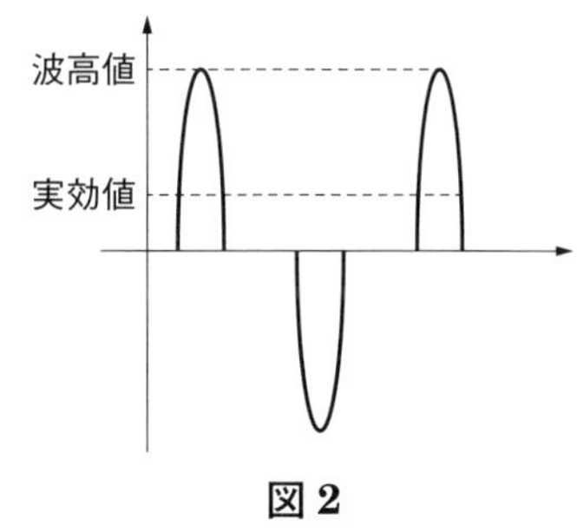

図2

この波形を測定しようとすると、実効値は低めだから測定できなくはないものの、最大値が大きすぎるため計測可能なレンジを超えてしまう可能性があり、波形全体として正確な測定ができません。このように、波高率は実効値だけでは分からない波形の形状を読み取ることができる指標であり、正確な値を測定するために計器として計測可能な波高率を制限する必要があります。

また、波高率が高い尖った波形は、正弦波と比べると「歪んでいる」状態です。歪んだ波形には高調波が多く含まれます。単純に最大値が大きいことも相まって、波高率の高い電流を供給する電源を機器に接続してしまうと、配線の過熱・焼損や機器の誤動作を招きます。つまり、波高率は「電源の品質」を表す指標であるともいえます。

その他、波高率は機器の耐電圧を考える際にも重要です。通常、（交流）電圧は実効値で表されるのが一般的ですが、機器の絶縁に関しては、取り得るすべての電圧値について耐えることが求められます。すなわち、実効値より最大値（ピーク値）を考えることが重要になってくるため、波高率についても注意を配る必要があるのです。

波高率は最大値が重要になる場合に使用され、測定の品質を向上させる！

2 進数や 16 進数について教えてください。

10 進数は日常で使用するので馴染みがありますが、2 進数や 16 進数などは実際にどのように活用されているのですか？

Answer

2進数および16進数はコンピュータにとって重要で、電気回路との相性が良いのです。

まず、2 進数について考えていきましょう。そもそも 2 進数とは、「0」または「1」で表される数のことです。日常的に私たちが使用している 10 進数（「0」～「9」で表される数）とは異なりますが、これらは相互に変換することはできます。例えば、10 進数「11」→ 2 進数「1011」といった感じですね。ここまでは知っている人も多いと思います。

電験三種では、この 2 進数に関する計算問題がよく出題されるのですが、まずそもそも 2 進数と電気ってどんな関係があるのか、疑問が生まれるのももっともかもしれません。この 2 進数が活用されるのは、ずばりコンピュータです。コンピュータは電気回路で構成されており、その動作・処理を行うための命令は電気信号で与えられます。そして、この電気信号こそ、2 進数で表される量なのです。

ここで、**二値論理**の考え方について見ていきましょう。何やら難しげなワードが出てきましたが、二値論理とは、「物事を「真」または「偽」など、2 とおりの状態で表すこと」です。2 進数はまさに「0」または「1」の 2 とおりの数で表す方法なので、この二値論理の考え方がそのまま適用できます。では、電気回路ではどうでしょうか？

図 1 のように 5 V の直流電源とスイッチ、そして負荷で構成される回路があるとします。同図左のようにスイッチが OFF であれば負荷電圧は 0 V、同図右のようにスイッチが ON であれば 5 V になります。ただこの場合、負荷電圧は「2 V」や「3.5 V」などの値はとり得ませんよね？であれば、わざわざ「◯ V」という数

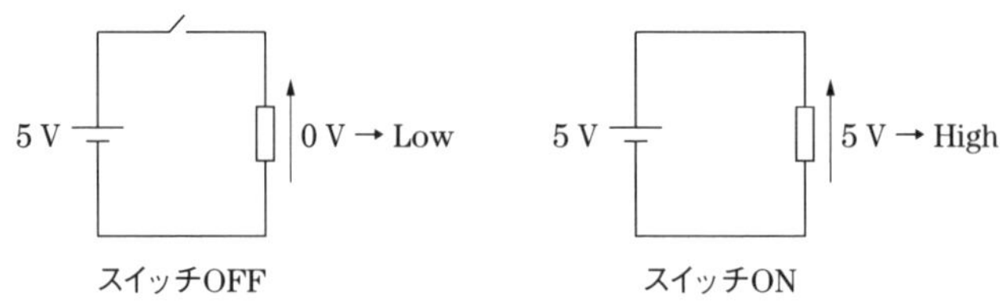

図 1

値を用いた表現にせず、「電圧がある一定の値（しきい値）より小さければ『Low（0 V）』、大きければ『High（5 V）』である」というルールとしても、回路の状態を表すことができるのです。

このように、電気回路にはスイッチがあり、ON と OFF（導通している・していない）の 2 つの状態を作ることができるおかげで二値論理が適用でき、2 進数と対応させることができます。今回は図 1 のようなシンプルな回路で説明しましたが、もちろん、コンピュータ内の電気回路は、これよりもはるかに複雑です。しかし、コンピュータは、その 1 つ 1 つの部品が二値論理のようなシンプルな対応関係に基づいているおかげで、それらの組み合わせで複雑な演算もこなせるという特徴があります。

また、コンピュータでは膨大な情報を扱うため、それをすべて 2 進数で扱うと桁数が大きすぎて、やや不便です。そこで、2 進数の 4 桁分を 1 桁にまとめ、「0」～「9」および「A」～「F」の記号で表したものが 16 進数です。例えば、10 進数「11」→ 2 進数「1011」は、16 進数だと「B」になります。2 進数と 16 進数は本質的には同じものであり、当然、先に述べた電気回路との対応関係も成り立ちます。

このように、2 進数および 16 進数は、現代の私たちの社会に欠かせないコンピュータの動作に重要なものです。他の学習分野と少し毛色は異なり、一見馴染みのない内容に戸惑うかもしれませんが、電験の学習を通じて、その世界に少しでも触れてみてください。

2 進数および 16 進数は、実は電気回路との相性が良い！

電力用コンデンサが遅れ無効電力を供給するって何ですか？

「電力用コンデンサが進み無効電力を消費し、遅れ無効電力を供給する」とテキストに書いてあったのですが、どういうことでしょうか？

Answer

進み電流が流れる＝遅れ電流が逆流することです。RLC 並列回路の共振現象から無効電力供給のメカニズムを理解しましょう。

電験のテキストや過去問題で、このような文章を見かけたことはないでしょうか？

「電力用コンデンサは進み無効電力を消費し、**遅れ無効電力を供給する**」

「分路リアクトルは遅れ無効電力を消費し、**進み無効電力を供給する**」

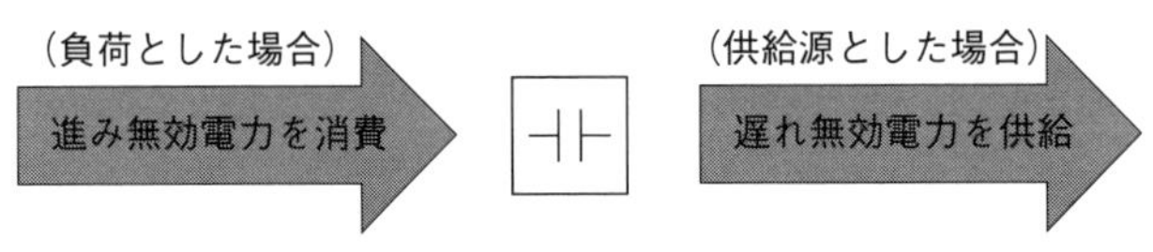

電力用コンデンサ

「電力用コンデンサは進み無効電力を消費し、分路リアクトルは遅れ無効電力を消費する」のは理解できると思いますが、電源でもない、ただの受動素子であるはずのコンデンサやコイルが「無効電力を供給する」とはいったいどういうことでしょう？多くの初学者が、この文章を見たときに混乱すると思います。ここでは、この謎を紐解くために、理論科目に登場する「RLC 並列交流回路の共振現象」をベースに説明していきたいと思います。

図 1 は、負荷にコンデンサを並列に接続した配電系統モデルを、一相分の等価回路に描き換えたものになります。負荷は一般的にモータなどの誘導性負荷が多いので、コイルと抵抗の直列接続で表すものとします。

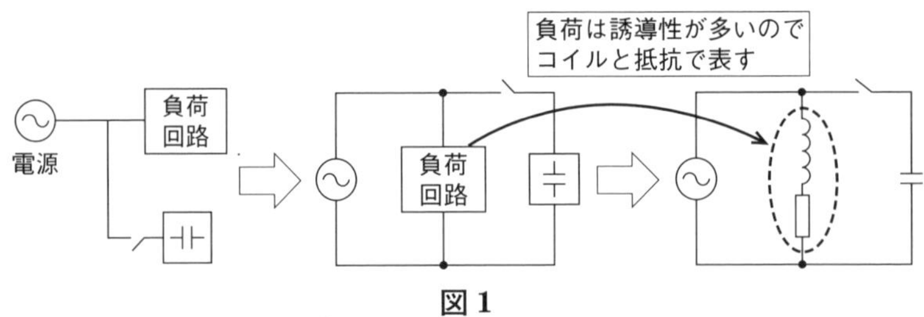

図 1

まず、この図1の回路において、スイッチを閉じてコンデンサを接続する前に流れる電流を求めてみます。

電源電圧を$\dot{V}$、抵抗をR、コイルのリアクタンスをX_Lとし、電源から回路に流れる電流を$\dot{I}_1$とすると、

$$\dot{I}_1=\frac{\dot{V}}{R+\mathrm{j}X_L}=\frac{R}{R^2+X_L{}^2}\dot{V}-\mathrm{j}\frac{X_L}{R^2+X_L{}^2}\dot{V}$$

上式より、電流$\dot{I}_1$の無効分（虚部）の符号が負であることから、遅れ電流になりますが、これは負荷が遅れ無効電力を消費しているためであり、遅れ無効電力が大きくなると、受電する皮相電力が大きくなるので電気料金がかさんでしまいます。お悩み No. 34 でも解説したとおり、電気料金には「力率割引」があるので、需要家としては受電する遅れ無効電力を減らし、受電電力の力率をなるべく1としたいのです。

そのためには、**誘導性負荷が要求する遅れ無効電力を肩代わりしてくれる供給源**が必要になります。それこそが電力用コンデンサの役割です。

それでは、スイッチを閉じてコンデンサを接続してみましょう。このとき電源から流れる電流$\dot{I}_2$は、負荷に流れる電流$\dot{I}_1$とコンデンサに流れる電流$\dot{I}_C$とを足し合わせたものであり、またコンデンサのリアクタンスをX_Cとすると、

$$\begin{aligned}\dot{I}_2&=\dot{I}_1+\dot{I}_C\\&=\dot{V}\left(\frac{R}{R^2+X_L{}^2}-\mathrm{j}\frac{X_L}{R^2+X_L{}^2}\right)+\frac{\dot{V}}{-\mathrm{j}X_C}\\&=\frac{R}{R^2+X_L{}^2}\dot{V}+\mathrm{j}\left(\frac{1}{X_C}-\frac{X_L}{R^2+X_L{}^2}\right)\dot{V}\end{aligned}$$

となります。ここで、コンデンサのリアクタンスX_Cを、

$$X_C=\frac{R^2+X_L{}^2}{X_L}$$

とおくと、$\dot{I}_2$の無効分（虚部）がゼロとなり、

$$\dot{I}_2=\frac{R}{R^2+X_L{}^2}\dot{V}$$

となります。このとき、図1の回路は「共振状態」であり、$\dot{V}$と$\dot{I}_2$が**同相**となります。このように、コンデンサのリアクタンスを適切に設定して電流の無効分をゼロにすることができれば、電源からは有効分だけの電流が流れる状態、つまり「力率1の状態」とすることができます。

この様子を、もう少し分かりやすく見てみましょう。

負荷に流れる電流の有効分を $\dot{I}_R$、無効分を $\dot{I}_L$、コンデンサに流れる電流を $\dot{I}_C$ とすると、コンデンサ接続前後で電流の流れ方は**図2**のように変化します。

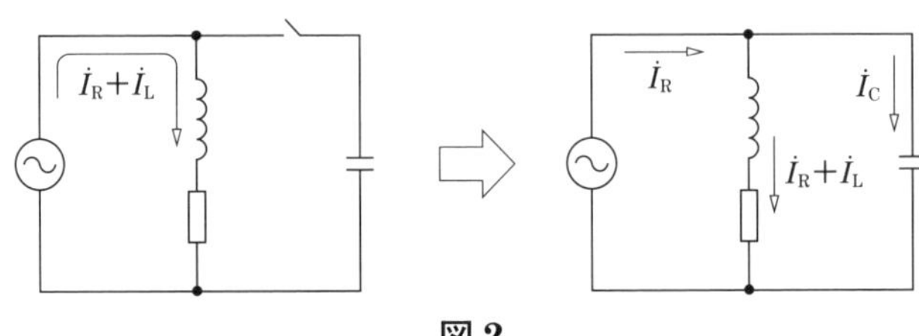

図2

図2より、負荷の力率が1になるよう適切にコンデンサのリアクタンスを設定した結果、回路が共振状態になり、図2右のように、電源からは有効分の電流 $\dot{I}_R$ のみが流れる状態になります。一方で、前述のように負荷は遅れ無効電力を要求しているので、負荷には $\dot{I}_R$ と $\dot{I}_L$ が流れます。この $\dot{I}_L$ は、どこが供給しているのでしょうか？その答えは、次の**図3**をご覧ください。

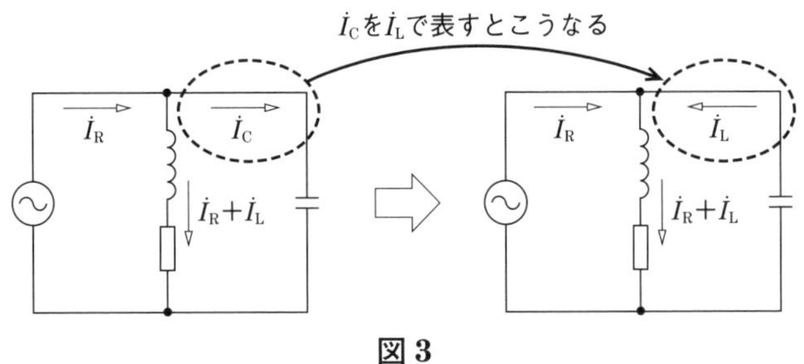

図3

共振状態では $\dot{I}_C = -\dot{I}_L$、すなわち図3右のように、コンデンサから負荷の遅れ無効電力分の電流が供給されているとみなせる状態になります。これこそが、「**コンデンサが遅れ無効電力を供給している**」といえることの根拠です。

このことは、遅れと進みが逆になるだけで分路リアクトルにも同様のことがいえます。系統からリアクトルに流れ込む電流は遅れ電流ですが、逆にいえば系統に向かって進み電流を供給しているともとれるわけです。

電力用コンデンサは負荷の遅れ無効電力を、系統に代わって補ってくれる「縁の下の力持ち」といってもいいかもしれませんね。

RLC 並列回路の共振現象から無効電力供給のメカニズムを理解しましょう！

進相コンデンサに直列リアクトルを接続するのはなぜですか？

進相コンデンサに必ず直列リアクトルを接続する理由を教えてください。

Answer

高調波電流の系統への流出拡大を防ぐと共に、進相コンデンサの突入電流抑止も兼ねています。

進相コンデンサは力率改善が目的ですが、なぜわざわざ直列にリアクトルを挿入するのでしょうか？その理由を学びましょう。

正弦波交流は、理論的には綺麗なサインカーブを描いているはずなのですが、実際にはつながる負荷の影響もあり、その波形がひずみます。これは、変圧器や回転機の鉄心がもつ鉄心特性や、インバータなどのパワーエレクトロニクス応用機器などの影響によります。崩れた正弦波は直流成分がないものとすると、

$$i = I_{m1}\sin\omega t + I_{m2}\sin 2\omega t + I_{m3}\sin 3\omega t + \cdots + I_{mn}\sin n\omega t + \cdots$$

で表され、右辺第 1 項の基本波成分、第 2 項以降の第 n 次高調波成分に分解することができます。

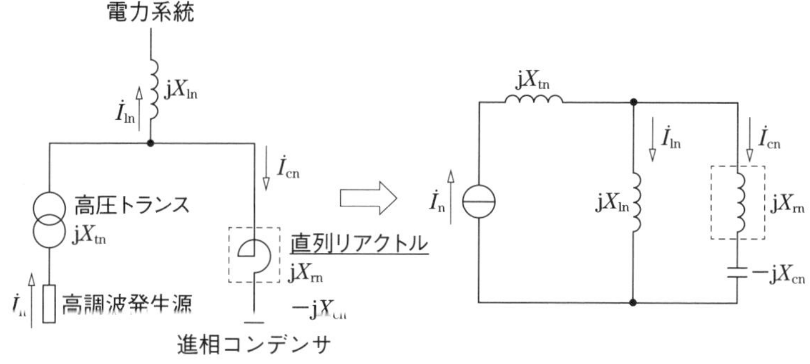

図 1

図 1 左に簡単な単線結線図を示します。点線で囲んだ部分が「直列リアクトル」です。いま、高調波発生源から第 n 次高調波 $\dot{I}_n$ が流出しているとします。また、高圧トランス、電力系統、直列リアクトル、進相コンデンサの第 n 次高調波に対するリアクタンスをそれぞれ X_{tn}、X_{ln}、X_{rn}、X_{cn} とします。そして、これを等価な回路図に描き換えたものが図 1 右になります。第 n 次高調波に対する進相コンデンサの容量性リアクタンス X_{cn} は、基本波に対する容量性リアクタンス X_c と、

$$X_{cn}=\frac{1}{2\pi nfC}=\frac{X_c}{n}$$

となる関係があり、同様に、第n次高調波に対する直列リアクトルの誘導性リアクタンスX_{rn}は、基本波に対する直列リアクトルの誘導性リアクタンスX_rと、

$$X_{rn}=2\pi nfL=nX_r$$

となる関係があり、電力系統や高圧トランスの誘導性リアクタンスについても同様です。

ここで、電力系統に流出する第n次高調波$\dot{I}_{ln}$の大きさを考えてみます。高調波発生源から、第n次高調波$\dot{I}_n$が電力系統に分流するため、

$$\dot{I}_{ln}=\frac{jX_{rn}-jX_{cn}}{jX_{ln}+(jX_{rn}-jX_{cn})}\dot{I}_n=\frac{nX_r-\dfrac{X_c}{n}}{nX_l+\underline{\left(nX_r-\dfrac{X_c}{n}\right)}}\dot{I}_n \qquad (1)$$

となります。このとき、直列リアクトルが設置されていないと$X_r=0$となるので、

$$\dot{I}_{ln}=\frac{\dfrac{X_c}{n}}{\dfrac{X_c}{n}-nX_l}\dot{I}_n=\frac{1}{1-n^2\dfrac{X_l}{X_c}}\dot{I}_n$$

となり、**系統へ分流する$\dot{I}_{ln}$は、発生源から流出する$\dot{I}_n$より大きな値になる**ことが分かります。これが**コンデンサによる高調波電流の増幅（拡大）作用**です。直列リアクトルがあれば、n次以上では、(1)式の下線部分を誘導性（正の値）にすることができるので、発生源から流出する高調波I_nを拡大させることはありません。

電力系統に多くの高調波電流が流出すると、電気事業者や他の需要家にも迷惑をかけてしまいます。そのため、**直列リアクトルは進相コンデンサに必ずセットで設置し**、その容量は、一般的に問題となる第5次高調波以上で誘導性となる、コンデンサ容量の6％とします。

上記の他に、コンデンサ投入時の大きな瞬時電流（突入電流）を抑える効果もあります。突入電流は電源投入時のタイミング（位相）によって流れるもので、定格電流の数十倍の大きさにもなります。そのため、保護継電器の誤動作などを防ぐため、突入電流を抑制する目的でも直列リアクトルを設置します。

直列リアクトルの役割：・高調波の電力系統への流出拡大防止
・進相コンデンサの突入電流の抑制

水車の種類について教えてください。

ペルトン水車、フランシス水車など、水車の種類がいろいろありますが、どう整理し、理解したらよいですか？

Answer

水車の動かし方や水の流れ方に違いがあることを意識しましょう。

水力発電には欠かせない水車ですが、いざ理解しようとしても、実務に携わっていないとイメージがわきにくいですよね。水力発電では、水の落差（位置水頭）によるエネルギーを何らかの形で羽根車（以下：ランナ）に作用させ、ランナを回転させます。水車は、このランナを回転させるためのエネルギーを作用させる方式で分類することができ、水を噴射させてランナを回すのが**衝動水車**、水の流れの中にランナをおいて回すのが**反動水車**です。

さらに、この衝動水車と反動水車は、次のように細かく分類されます。違いを意識して見ていきましょう。

1. ペルトン水車（衝動水車）

大気中で水を入れた容器の下側に穴をあけると、水が勢いよく噴射します。そして、この勢いよく噴射された水をランナのバケット（水を受ける部分）にあてるとランナが回転します。これが衝動水車である**ペルトン水車**（**図1**）の原理です。

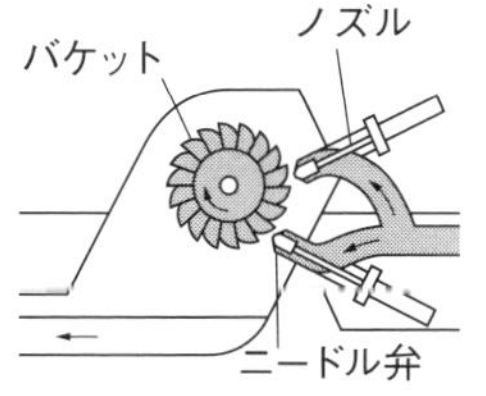

図1

ペルトン水車の特徴として、水をノズルから勢いよく噴射させるため大きい落差を必要とします。ノズルには尖った噴出口（**ニードル弁**）が取り付けられており、この動きで噴射する水の速さを調整することができます。イメージとしては、水が出ているホースを部分的に指で隠すと水の勢いが増す感じです。ペルトン水車は、ニードル弁を使った水量の調節が容易で、かつノズルから出る水の速度も一定に保てるので部分負荷時（出力低下時）の効率の低下もあまりありません。反面、ランナにあたる水のエネルギーは利用できますが、ランナから放水面までの高さ部分は水が自然落下するため、その部分の位置水頭は利用できません。したがって、ペルトン水車の最高効率は、2. の反動水車に劣ります。

2. フランシス水車、斜流水車、プロペラ水車（反動水車）

例えば、注射器があると仮定して、片方からピストンで水を押せば、もう片方から水が勢いよく出ます。このとき、筒の中では水が移動しており、この中にランナを入れると回転します。これが反動水車の原理であり、ランナへの水の侵入方向によって、さらに**フランシス水車**、**斜流水車**、**プロペラ水車**に分類されます。例として、**図2**にフランシス水車を、**図3**にプロペラ水車の概観を示します。

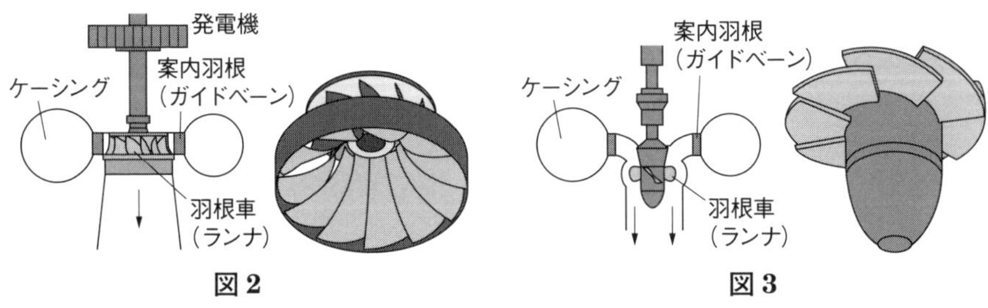

図2　　**図3**

図2のフランシス水車は、水がランナの回転方向に沿って旋回しながら半径方向にランナに侵入します。それに対し、プロペラ水車はランナの軸方向にランナに侵入します。そして、斜流水車は斜めという名のとおり、両者の中間で水がランナに斜めに侵入します。

これらの水車の適用落差としては、1. のペルトン水車を含め次のとおりです。

適用落差：ペルトン水車（約 150 m 以上）＞フランシス水車（約 50～500 m）＞斜流水車（約 40～180 m）＞プロペラ水車（約 20～80 m）

反動水車の特徴として、出口付近に設置される吸出管（ドラフトチューブ）により、ランナから放水面までの揚程を有効に利用することができるため、ペルトン水車に比べ最大効率が高く、高速機が採用できるため小型になります。反面、部分負荷時の効率は著しく低下します。

この部分負荷時の効率低下を抑えるために、ランナ羽根（ランナベーン）の角度を出力に応じて可動できるようにしたものを、斜流水車では**デリア水車**、プロペラ水車では**カプラン水車**といい、出力変化に対する効率の低下が抑えられています。

衝動水車で特徴のあるペルトン水車、反動水車はフランシス水車、斜流水車、プロペラ水車の順番で整理し、理解しましょう！

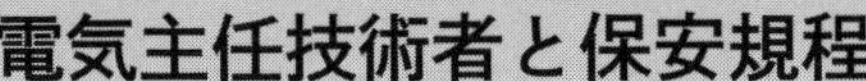

電気主任技術者と保安規程

こんにちは、カフェジカ技術顧問のあきらと申します。人前は恥ずかしいので仮面をかぶって失礼します（笑）。

皆さまは、電験三種合格に向けて頑張っていらっしゃることと思います。そこで今回は、電気主任技術者の職務と密接に関係がある「保安規程」についてお話ししていきたいと思います。

保安規程は、あまり皆さまにとって馴染みがないのではないでしょうか？この保安規程は電気事業法第 42 条で明記されていて、電気工作物の工事、維持及び運用の保安に関することを定めたものです。

それでは、この保安規程は誰が作成するのでしょうか。実は、事業用電気工作物を設置する者（以下：設置者）自身が作成しないといけません。事業用電気工作物とは、一般家庭や小規模商店などの低圧受電されている一般用電気工作物以外の「発電所、変電所、ビル、工場、大型商店などの電気工作物」をいいます。つまり、発電所、変電所、ビル、工場、大型商店などの事業用電気工作物を設置するときは、必ず保安規程を作成して国に届け出なければいけないこととなっています（**図 1**）。

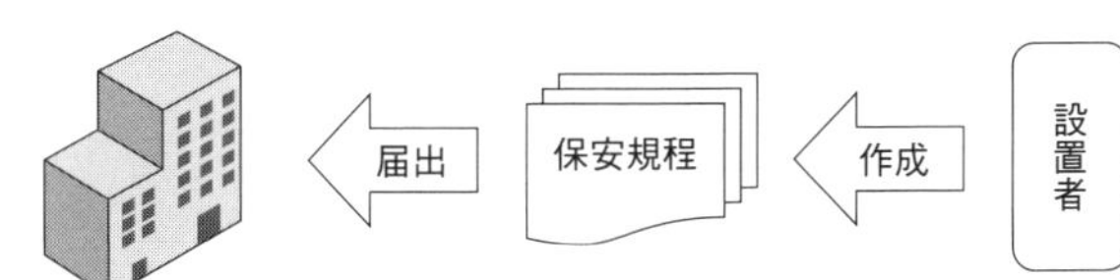

国：経済産業省の出先機関である
保安監督部 電力安全課

図 1

本日の講義では、電気事業法の目的と事業用電気工作物の規制について説明し、そこから保安規程の必要性、そして保安規程は電気主任技術者とどのような関係があるのか順番に説明していきたいと思います。

1. 電気事業法の目的

保安規程や電気主任技術者については法律で定められています。その法律こそが電気事業法です。したがって、電気事業法を理解することにより、保安規程や電気主任技術者がなぜ必要とされているのか、その理由が分かります。

電気事業法の条文のすべてを理解する必要はありません。電気事業法は、「電気事業者の規制」と「電気保安に関する規制」の２つに分かれていて、電気主任技術者を目指す方においては、電気保安に関する規制の部分を理解すればいいからです（注：電力会社などの方は両方の理解が必要です）。

それでは見ていきましょう。最初に電気事業法第１条に明記されている目的を理解することが大切です。

電気事業法　第１条
この法律は、電気事業の運営を適正かつ合理的ならしめることによって、電気の使用者の利益を保護し、及び電気事業の健全な発達を図るとともに、電気工作物の工事、維持及び運用を規制することによって、公共の安全を確保し、及び環境の保全を図ることを目的とする。

電気事業法の目的は「２つ」あります。

１つは、電力会社などの電気事業者への規制をすることで電気の使用者の利益を保護することです。第１条の前半の部分はこの電気事業の運営について述べられています。

もう１つは、電気工作物の工事、維持及び運用を規制して公共の安全と環境の保全を図ることです。この目的が電気保安に関係することとなります。しかし、ここでは具体的なことは定められていません。それでは、目的を達成するためにどのようなことが定められているのか、これから見ていきましょう。

2. 電気設備技術基準とは

なぜ保安規程の作成が必要になるのか、その根幹となる電気設備に関する技術基準を定める省令（以下：電気設備技術基準）について説明していきます。

毎日の生活に欠かすことのできない便利な電気ですが、その取り扱いを誤ると感電、火災、建物の損壊など危険な事故を引き起こします。そのため、安全に使用できるように法律による規制が必要です。

しかし、あまり規制を厳しくすると電気を簡単に使用できなくなり、産業の発展を阻害してしまいます。産業発展のためには電気を自由に使えるようにしておいた方がいいですが、使用方法を誤ると電気は危険なものでもあります。双方のバランスをとり、規制を限定的にして国からの関与を必要最小限にとどめ、設置者が自主的に電気の保安を確保できるような制度を定めています。

電気事業法は最初に電気工作物という物への規制をしています。電気事業法第39条では、電気工作物が経済産業大臣の定める技術基準に適合するように規定しているのです。この技術基準は、電気事業法の委任を受けて経済産業大臣が制定する「省令」です。そのため、法律で委任されている省令は当然強制力があります。

それでは、なぜ電気事業法の中で技術基準も規定しないのでしょうか？技術基準を電気事業法の中で規定してしまうと、技術の進歩に伴う新技術の採用や危険な材料が判明した場合、基準改定のための法律改正が必要となり、常に国会の審議が必要になってしまいます。そうすると迅速な対応ができないという問題が生じるのです。

そこで、経済産業大臣に技術基準の制定を委任することで、時代の変化に柔軟に対応できるようにしています（**図2**）。

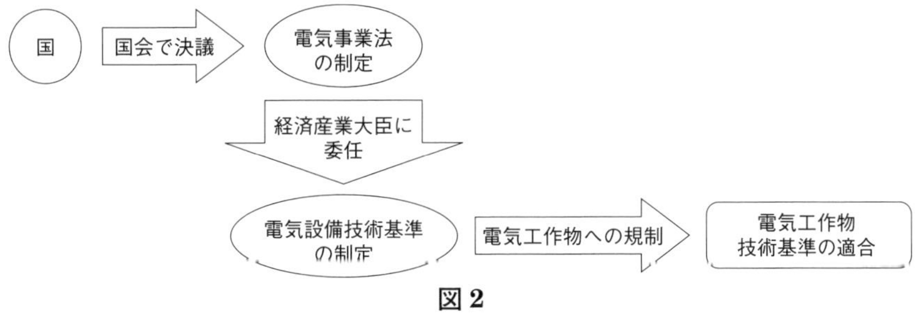

図2

電気設備の充電部に人が近寄れないように保護したり、必要な余裕をもたせた配線や、万が一のときのための保護装置を取り付けて異常があれば動作するようにしていたりすると、誰でも安全に電気を使えますよね。うっかりミスによるヒューマンエラーを起こしても事故を防ぐことができます。反面、電気設備が危険な状態であれば、たとえ小さなミスでも事故に直結してしまいます。

以上のことから、電気工作物の品質や性能などを規制することで電気を安全に使えるようにすると共に環境にも配慮できるようにしているのです。

技術基準への適合を規定した電気事業法第 39 条の対象となるのは、事業用電気工作物です。一方、一般用電気工作物に対する技術基準への適合は、電気事業法第 56 条で規定しています（今日の講義では対象外です）。

事業用電気工作物の中でも、電力会社など電気事業用として使われるものを除いた電気工作物のことを自家用電気工作物といい、電気事業用と区別して規定されています（**図 3**）。自家用電気工作物と書かれている条文は、電力会社などの電気事業者には関係ない条文ということになります。条文がどの範囲の電気工作物に及んでいるのか見極めることが大事です。

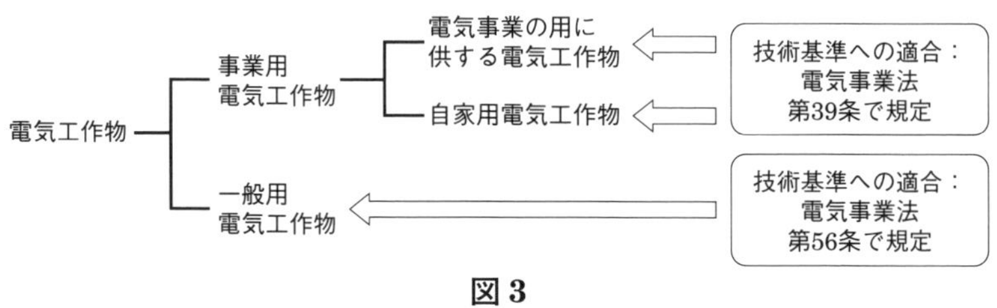

図 3

さて、「技術基準」ですが、実は電気設備技術基準以外にもいろいろあります。

① 電気設備に関する技術基準を定める省令
② 発電用水力設備に関する技術基準を定める省令
③ 発電用火力設備に関する技術基準を定める省令
④ 発電用原子力設備に関する技術基準を定める省令
⑤ 発電用風力設備に関する技術基準を定める省令
⑥ 発電用核燃料物質に関する技術基準を定める省令
⑦ 電気工作物の溶接に関する技術基準を定める省令

これから電気主任技術者を目指す皆さんにとって密接に関わってくるのは、やはり、①の電気設備に関する技術基準ですね。

もし技術基準に適合しない電気工作物を設置していた場合、どうなるでしょう？技術基準は電気事業法の目的を達成するための根幹となる大事な規程なので、適合ができなかった場合、設置者は国からその電気工作物を修理、改造、移転するよう命ぜられます。これは電気事業法第 40 条に定められています。もしその命令に従わないときは、最終手段として使用の停止や使用の制限が命ぜられ、電気の使用ができなくなります。このことから技術基準に適合させることが非常に重要だということが分かりますよね。

技術基準は常に適合させた状態に保つことが重要です。そこで電気事業法は、技術基準を制定するだけではなく適合し、それを維持させるための制度を規定しました。それが「保安規程」と「電気主任技術者制度」です。ここからは、保安規程と電気主任技術者制度についてお話ししていきます。

3. 保安規程とは

設置者が電気工作物に対して設置、利用、変更などを行っていく中で、当初の基準から外れて危険な状態になっていく場合があります。そこで電気事業法第1条の目的を思い出してください。電気工作物の工事、維持及び運用の規制をしていくと規定されています。ここでの規制は、電気工作物の品質や性能などの「物への規制」(技術基準)と、電気設備を技術基準へ適合させる「人への規制」があります。この「人への規制」が保安規程の作成、遵守となります(**図4**)。

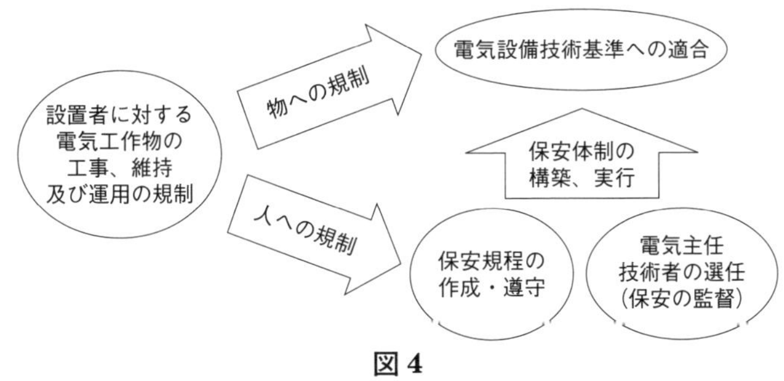

図4

保安規程は電気事業法第42条で規定されていて、設置者は保安規程を作成して国へ届出する義務があります。

では、保安規程は、どのような内容で作成しないといけないのでしょう?日本の電気保安は自主保安制度、要するに自分たちの安全は自分たちで守るという制度を採用しています。経済活動に関わりが強い電気への規制に対して国からの関与は必要最小限にしています。でも、あまり自由にしていると先に述べた電気事業法の目的が達成できません。そのため、保安規程は、技術基準に適合させるために工事、維持及び運用の保安体制が構築できるような内容でなければいけません。

それでは、具体的にどのようなものを作成すればいいのでしょうか？ビルや工場などの自家用電気工作物で作成する保安規程の内容は、電気事業法施行規則第50条第3項で定められています。

電気事業法施行規則　第50条　第3項

一 事業用電気工作物の工事、維持又は運用に関する業務を管理する者の職務及び組織に関すること。

二 事業用電気工作物の工事、維持又は運用に従事する者に対する保安教育に関すること。

三 事業用電気工作物の工事、維持及び運用に関する保安のための巡視、点検及び検査に関すること。

四 事業用電気工作物の運転又は操作に関すること。

五 発電所の運転を相当期間停止する場合における保全の方法に関すること。

六 災害その他非常の場合に採るべき措置に関すること。

七 事業用電気工作物の工事、維持及び運用に関する保安についての記録に関すること。

八 事業用電気工作物（使用前自主検査、溶接事業者検査若しくは定期事業者検査（以下「法定事業者検査」と総称する。）又は法第五十一条の二第一項若しくは第二項の確認（以下「使用前自己確認」という。）を実施するものに限る。）の法定事業者検査又は使用前自己確認に係る実施体制及び記録の保存に関すること。

九 その他事業用電気工作物の工事、維持及び運用に関する保安に関し必要な事項

以上が法定要件とされ、最低でもこの9つの内容は保安規程に盛り込まれていないといけません。そして、この9つの内容以外にも記載することが可能です。その事業所の実情に合った、より具体的な内容を保安規程に盛り込み、明確なルールにしていくことで、電気保安をさらに確実なものとすることができます。

4. 電気主任技術者とは

電気事業法の目的を達成するために国は技術基準を作り、それに適合させるため、設置者には保安規程を作成させ、それを遵守させるようにしました。しかし、事業用電気工作物は高圧以上の設備や発電所設備など、専門的な知識がなければ技術基準に適合しているか分からないものが多いですよね。また、大原則として、

> 電気設備技術基準　第 4 条
> 電気設備は、感電、火災その他人体に危害を及ぼし、又は物件に損傷を与えるおそれがないように施設しなければならない。

と定められており、これは必須条件です。そのため、電気に関する専門的な判断ができ、保安規程が遵守できているかを監督できる技術者が必要です。その技術者に関する制度が電気事業法第 43 条で定められています。

> 電気事業法　第 43 条
> 事業用電気工作物を設置する者は、事業用電気工作物の工事、維持及び運用に関する保安の監督をさせるため、主務省令で定めるところにより、主任技術者免状の交付を受けている者のうちから、主任技術者を選任しなければならない。

国は電気に関して専門の知識を有する者に、電気主任技術者免状を交付し、事業用電気工作物の設置者は、その免状を有する者の中から電気主任技術者を選任しなければならないのです。

電気事業法第 43 条より、電気主任技術者は、次の 3 つの職務を誠実に行うことが求められます。

① 事業用電気工作物の工事に関する保安の監督

② 事業用電気工作物の維持に関する保安の監督
③ 事業用電気工作物の運用に関する保安の監督

つまり電気主任技術者は、保安規程が遵守されているか、また電気工作物が技術基準に適合しているかを監督することが職務となります。

設置者は自ら作成した保安規程を遵守し、さらにその従業員にまで保安規程を遵守させなければなりません。したがって、設置者は保安を監督する者として選任した電気主任技術者の意見を尊重しなければいけませんし、電気工事にあたる者や、電気を使用する従業員は、電気主任技術者の保安のための指示に従わなければなりません。そして、選任された電気主任技術者は、その大きな権限を行使できる代わりに、職務を誠実に行う責務があるのです。

技術屋は「法令を読むのが苦手」とよく聞きます。私もそうでした。しかし、電気主任技術者は、電気の法令や電気設備技術基準を読み解くことも重要な職務であり、法令を調べることは避けてはとおれません。とは言え、普段使われないような用語もたくさん出てくるため、理解するのに一苦労です。

そのような電気主任技術者を目指す方のために、今回の特別講義で分かりやすくまとめさせていただきました。

最後にもう一度おさらいしておきましょう。

① 国は電気工作物の安全を担保するために、電気工作物が適合すべき基準である電気設備技術基準を定めました（電気設備技術基準の制定）。
② 国は設置者に対して、電気設備技術基準を維持し、確実な保安体制を構築でき、その事業所のルールとなる保安規程の作成を義務づけ、それを遵守させることとしました（保安規程の作成と遵守義務）。
③ 国は電気の専門家である電気主任技術者の資格制度を定め、設置者に対しては、電気主任技術者を選任させ、電気主任技術者を中心とした保安体制を構築させることとしました（電気主任技術者制度と選任義務）。

この他にも工事計画、立入検査、罰則など電気保安に関係する条文等がありますが、今回は電気事業法第 39 条の技術基準の適合維持からはじまり、保安規程がなぜ必要なのか、主任技術者の選任とどのような関係があるのかというところまで、しっかりとご理解いただければ幸いです。

トークⅢ

計算問題のマル秘テクニック教えます

水島：計算問題のマル秘テクニックを教えていただきたいのですが、とっておきの秘密なんてありますか？

niko：私は、仮定法をよく使います。例えば、「ある 100 V 直流電源の直並列回路があって、ここところの間の電位差を求めなさい」という問題があったとき、「仮の電流としてこの電源から 1 A を流したらどうなるか」という作業をします。このとき、ここでこう分流するからこれだけの電圧降下があって、そのあと、ここでも電圧降下があって、というのをトータルで見たときに 50 V だったとします。すると、もともと 100 V の電源なので、結局、最初の仮定の 2 倍である 2 A の電流が流れていることがこれで分かるわけです。こうすれば、合成抵抗を求めて電流を求めてみたいな作業を省くことができるので、かなりの時間短縮になります。仮定法という発想は、いろんなところで使えるのでおススメです。

電気男：仮定法は、「抵抗が ○ %増えたとき…」など、割合が出てきたときなどには特に有効ですね。私がよく意識しているのは、「向きを明確にすること」です。電流は流れる方向に、電圧は低い方から高い方に向けて矢印を描きますよね。しかし、矢印が描かれていないところがあります。そんなときは、仮の向きを定めて回路図に矢印を描いてしまうのです。そして、それをもとに計算した結果、正ならば定めた向きは正しかったことになり、負ならば逆向きだったということになります。正負は異なりますが、絶対値、つまり電圧や電流の大きさは正しく算出されるので、実際と異なる方向に向きを定めても何ら問題はないのです。むしろ、向きをあやふやにしたまま計算してしまうと、どこかで計算ミスをして電圧や電流の大きささえも誤って算出されてしまうので、向きは自由に決めてよいのですが、必ず明確にすることを常に意識しています。テクニックというよりは当たり前にやらなくてはいけないことですが、意外とこれに触れている書籍は少ないですね。

niko：問題によっては絵を描くこともありますね。私の場合は機械が苦手だったので、電動機ならトルクを出す部分まで絵を描いて、ここに対する出力は…、トルクは…、と問題を整理しながら解いていました。特に機械だと「いかに機械の知識を数式に落とし込めるか」が鍵だと思うので、問題文を絵にして整理する訓練をしておくと、きっと強みになるはずです。これは4機から電動機応用、照明などにも有効なので、ぜひ試していただきたいです。

加藤：テクニックというより、奥の手的な手段ですが、選択肢の数値を公式に全部当てはめてゴリ押しする「ローラー作戦」はたまにやりました。出題者が想定している解法に沿ってスマートに解ければ、時間も節約できてベストなんですが、たまにまったく手も足も出ないときがあります。結構これが効くのは「情報」分野の論理回路の真理値表を求める問題です。本当は論理回路から論理式を求めるのがセオリーですが、選択肢にある真理値表の値を回路に上から順番に当てはめていって、強引に答えを導き出すこともできないことはないです。考えなくてもいいぶん、かなりの手間なので、本当に切羽詰まったとき用の手段ですね。

niko：選択問題ならではの手法ですね。三種は選択肢形式なので、いよいよとなったら、その手を使った方がよい場合もあると思います。時間がかかるので、他の問題を解いたあとで、じっくりローラー作戦するというのはいいですね。

加藤：まれにローラーをかけても「選択肢とどれも違う！」という事態になるので、時間をかけているぶん、そのときは絶望しかないですが…。

なべさん：ディメンション（単位の次元）を確認するのはやりますね。理論だと問題によって5択から2択くらいに減らせますし。そして照明や電気加熱では、むしろディメンションから公式を引き出すこともよくやります。これらは用語も公式もたくさんあって覚えられないですから。

加藤：それはローラー作戦同様、正攻法が分からず切羽詰まったときにやります。実際に過去にも「単位が異なるものを選べ」的な問題も出題されていますし、普段から計算するものの単位を意識しておくことも損はないと思います。

水島：ローラー作戦、絵を描くことですね。まずは絵を描いてみて、もし描けそうになかったらローラー作戦でつぶしていきます。ありがとうございました。

15:00

おやつの時間です

皆さま、そろそろ休憩にしましょう。美味しいコーヒーと、お手製のケーキをご賞味あれ～♪

このケーキ、美味い、美味すぎる！おかわりください。

（コーヒーを一口飲んで）何杯飲んでもやっぱり美味しいですね。

パワーチャージできたところで、ラストスパートといきますか！

お悩み No.42

特殊な形のコンデンサについて教えてください。

試験でたまに出題される特殊な形のコンデンサの回路をどう考えたらいいのか分かりません。合成静電容量の求め方を教えてください。

Answer

一見複雑に見えるコンデンサも、単純化することで正体が見えてきます。簡単にするために、電極を3枚に減らして考えてみましょう。

図1のようなコンデンサが過去の電験で出題されたことがあります。この回路の静電容量をどう考えたらよいか説明しましょう。

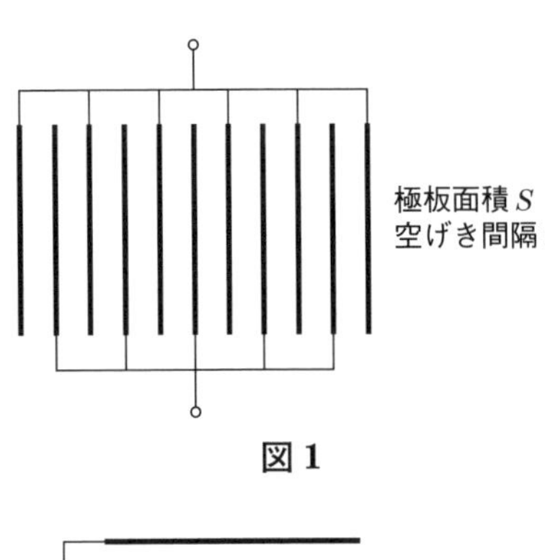

図1

まずは、これと同じ構造で、電極を3枚に減らして実際に端子に電源を接続すると、どのように充電されるのかを見てみます。

図2（a）のように回路を組みました。ここに電源が接続されているので、電極には電荷が蓄積されます。一番上と一番下の電極は電源の正極につながっているので図2（b）のように正電荷が蓄積され、中央の電極は負電荷が蓄積されます。

ここで重要なポイントがあります。それは、「一番上と一番下の電極それぞれに蓄えられた電荷に対して、中央の電極には2倍の電荷が蓄積される」ということです。中央の電極を拡大してみると、図2（c）のようなイメージで充電されています。

そうすると、中央の電極が「2つの電極が合わ

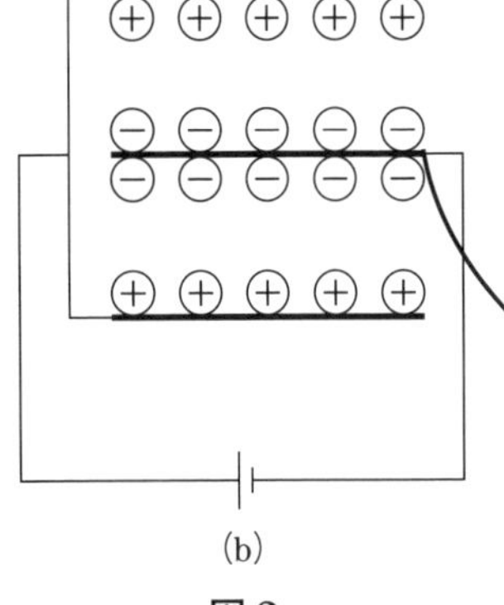

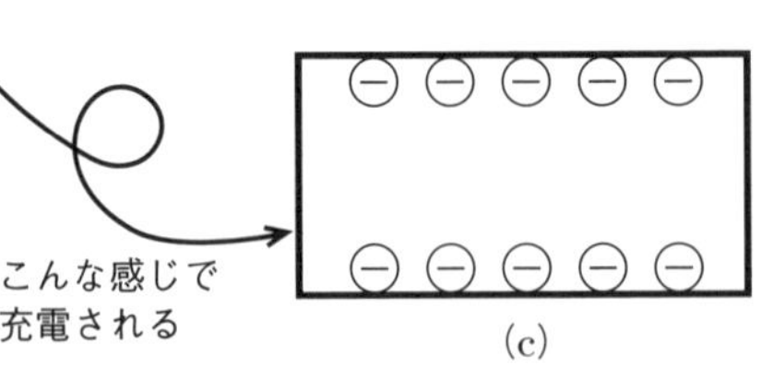

図2

さったものと等価である」とみなすことができるので、**図3**のように回路を変形していくことができます。

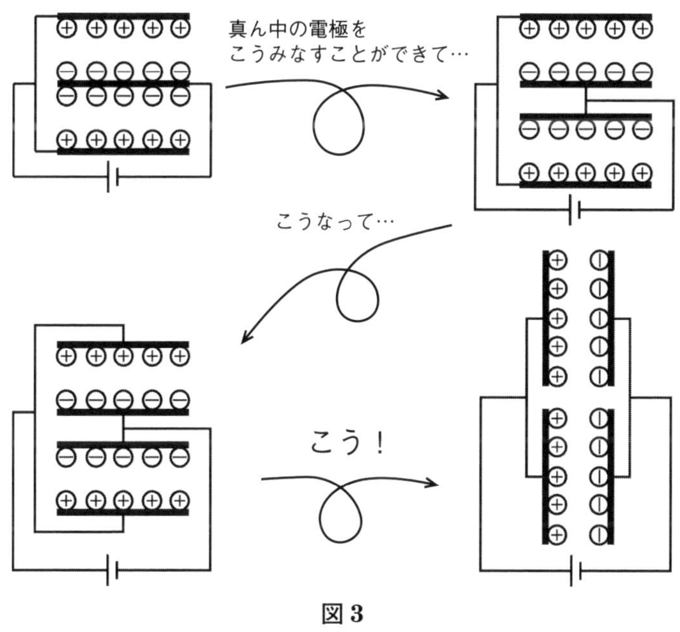

図3

以上の結果より、3枚の電極によるコンデンサは、2つのコンデンサを並列に接続したものと等価となります。電極が5枚であれば4つのコンデンサ、7枚であれば6つのコンデンサと、「(電極の枚数) − 1の数のコンデンサの並列接続」としてみなすことができるため、少ない電極の枚数で大きな静電容量のコンデンサを製造することができます。

一見特殊でどう考えていいか分からないコンデンサも、単純化して電源をつなげたときにどのように電荷が蓄積されるかをイメージできれば、自ずとその回路の正体が見えてきます。このようなコンデンサは、そんなにパターンはないので、この機会にしっかり押さえましょう。

はじめて見る形のコンデンサは、構造を単純化して考えてみましょう！

さまざまな法令の間の関係性が知りたいです。

法規科目にはいろいろな法令が登場しますが、それらの関係性がよく分からないので覚えにくいです。全体像を把握できるように説明をお願いします。

Answer

事業用電気工作物は自主保安体制で、一般用電気工作物は電気保安四法による規制で安全を確保しています。

「電気事業法」、「電気工事士法」、「電気工事業法」、「電気用品安全法」は電気保安四法と呼ばれ、電験三種では頻出ですが、これら四法の関連性やカバー範囲がよく分からずに学習している方も多いのではないでしょうか？

それを知るうえで重要なキーワードが**自主保安体制**です。電気は使いたいときにすぐ使えて便利な反面、いい加減な工事やいい加減な使い方をすると、感電や火災などの重大な事故につながる恐れがある大変危険なものでもあります。そこで常日頃から安全を確保する必要があるのですが、そのすべてを国が面倒を見るわけにはいきません。そこで、電気工作物の設置者は自己責任のもとに自ら電気保安を行うことを義務づけられており、これを自主保安体制といいます。

しかし、一言で電気工作物といっても、大規模な発電所の設備から一般家庭の電気設備までさまざまなものがあり、これらを一律に自主保安させるわけにはいきません。大規模な電気設備をもつ事業者はともかく、一般家庭の方にまで自主保安を任せるというのはあまりに非現実的ですよね。そこで、比較的大規模なものを「事業用電気工作物」、一般家庭などの小規模なものを「一般用電気工作物」と分け、事業用電気工作物は、電気事業法により定められた内容に基づいた自主保安を行います。また、一般用電気工作物は電気用品安全法により規制された材料を用いて、電気工事士法および電気工事業法により規制された業者が工事を行い、その後、設備が適切な状態に維持されているかは電気事業法に定められた定期調査で確認するという体制で、安全を確保しています（**表1**）。

表1

	一般用電気工作物	事業用電気工作物
使用材料	電気用品安全法	電気事業法に基づく自主保安体制
工事施工	電気工事士法 電気工事業法	
維持管理	電気事業法に基づく定期調査	

事業用電気工作物は自主保安体制。一般用電気工作物は電気保安四法で安全確保

1. 電気事業法

事業の規制と保安の規制の２本柱となっており、事業の規制は、電力会社などの発電事業、送配電事業などの電気事業が合理的で適正に運営されるよう規制することによって、電気を使用する人の利益を守り、電気事業を健全に発達させることを目的としています。簡単にいえば、電気を作ったり送ったりする人も、電気を使う人も、両方ハッピーになるための規制ですね。

保安の規制は、電気工作物の工事、維持、運用を規制することによって、公共の安全を確保し、環境の保全を図ることを目的としています。そのための技術的な基準は電気設備に関する技術基準を定める省令（通称：電気設備技術基準）として制定され、事業用電気工作物はこの基準に適合していなければなりません。

電気事業法には他にも、先ほども述べた一般用電気工作物が適切に維持されているかどうか確認する「定期調査」の義務などが定められています。家庭に４年に１回くらいの頻度で保安協会などが点検に来ますが、あれが定期調査です。

2. 電気用品安全法

電気用品の製造、販売、輸入などを規制することによって電気用品に起因する障害の発生を防止することを目的としています。電化製品に記載された「PSE」という表示を見たことがある方も多いと思いますが、これは電気用品安全法で定められた基準に適合していると認められた証として表示されるマークです。

3. 電気工事士法

電気工事に従事する者の資格と義務を定め、電気工事の欠陥による災害発生を防止することを目的としています。厳密には一般用電気工作物だけではなく、500 kW 未満の自家用電気工作物（事業用電気工作物のうち、電気事業の用に供するもの以外のもの）も規制の対象となります。

4. 電気工事業法

電気工事業を営む者の登録や業務の適正な実施を確保することによって、電気工作物の保安の確保に資することを目的としています。こちらも電気工事士法と同じく、500 kW 未満の自家用電気工作物も対象となります。

法令などが細かく分かれている理由は何ですか？

電気事業法には、その下に施行令や施行規則などがありますが、1つにまとめず分かれているのはなぜですか？また、電気設備技術基準とその解釈についても、分かれている理由を教えてください。

Answer

詳細内容は、下位の法令に記載すれば内容改定時に迅速な対応が可能。電気設備技術基準は、性能規定化によって解釈と分けられました。

表 1

法令	制定者	例
法律	国会	電気事業法
政令	内閣	電気事業法施行令
省令	所管大臣	電気事業法施行規則

日本の法体系は**表 1** のように、立法を担当する国会で大枠である「法律」を作り、法律を世の中にあてはめる行政を担当する内閣で「政令」を策定し、さらに所管大臣が各々の担当する行政事務について、より実務に即した形で「省令」として制定するというスキームです。これにより、細かな内容については法律を改定することなく、各省の大臣の範疇で改定することができるため、迅速な対応が可能になるメリットがあります。

〈具体例〉

電気事業法　第 44 条の 2（免状交付事務の委託）

経済産業大臣は、政令で定めるところにより、主任技術者免状に関する事務の全部又は一部を次条第 2 項の指定試験機関に委託することができる。

電気事業法施行令（しこうれい）　第 18 条（委託の方法）

法第 44 条の 2 第 1 項の規定による委託は、次に定めるところにより行うものとする。

一　次に掲げる事項についての条項を含む委託契約書を作成すること。（～略～）

二　委託をしたときは、経済産業省令で定めるところにより、その旨を公示すること。

電気事業法施行規則（しこうきそく）　第 56 条の 3（免状交付事務に係る公示）

令第 18 条第 2 号の規定による公示は、次に掲げる事項を明らかにすることにより行うものとする。

一　委託に係る免状交付事務の内容

二　委託に係る免状交付事務を処理する場所

以上の説明を聞くと、電気設備技術基準とその解釈の関係も同様だと思うかもしれませんが、実はこれにはまた別の理由があります。

そもそも電気設備技術基準は、正式名称を「電気設備に関する技術基準を定める省令」といい、その名のとおり技術的な基準を定めた経済産業省令です。しかし、そこには具体的な方法や手段、規定値などはほぼ記載されておらず、それらは「電気設備技術基準の解釈」という、別で定めたものに記載されています。

〈具体例〉

電気設備技術基準　第 11 条（電気設備の接地の方法）

電気設備に接地を施す場合は、電流が安全かつ確実に大地に通ずることができるようにしなければならない。

電気設備技術基準の解釈　第 17 条【接地工事の種類及び施設方法】

A 種接地工事は、次の各号によること。

一　接地抵抗値は、10 Ω 以下であること。

二　接地線は、次に適合するものであること。（略）

なぜこのような建て付けになっているのか説明しましょう。実は、1911（明治 44）年に電気事業法の発布に伴って制定された電気設備技術基準（当時の名称は「電気工事規程」）には、事細かに仕様が規定されていました。その後、1965（昭和 40）年に現在と同様の「電気設備に関する技術基準を定める省令」と名称が変わっても、その性質は変わりませんでした。これを**仕様規定**といいます。

省令に具体的な仕様まで記載してしまうと、事業者の創意工夫は一切認められず、それどころか書いてあることさえ守っていればよいという状態に陥ってしまい、「自分で考える」という機会が失われるというデメリットがありました。

時代は進み、高度経済成長が終焉を迎え技術が大きく進歩する中で、新技術導入などによりコストダウンを図る機運が高まりました。また、グローバル化が進み国際規格との整合性を取る必要が出てきました。しかし、仕様規定である省令の下では、新技術や国際規格を導入することは容易ではありませんでした。

そこで実施されたのが、技術基準の「性能規定化」です。先ほど具体例でもあげたように、省令には保安上の必要最低限な内容（性能）のみを規定し、技術基準の解釈に具体的な手段や方法（仕様）を記載するという方法です。省令とは異なり、解釈には法的強制力がないので、あくまで「省令での規定をクリアするための手段の 1 つ」として定められたものであって、省令で規定されていることがクリアされるならば別の手段でも構わないという性質のものなのです。

法令間の関係性や制定の経緯を理解すれば記憶に定着しやすくなる！

三相交流について教えてください。

三相交流の「a 相、b 相、c 相の電圧（電流）を足したらゼロ」という意味が分かりません。分かりやすく教えてください。

Answer

大きさおよび位相差が等しい対称三相交流は、どの瞬間で見ても和がゼロになります。

理論科目では、「対称三相交流」の問題が毎年ほぼ必ず出題されます。この質問は、その根本的な話につながるので、ぜひここで理解してください。

そもそも**対称三相交流（電源）**は、互いに大きさおよび周波数が等しく、それぞれの位相を 120°（1/3 周期）ずつずらした 3 つの正弦波交流によって表されます。ここでは電圧を例にとり、各相を a 相、b 相、c 相と定め、それぞれの電圧 e_a、e_b、e_c の波形について**図 1** に示します。

「足したらゼロ」というのは、「どの瞬間（時間タイミング）で見ても、3 つの相の波形のとり得る値の合計はゼロである」ということを意味します。正弦波交流は正負両方の値を繰り返しとるため、120° ずつ位相をずらした図 1 の e_a、e_b、e_c は、どの瞬間で見ても正の値をとるものと負の値をとるものがあり、ある瞬間で見たときにこれらの和は相殺されてゼロになります。同様に、対称三相交流電源に同一の負荷を 3 つ接続することで、大きさが等しく位相が 120° ずつずれた電流が流れます。すなわち、電流についても「足したらゼロ」の性質が成り立ちます。

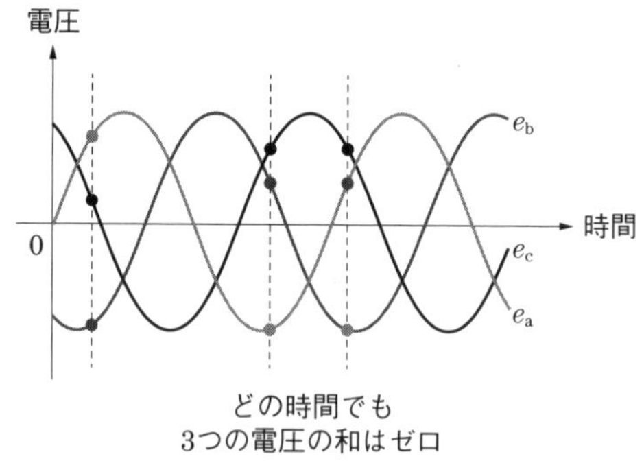

図 1

図 1 の波形では「少し分かりにくい」という方は、次はベクトル図（フェーザ

図）で見てみましょう。各相の大きさ（実効値）E_a、E_b、E_c が互いに等しく、位相を 120° ずつずらした対称三相交流電圧のベクトル図は、**図 2** 左のようになります。そして、3 つのベクトルの位置を入れ替え、それぞれの始点と終点をつなぎ合わせるようにすると、同図右のように辺の長さが等しい正三角形が形作られます。このような形になる場合、3 つのベクトル和はゼロになります。

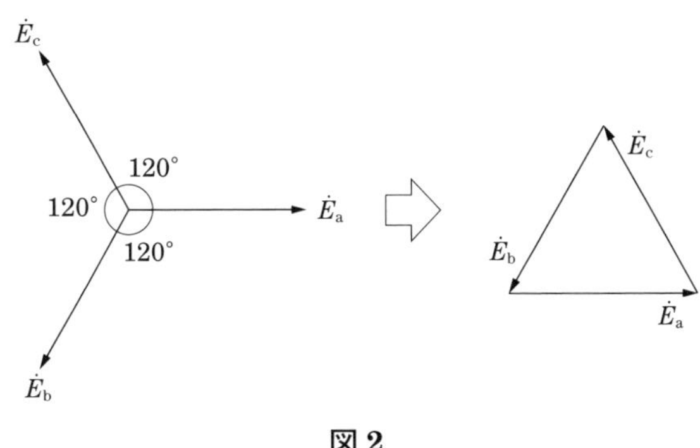

図 2

このように、大きさだけでなく位相差についても考えると、対称三相交流は「足したらゼロ」になるといえます。

大きさおよび位相差が等しい対称三相交流は、どの瞬間で見ても和がゼロに！

最後に、このような「足したらゼロ」になる対称三相交流が用いられる理由を説明します。**図 3** 上のように、3 つの単相交流電源を用意し、それぞれ大きさが等しい負荷に各電源から往復合わせて計 6 本の電線を使って送電する状況を考えます。

次に、この 3 つの単相交流回路をつなぎ合わせ、各相の電源電圧の位相を 120° ずらしたとすると、同図中央の回路のようになります。このとき、各交流回路の帰線（負荷→電源の向きに送電される線）には、各回路の電流の和である $i_a+i_b+i_c$ が流れます。

ここで、対称三相交流の「足したらゼロ」になるという性質を考えると、帰線の電流は $i_a+i_b+i_c=0$、すなわち帰線自体には電流が流れていないものとみなせます。このことを反映し、帰線を省略したのが同図下の回路になります。

つまり、対称三相交流を用いると、本来は電気を送るために 6 本（往線・帰線各 3 本ずつ）必要なところを、3 本の線のみで送電できるのです。対称三相交流は、非常に効率の良い電力供給に一役買っているといえます。

対称三相交流は送電線の本数を減らせるので、効率が良い！

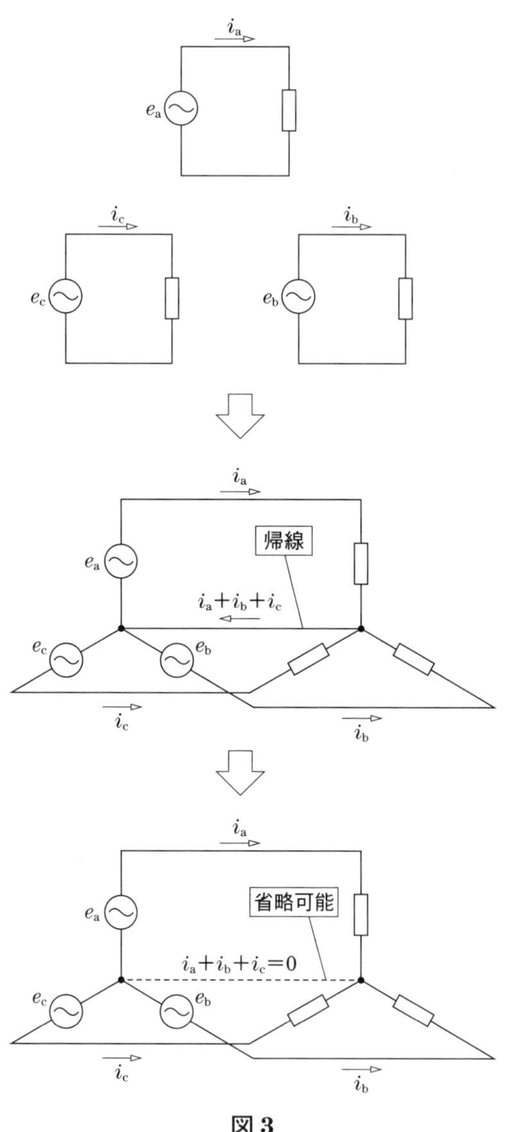
i_a
e_a
i_c
e_c
i_b
e_b
i_a
帰線
e_a
$i_a+i_b+i_c$
e_c
e_b
i_c
i_b
i_a
省略可能
e_a
$i_a+i_b+i_c=0$
e_c
e_b
i_c
i_b

図 3

△結線・Y結線で$\sqrt{3}$を掛けたり割ったりする意味が分かりません。

三相交流の△（デルタ）結線、Y（スター）結線における、線間電圧や相電圧、線電流や相電流で、$\sqrt{3}$を掛けたり割ったりしますが、分かりやすい考え方や覚え方はありませんか？

Answer

大きさは「相」の$\sqrt{3}$倍。位相は電圧について考えて、電流はその逆と覚えましょう。

まずは、理論を説明します。**図1**左図のようなY結線について考えましょう。例えば、a相について考えると、電源を流れる相電流$\dot{I}_a$は、そのまま分岐せずa相の線を流れるため、線電流も$\dot{I}_a$となります。

しかし、相電圧$\dot{E}_a$と線間電圧$\dot{V}_{ab}$の関係については、そう単純なものではありません。線間電圧$\dot{V}_{ab}$とは、b相から見たa相の電圧を表します。したがって、

$$\dot{V}_{ab}=\dot{E}_a-\dot{E}_b$$

というベクトル計算を行うことで求められます。これは、図1右図のベクトル図を見ると分かるように、$\dot{E}_a$ベクトルと$-\dot{E}_b$ベクトルが作る平行四辺形の対角線になります。したがって、$\dot{E}_a$の大きさをE、$\dot{V}_{ab}$の大きさをVとすると、VはEよりも大きくなり、$\frac{\pi}{6}(30°)$だけ進むことが分かります。

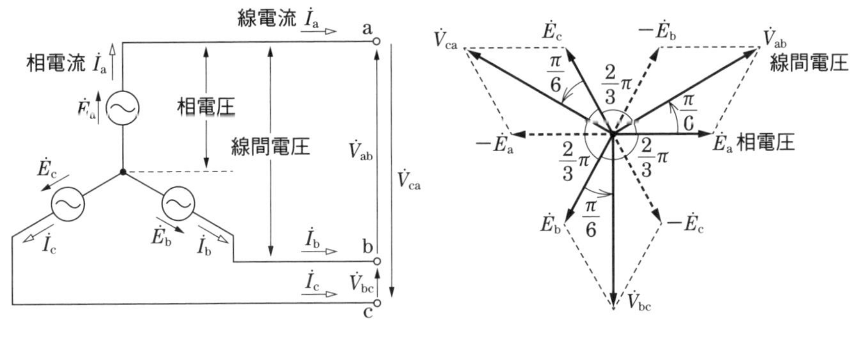

図1

それでは、VはEよりもどの程度大きくなるのでしょうか？相電圧$\dot{E}_a$と線間電圧$\dot{V}_{ab}$について拡大したものが**図2**です。灰色で示した、$\dot{E}_a$を斜辺とする直角三

角形を考えると、その内角は30°、60°、90°であることが分かり、辺の比は$1:2:\sqrt{3}$となります。

例えば、Eの長さが2であるとき、Vの長さは$\sqrt{3}+\sqrt{3}=2\sqrt{3}$になります。この比率でいうと、$E$の長さが1ならば、$V$の長さが$\sqrt{3}$になります。つまり、

$$E:V=1:\sqrt{3}$$

が成り立つので、

$$V=\sqrt{3}E$$

になります。

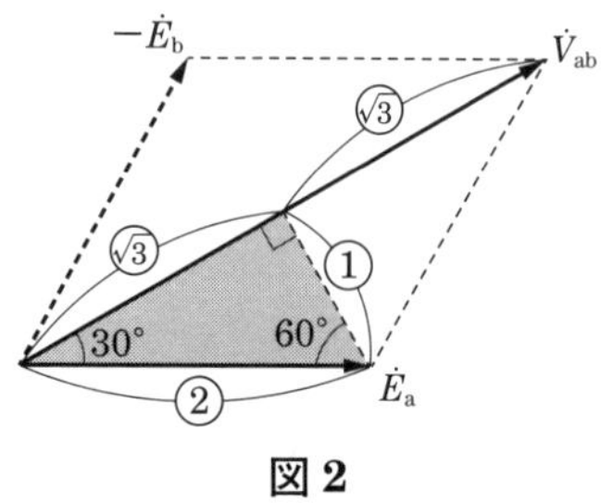

図2

続いて、**図3**左図のような△結線の場合について考えます。a相–b相間に接続された電源の電圧$\dot{V}_{ab}$が相電圧であり、それがそのままa相とb相から伸びる線の間の電圧となるため、線間電圧も$\dot{V}_{ab}$となります。

しかし、線電流$\dot{I}_a$と相電流$\dot{I}_{ab}$の関係についても、そう単純にはいきません。キルヒホッフの電流則を用いると、

$$\dot{I}_{ab}=\dot{I}_a+\dot{I}_{ca}$$

$$\therefore \dot{I}_a=\dot{I}_{ab}-\dot{I}_{ca}$$

となります。これは、図3右図のベクトル図を見ると分かるように、$\dot{I}_{ab}$ベクトルと$-\dot{I}_{ca}$ベクトルが作る平行四辺形の対角線となります。したがって、$\dot{I}_{ab}$の大きさをI_p、$\dot{I}_a$の大きさをI_lとすると、I_lはI_pの$\sqrt{3}$倍となり、$\frac{\pi}{6}$(30°)だけ遅れることが分かります。

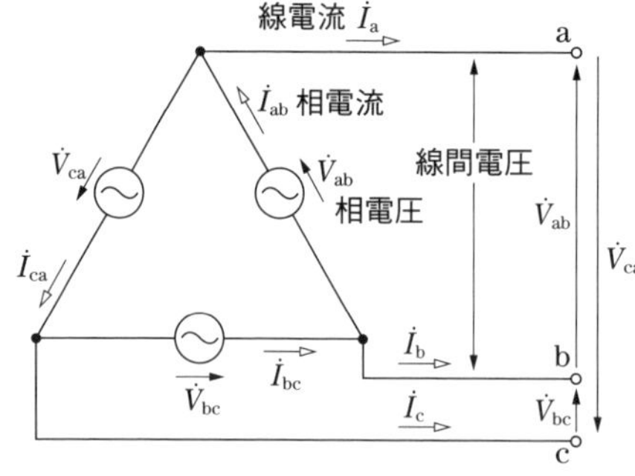

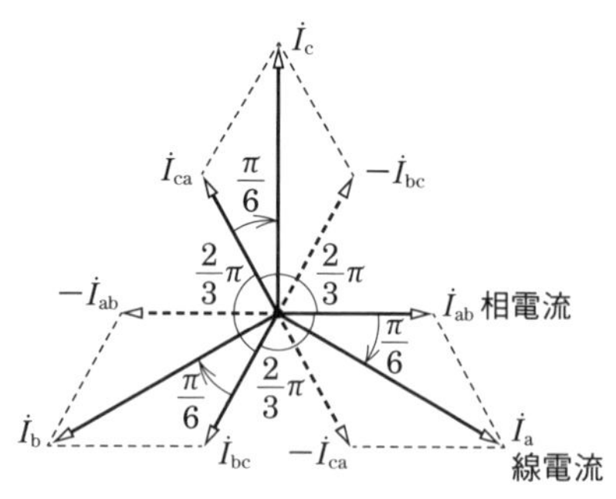

図3

以上の結果から、まず、大きさについては、

電圧も電流も「相」がつくものの $\sqrt{3}$ 倍になる

ということが分かりますね。まずはこれを覚えてしまいましょう。

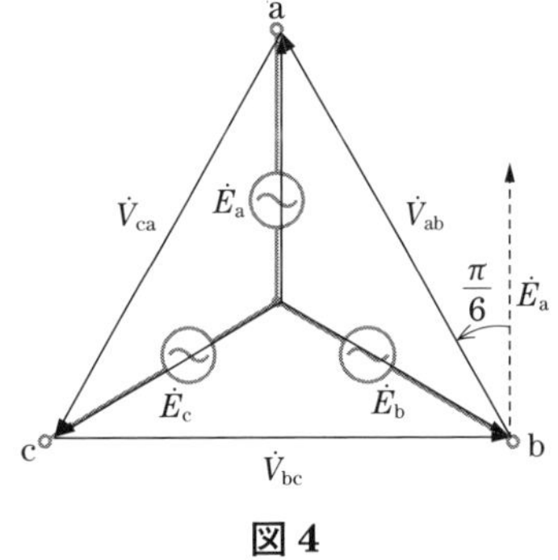

図 4

続いて位相についてですが、$\frac{\pi}{6}$(30°)の位相差が生じることは覚えていても、「Y 結線と△結線、どちらが遅れで、どちらが進みだったっけ？」と分からなくなることがよくありますよね。

そこで、まずは電圧について考えましょう。**図 4** のように、Y 結線の回路図に対してベクトル図を重ねれば、すぐに線間電圧が相電圧よりも $\frac{\pi}{6}$(30°)だけ進んでいることが分かりますね。

電流は、△結線の回路図上にベクトル図を重ねるということができず、直感的に理解することはできません。そんなときは、Y 結線の電圧の位相について考えてから、「電圧の逆！」と覚えてしまうのがよいでしょう。つまり、△結線において線間電圧が「相」電圧よりも $\frac{\pi}{6}$(30°)だけ進んでいることが分かれば、Y 結線はその逆になるので、線電流は「相」電流よりも $\frac{\pi}{6}$(30°)だけ遅れていることが分かります。

まず Y 結線の電圧の位相をベクトル図から求め、△結線の電流の位相はその逆！

お悩み No.47

三相交流の電力は、$P=\sqrt{3}\,VI\cos\theta$？$P=3EI\cos\theta$？

$P=\sqrt{3}\,VI\cos\theta$、$P=3EI\cos\theta$ の電圧が、どっちがどっちか分からなくなります。何かよい覚え方や考え方はありますか？

Answer

$P=\sqrt{3}\,VI\cos\theta$ の V は線間電圧、$P=3EI\cos\theta$ の E は対地電圧。どことどこの間の電圧かを見れば、おのずと答えは出ます。

三相交流は線間電圧と相電圧とがあり、電力を求める際はどちらの電圧を使うかによって公式の係数が $\sqrt{3}$ だったり 3 だったりしてややこしいですよね。

そこで、ここでは有効電力の公式における $P=\sqrt{3}\,VI\cos\theta$ と $P=3EI\cos\theta$ の電圧の違いを、電力の導出過程を通じて説明します。

まず、$P=3EI\cos\theta$ を導出します。

そもそも、三相交流における有効電力は、**負荷に加わる電圧**と**負荷に流れる電流**、そして**負荷の力率**によって決まります。

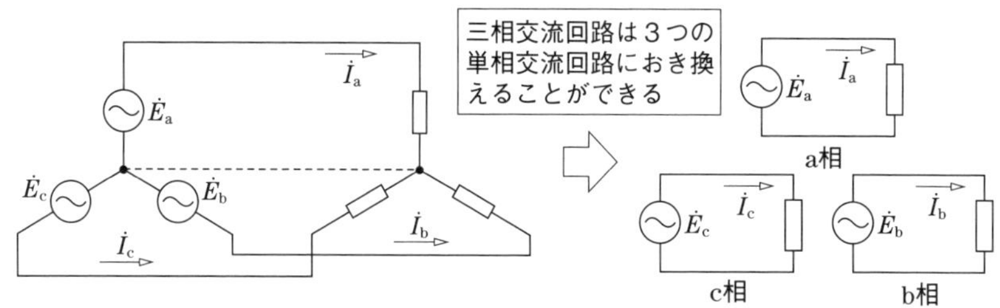

図1

図1左は、Y結線の三相交流電源からY結線の三相負荷に電力を供給する最もシンプルな回路です。負荷が平衡しているとき、お悩み No. 45 でも示したとおり、この回路は図1右のように「もともと3つの別々の回路を1つにまとめたもの」として見ることができるので、一相分の回路で考えると便利です。図1右上のa相の相電圧を $\dot{E}_a$、相電流を $\dot{I}_a$ とし、$\dot{E}_a$ と $\dot{I}_a$ の実効値をそれぞれ E、I、そして負荷の力率を $\cos\theta$ とすると、a相で消費する電力 P_a は、次式で表します。

$$P_a=EI\cos\theta$$

そして平衡回路では、b相、c相共に電力は P_a と等しい値となるため、三相での総消費電力 P は P_a の3倍となり、次式で表されます。

$$P=3P_a=3EI\cos\theta$$

また、**図2**にも示しているように、三相交流回路の中性点は原則的には大地に接地され、中性点と大地とが同電位になるため、対称交流電源の中性点は基本的に大地の電位と同じになります。すなわち、相電圧 E は対地電圧なのです。

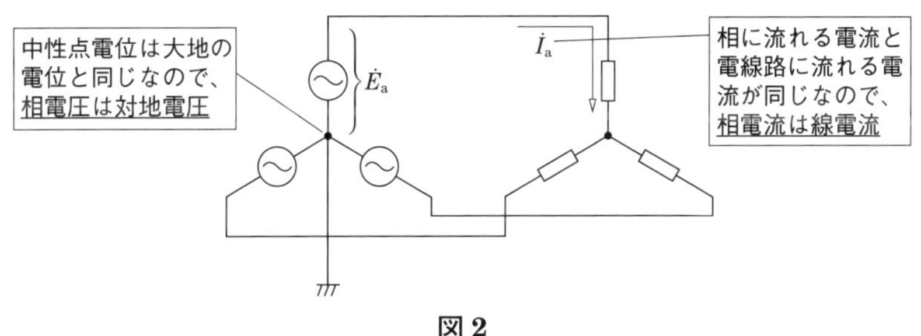

図2

ここで一度まとめておきます。$P=3EI\cos\theta$ で表される E は各相と大地との間の電圧、すなわち対地電圧です。また、相電流 I は電線路を流れる「線電流」でもあるので、このことをよく覚えておきましょう。

相電圧＝対地電圧　相電流＝線電流

では、次に $P=\sqrt{3}\,VI\cos\theta$ の式を導出します。

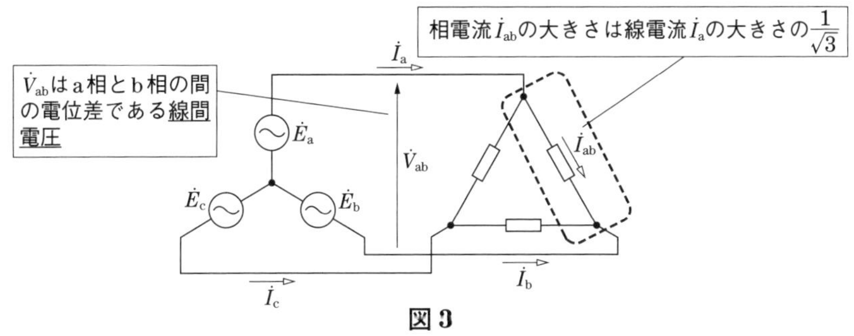

図3

図3は、負荷を△結線とした回路です。こちらの点線で囲った負荷で消費される電力を考えてみます。**負荷に加わる電圧**は相と相との間、つまり線と線の間に発生する**線間電圧**であり、これを $\dot{V}_{ab}$ とします。また、**負荷に流れる相電流**を $\dot{I}_{ab}$ とします。お悩み No. 46 の図3でも示されているとおり、相電流 $\dot{I}_{ab}$ の大きさは a 相を流れる線電流 $\dot{I}_a$ の大きさの $\frac{1}{\sqrt{3}}$ です。

$$⇨相電流\ |\dot{I}_{ab}|=\frac{1}{\sqrt{3}}\times 線電流\ |\dot{I}_a|$$

以上のことから、線間電圧 $\dot{V}_{ab}$ および線電流 $\dot{I}_a$ の実効値をそれぞれ V、I、負荷の力率を $\cos\theta$ とすると、負荷で消費する電力 P_{ab} は、次式のようになります。

$$P_{ab}=V_{ab}I_{ab}\cos\theta=\frac{1}{\sqrt{3}}VI\cos\theta$$

そして平衡回路では、他の２つの負荷でも消費される電力は P_{ab} と等しい値となるため、三相での総消費電力 P は P_{ab} の３倍となり、次式で表されます。

$$P=3\times P_{ab}=3\times\frac{1}{\sqrt{3}}VI\cos\theta=\sqrt{3}\,VI\cos\theta$$

線間電圧 V と相電圧 E には、$V=\sqrt{3}\,E$ の関係があるので、上の式を書き換えると相電圧を使った公式と等しくなることが分かります。

$$P=\sqrt{3}\,VI\cos\theta=\sqrt{3}\,(\sqrt{3}\,E)\,I\cos\theta=3EI\cos\theta$$

これらの関係は、電源と負荷が△—Yや△—△など他の結線方式の組み合わせになっても変わりません。つまり、使用している電圧が相電圧（対地電圧）か線間電圧かの違いがあるだけで、どちらも同じ大きさの電力を表しているのです。

これで、三相有効電力を求める２つの式が出揃ったので整理しましょう。

・相電圧（対地電圧）で計算する場合

三相有効電力＝3×相電圧（対地電圧）×線電流×力率

$$\boldsymbol{P=3EI\cos\theta}$$

・線間電圧で計算する場合

三相有効電力＝$\sqrt{3}$×線間電圧×線電流×力率

$$\boldsymbol{P=\sqrt{3}\,VI\cos\theta}$$

電験においては、定格電圧として線間電圧 V が与えられることが多いですが、負荷の形はさまざまなので、相電圧 E で表した一相分の等価回路を考えると、回路は簡単な交流回路のオームの法則で計算できて便利です。その場合は、線間電圧 V をいったん相電圧 E に換算して計算しましょう。ただし、負荷が△回路のみで与えられているような場合は、線間電圧 V をそのまま適用した方が、計算が簡単になることもあるので、回路をよく見て判断しましょう。

問題によっては相電圧を V と書いていたりするので、注意が必要です。そのような問題の場合、相電圧を指す場合は V_a、線間電圧は V_{ab} と添え字に違いがありますので、よく問題文を読むことが大切です。

$P=3EI\cos\theta$ の E は相電圧（対地電圧）、$P=\sqrt{3}\,VI\cos\theta$ の V は線間電圧
いま見ている電圧が、どことどこの電位差かをしっかり見極めましょう！

△—Y 変換すると、C が 3 倍になるのはなぜですか？

対称三相交流の問題で、△結線→Y結線に変換するとインピーダンスは1/3倍になるのは分かったのですが、なぜ C（静電容量）は3倍になるんですか？

Answer

インピーダンス（リアクタンス）と静電容量は逆数の関係にあるので、△—Y 変換すると 3 倍になります。

まずは、△—Y 変換についておさらいしましょう。

図 1 のように、インピーダンスの大きさが Z_1、Z_2、Z_3 である△回路を、Z_a、Z_b、Z_c である Y 回路に変換する式は、次のとおりです。

$$Z_a = \frac{Z_3 Z_1}{Z_1 + Z_2 + Z_3}、\ Z_b = \frac{Z_1 Z_2}{Z_1 + Z_2 + Z_3}、\ Z_c = \frac{Z_2 Z_3}{Z_1 + Z_2 + Z_3}$$

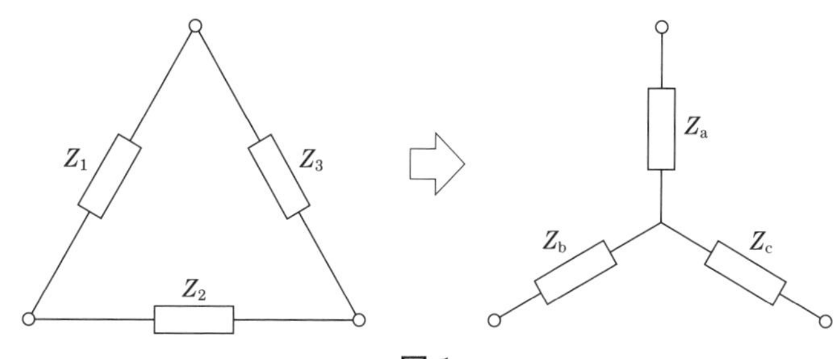

図 1

特に、図 1 でインピーダンスの大きさがすべて等しく、$Z_1 = Z_2 = Z_3 \equiv Z_\Delta$ となる場合、△—Y 変換後の各インピーダンスの大きさ $Z_a = Z_b = Z_c \equiv Z_Y$ は、

$$Z_Y = \frac{Z_\Delta^2}{3Z_\Delta} = \frac{1}{3} Z_\Delta$$

すなわち、変換後のインピーダンスは、変換前と比較して大きさが $\frac{1}{3}$ になります。

ここからが本題です。コンデンサの容量性リアクタンス X_C の式は、その静電容量を C、角周波数を ω とすると、次のように表すことができます。

$$X_C = \frac{1}{\omega C}$$

上式より、X_C と C は逆数の関係にあることが分かります（ここが肝になります）。

ここで、図1の△回路のインピーダンスがすべて静電容量Cの容量性リアクタンスであったとすると、回路は**図2**左のように描き変えることができます。

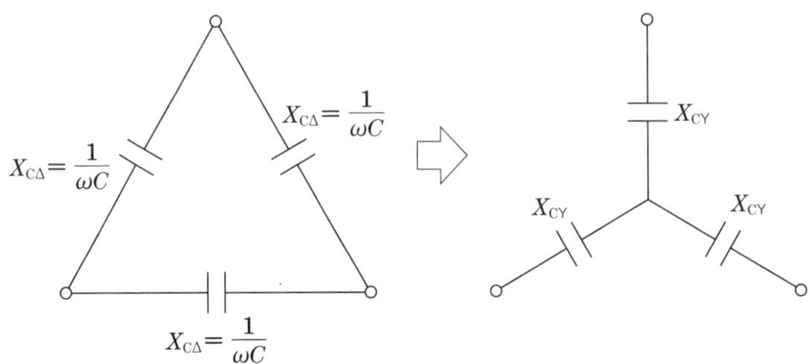

図2

図2左の△回路のインピーダンス$X_{C\Delta}$は、

$$X_{C\Delta}=\frac{1}{\omega C}$$

そして、△—Y変換後のY回路（同図右）におけるリアクタンスX_{CY}は、

$$X_{CY}=\frac{1}{3}X_{C\Delta}$$

$$=\frac{1}{3}\times\frac{1}{\omega C}$$

$$=\frac{1}{3\omega C}=\frac{1}{\omega(3C)}$$

上式より、X_{CY}は静電容量が$3C$のコンデンサによる容量性リアクタンスであるといえます。すなわち、△—Y変換後は静電容量が3倍（その逆数の関係にあるリアクタンスは$\dfrac{1}{3}$）となるんですね。

インピーダンス（リアクタンス）と静電容量が逆数の関係にあることをついつい忘れてしまい、「△—Y変換すると$\dfrac{1}{3}$だ！」というように短絡的に考えないようにしましょう。

インピーダンス（リアクタンス）と静電容量は逆数の関係！
△—Y変換すると3倍になるのを忘れずに！

二電力計法が分かりません。

なぜ30°の位相が出てくるのか、どちらだと遅れで、どちらだと進みなのかなど覚え方や考え方を教えてください。

Answer

電圧コイルの読み方に注意するのがポイント。理解するにはベクトル図（フェーザ図）を描きましょう。

二電力計法は、「三相交流における消費電力を計測するときは（負荷の平衡・不平衡を問わず）2つの単相電力計の指示値を足し合わせればよい」というものです。なぜそれが成り立つのかを解き明かしましょう。

まずは、**図1**の回路図を見てみましょう。

2つの電力計の指示値がそれぞれW_1、W_2であったとすれば、三相交流全体の消費電力Pは、

$$\boldsymbol{P = W_1 + W_2}$$

となります。ただし、指示値がマイナスを示す場合は、その電力計の電圧コイルの極性を逆にして、得られた値にマイナスをつけます。

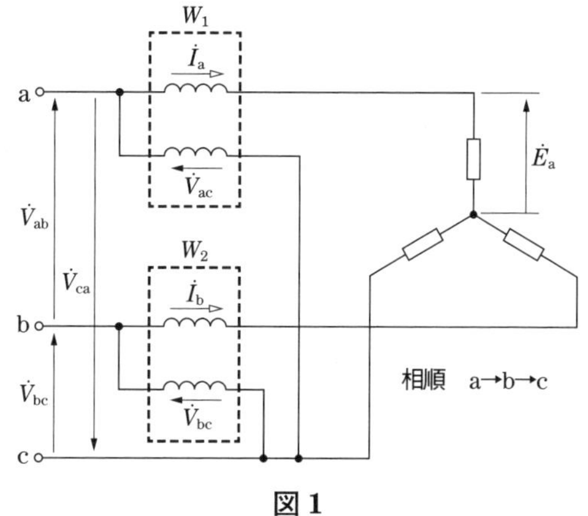

図1

ここで、電力計の概要について説明します。電力計は**図2**のように回路に直列な電流コイル、回路に並列な電圧コイルで構成されています。この2つのコイルに働く電磁力で指針が駆動する仕組みです。電流コイルの電流$\dot{I}_X$の向きを正方向とすると、電圧コイルに流れる電流$\dot{I}_Y$も同じ向き（正方向）になります。このとき、電圧コイルには逆起電力として$\dot{V}_Y$が図2の向きに発生します。そして、電力計の指示値W_Mは、$\dot{V}_Y$と$\dot{I}_X$の位相差をφとして、

$$W_M = |\dot{V}_Y||\dot{I}_X| \cos\varphi$$

すなわち、電力計としては電圧コイル$\dot{V}_Y$と電流コイル$\dot{I}_X$の有効電力を指示します。

Xコイル（電流コイル）　$\dot{I}_X$

Yコイル（電圧コイル）　$\dot{I}_Y$　$\dot{V}_Y$

図2

それでは、図1から実際の電力を考えていきましょう。

負荷として遅れ力率 $\cos\theta$ の平衡三相負荷を考えます。まず、電圧の基準をa相にとり、$\dot{E}_a=E$ とすると、b、c相の相電圧 $\dot{E}_b$、$\dot{E}_c$ は、図1で与えられた相順から、

$$\dot{E}_b=E\angle-120° \qquad \dot{E}_c=E\angle-240°$$

となります。さらに、線間電圧 $\dot{V}_{ab}$、$\dot{V}_{bc}$、$\dot{V}_{ca}$ は、

$$\dot{V}_{ab}=\dot{E}_a-\dot{E}_b \qquad \dot{V}_{bc}=\dot{E}_b-\dot{E}_c \qquad \dot{V}_{ca}=\dot{E}_c-\dot{E}_a$$

となります。そして、線電流 $\dot{I}_a$、$\dot{I}_b$、$\dot{I}_c$ は、大きさを等しく I とすると、力率角が θ（遅れ）であるため、

$$\dot{I}_a=I\angle-\theta \qquad \dot{I}_b=I\angle(-120°-\theta) \qquad \dot{I}_c=I\angle(-240°-\theta)$$

となります。

図1の電力計の指示値 W_1、W_2 は、$\dot{V}_{ac}$ と $\dot{I}_a$ の位相差を φ_1、$\dot{V}_{bc}$ と $\dot{I}_b$ の位相差を φ_2 として、

$$W_1=|\dot{V}_{ac}||\dot{I}_a|\cos\varphi_1$$

$$W_2=|\dot{V}_{bc}||\dot{I}_b|\cos\varphi_2$$

となります。

ここでポイントとなるのが、位相差 φ_1、φ_2 の求め方になります。ベクトル図を描き、幾何学的に道筋を立ててから数式で解く方法と、最初から数式をひたすら解いていく方法があるのですが、まずはベクトル図を描くことをおススメします。なぜなら、電験三種では、関数電卓を使わないといけない変な角度が登場しないので、図形がシンプルになることと、位相の進み、遅れが視覚的に分かり、ミスを抑えられるためです。

このときの作図手順としては、

① 相電圧ベクトルを順番に描く

($\dot{E}_a\to\dot{E}_b\to\dot{E}_c$)

② 線間電圧のベクトルを描く

ベクトルで−（マイナス）がつく場合は、まず方向が反対のベクトルを作図し、和の形で描くのがおススメです。

$$\dot{V}_{ac}=(-\dot{E}_c)+\dot{E}_a$$

③ 線電流のベクトルを描く

④ φ_1、φ_2 を求め、W_1、W_2 を算出する

上記の手順にしたがって、図1の回路の

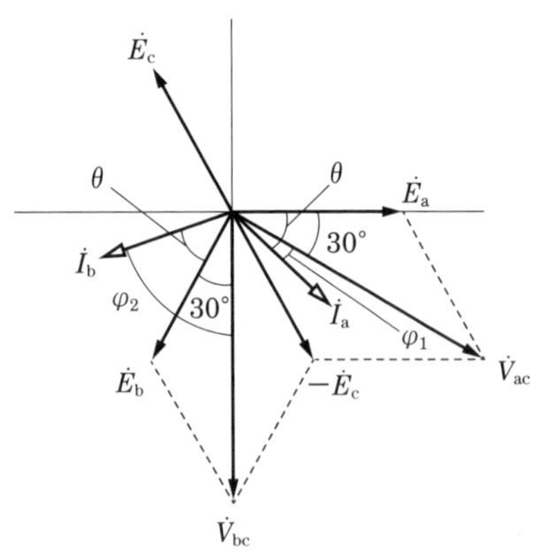

図3

電圧・電流のベクトルを描いたものが**図3**になります。ベクトル図より、

$$W_1+W_2=|\dot{V}_{ac}||\dot{I}_a|\cos\varphi_1+|\dot{V}_{bc}||\dot{I}_b|\cos\varphi_2$$
$$=\sqrt{3}\,EI\{\cos(\theta-30°)+\cos(\theta+30°)\} \qquad (1)$$
$$=\sqrt{3}\,EI(\cos\theta\cos 30°+\sin\theta\sin 30°+\cos\theta\cos 30°-\sin\theta\sin 30°)$$
$$=\sqrt{3}\,EI\left(\frac{\sqrt{3}}{2}\cos\theta+\frac{1}{2}\sin\theta+\frac{\sqrt{3}}{2}\cos\theta-\frac{1}{2}\sin\theta\right)$$
$$=\sqrt{3}\,EI\cdot\sqrt{3}\cos\theta=3EI\cos\theta$$

となり、これは三相回路全体の消費電力と一致します。

またこの場合、負荷の力率角が60°(遅れ) を超えると、W_2の値は負となります。これでは電力計が逆に振れて指示値が読み取れません。そこで、電圧コイルの極性を逆にして、読み取った指示値を負の値として計算するのです。

参考に、はじめから数式で求めてみます。線間電圧 $\dot{V}_{ac}$ および位相 φ_1 は、

$$\dot{V}_{ac}=-\dot{E}_c+\dot{E}_a$$
$$=-E\{\cos(-240°)+\mathrm{j}\sin(-240°)\}+E$$
$$=-E\left(-\frac{1}{2}+\mathrm{j}\frac{\sqrt{3}}{2}\right)+E=\sqrt{3}\,E\left(\frac{\sqrt{3}}{2}-\mathrm{j}\frac{1}{2}\right)=\sqrt{3}\,E\angle-30°$$

$$\varphi_1=-30°-(-\theta)=\theta-30°$$

同様に、線間電圧 $\dot{V}_{bc}$ および位相 φ_2 は、

$$\dot{V}_{bc}=\dot{E}_b-\dot{E}_c$$
$$=E\{\cos(-120°)+\mathrm{j}\sin(-120°)\}-E\{\cos(-240°)+\mathrm{j}\sin(-240°)\}$$
$$=E\left(-\frac{1}{2}-\mathrm{j}\frac{\sqrt{3}}{2}\right)-E\left(-\frac{1}{2}+\mathrm{j}\frac{\sqrt{3}}{2}\right)=-\mathrm{j}\sqrt{3}\,E=\sqrt{3}\,E\angle-90°$$

$$\varphi_2=-90°-(-120°-\theta)=\theta+30°$$

あとはベクトルで求めたときと同様の手順になります。

どうですか、数式で最初から解くのはややこしいでしょう？確かに、いずれも三角関数の加法定理を用いていますが、電験三種の場合、θ が60°や30°のような角度で与えられ、(1)式から加法定理を使わずに求めることが可能なことも多いです。そのため、進み・遅れが視覚的につかめ、角度を求めるのが簡単なベクトル図を描くのがおススメなのです。

どこに電力計を入れるかにより、いろいろなパターンが考えられますが、以上で学んだ基本とベクトル図をしっかり描ければ怖くないはずです。

二電力計法は、ベクトル図の描き方と共に理解しましょう！

フェランチ効果は、なぜ生じるのですか？

電力系統において、送電端電圧よりも受電端電圧の方が大きくなるフェランチ効果という、不思議な現象が起こる理由を詳しく教えてください。

Answer

線路に進相電流が流れるときにフェランチ効果が発生します。

フェランチ効果とは、受電端電圧が送電端電圧よりも高くなる現象です。送受電端を結ぶ送配電線では電圧降下が発生するため、直感的には受電端電圧は送電端電圧より必ず低くなるように思えますが、実際には「ある条件」が整うと受電端電圧の方が高くなる状況が発生します。その条件とは「線路に進相電流が流れること」です。

図1のように、遅れ力率 $\cos\theta$ の複数の負荷を備え、力率改善のために電力用コンデンサを設置している需要家について考えます。負荷電流を $\dot{I}_l$、電力用コンデンサに流れる進相電流を $\dot{I}_{C1}$ とすると、受電点から需要家に流れ込む電流 $\dot{I}_r$ は、

$$\dot{I}_r = \dot{I}_l + \dot{I}_{C1}$$

となり、送配電線の浮遊容量を流れる充電電流を $\dot{I}_{C2}$ とすると、線路電流 $\dot{I}$ は、

$$\dot{I} = \dot{I}_r + \dot{I}_{C2} = \dot{I}_l + \dot{I}_{C1} + \dot{I}_{C2}$$

となります。これが送配電線の抵抗 r やリアクタンス $\mathrm{j}x$ を流れて電圧降下が起こるため、送電端電圧 $\dot{V}_s$ と受電端電圧 $\dot{V}_r$ には差が生じます。電圧降下 $\dot{v}$ は、

$$\dot{v} = \sqrt{3}(r + \mathrm{j}x)\dot{I} = \sqrt{3}\,r\dot{I} + \mathrm{j}\sqrt{3}\,x\dot{I}$$

と表されるので、送電端電圧 $\dot{V}_s$ は、

$$\dot{V}_s = \dot{V}_r + \dot{v} = \dot{V}_r + \sqrt{3}\,r\dot{I} + \mathrm{j}\sqrt{3}\,x\dot{I}$$

となります。この式をもとに、通常時と軽負荷時についてベクトル図を考えます。

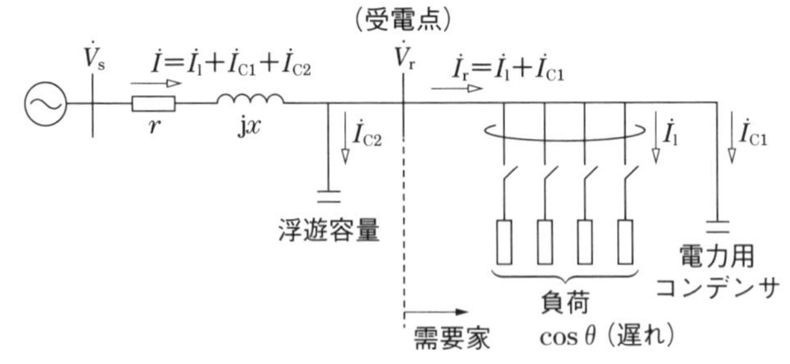

図1

まず、負荷を普通に使用する昼間帯などの通常時についてベクトル図を描くと、**図2**のようになります。線路電流 $\dot{I}$ の位相は受電端電圧 $\dot{V}_r$ に対して遅れるため、

(送電端電圧の大きさ V_s) > (受電端電圧の大きさ V_r)

となります。

一方、深夜などは負荷をほとんど使用せず軽負荷となるため、負荷電流 $\dot{I}_l$ の長さが非常に短くなり、線路電流 $\dot{I}$ の位相は受電端電圧 $\dot{V}_r$ に対して進む場合があります。その結果、**図3**のベクトル図から分かるように、

(受電端電圧の大きさ V_r) > (送電端電圧の大きさ V_s)

となる場合が生じるのです。つまり、フェランチ効果は何も不思議な力が働いているわけではなく、理論上、確かに起こり得る現象なのです。

線路に進相電流が流れるとフェランチ効果が発生する

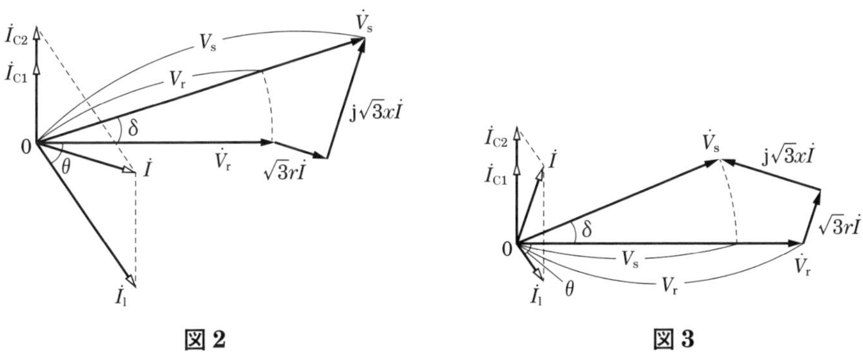

図2　　**図3**

以上のことから、$\dot{I}_{C1}$ や $\dot{I}_{C2}$ が大きければ大きいほど、フェランチ効果が発生しやすくなることが分かるでしょう。具体的には、①休日や深夜など軽負荷となるときも電力用コンデンサを接続したままにしている、②浮遊容量の大きい長距離送電線や地中電線路（ケーブル）などを使用している、などが原因です。したがって、フェランチ効果を抑制するための対策としては、逆に $\dot{I}_{C1}$ や $\dot{I}_{C2}$ を小さく抑えればよいということになります。

需要家側の対策としては、①軽負荷時に電力用コンデンサを切り離す、②近年の負荷の力率向上を踏まえ電力用コンデンサの容量を見直す、などがあげられ、電力事業者側の対策としては、①変電所に分路リアクトルを設置して軽負荷時に投入する、②変電所の同期調相機を低励磁運転する（リアクトルとして働く）などがあげられます。

速度調定率の式の使い方を教えてください。

速度調定率の式の意味と使い方が分かりません。

Answer

出力の増減に対し、周波数がどうなるかを考えながら使いましょう。

発電は、タービンや水車などを回転させることで得た機械エネルギーを発電機で電気エネルギーに変換して出力します。例えば、負荷がいきなり遮断されるなどして、電気的出力が大幅に減った発電機では、どのようなことが起こるでしょうか？行き場を失った入力エネルギーは、発電機の回転子を加速させるのに使われます。坂道を自転車で登っている最中に坂が緩やかになれば自転車が加速するのと同じです。反対に入力をそのままで出力を上げると発電機の回転子は減速し、その減速した分のエネルギーを出力にまわし均衡をとろうとします。実際は、出力に対し「調速機」の働きで入力を追従させますが、この調整を行わなかった場合の出力変化率に対する速度変化率の比を**速度調定率**と呼びます。発電機の定格回転数 n_0、回転数の変化量 Δn、定格出力 P_0、出力の変化量 ΔP とすると速度調定率 R は、

$$R=\frac{\dfrac{|\Delta n|}{n_0}}{\dfrac{|\Delta P|}{P_0}}\times 100\ [\%]$$

速度変化率（$\dfrac{|\Delta n|}{n_0}$）

出力変化率（$\dfrac{|\Delta P|}{P_0}$）

となります。同期発電機の場合、回転数 n、周波数 f には、

$$n=\frac{120}{p}f \qquad p：極数$$

という関係が成り立つので、回転数はそのまま周波数に置き換えることが可能です。定格回転数 n_0 を定格周波数 f_0 に、回転数の変化量 Δn を周波数の変化量 Δf に置き換えると、

$$R=\frac{\dfrac{|\Delta f|}{f_0}}{\dfrac{|\Delta P|}{P_0}}\times 100\ [\%]$$

となります。

式の扱いのポイント

・分子の速度変化率、分母の出力変化率共に定格の値を基準（分母）とすること

・出力の増減に対する周波数の増減を考えながら方針を立てて解くこと

では、実際に例題をやってみましょう。

> ある定格出力 300 000 kW、速度調定率 3 % の水車発電機が出力 270 000 kW、定格周波数 50 Hz で運転している。負荷の脱落により、出力が 210 000 kW に変化した場合、周波数はいくらになるか。

発電機の出力が低下したため、周波数は上昇するはずです。そのため、定格周波数を f_0、負荷脱落前の周波数を f_1、負荷脱落後の周波数を f_2 とすると周波数の変化率（速度調定率の分子）は、

$$\frac{f_2-f_1}{f_0}=\frac{f_2-50}{50}$$

同様に、定格出力を P_0、負荷脱落前の出力を P_1、負荷脱落後の出力を P_2 とすると負荷の変化率（速度調定率の分母）は、

$$\frac{P_1-P_2}{P_0}=\frac{270\,000-210\,000}{300\,000}$$

水車発電機の速度調定率が 3 % であるので、

$$R=\frac{\dfrac{f_2-50}{50}}{\dfrac{270\,000-210\,000}{300\,000}}\times 100=3$$

$$f_2=50.3$$

50.3 Hz に上昇する。

速度調定率の式に関しては、公式として覚えるよりも**出力の増減に対して周波数がどうなるか**をしっかり理解しておくことが重要です。例題でいえば、最初に立てた方針「発電機の出力が低下したため、周波数は上昇するはず」に対して、答えが異なるならば数式のどこかが違うはずです。

速度調定率の計算は、起こる現象をイメージし、方針を立てて考えましょう。

論理回路のカルノー図が全然分かりません。

カルノー図って何ですか？何のために使うんですか？

Answer

カルノー図は、論理式と論理回路をシンプルにしてくれる便利なツールです。

論理回路の問題でよく使う**カルノー図**は、論理式を簡略化する目的で、式の各入力に対する出力の値をマスに沿って一覧にしたものです。例として、ある入力A、B、Cに対する出力Yの値を表したカルノー図と、Yを表す論理式、そしてそれらをもとに作成した論理回路図を**図1**に示します。

C \ AB	00	01	11	10
0	1	1		
1		1	1	

$$Y=\bar{A}\cdot\bar{B}\cdot\bar{C}+\bar{A}\cdot B\cdot\bar{C}+\bar{A}\cdot B\cdot C+A\cdot B\cdot C$$

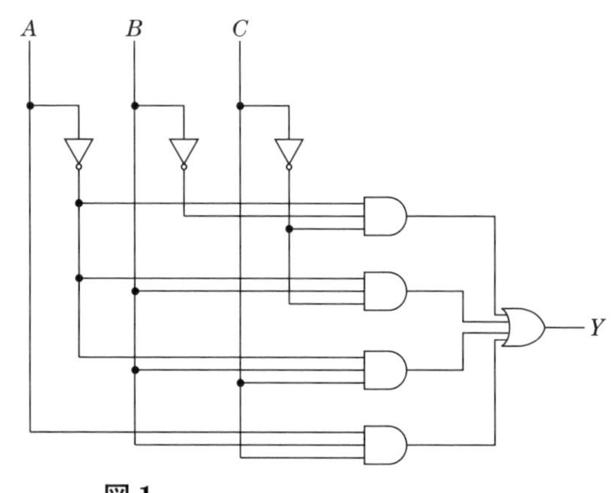

図1

図1の論理式および論理回路図は、カルノー図の値が「1」となる入力A、B、Cのパターンを、単純に1つずつ洗い出していくことで作り出されたものです。この方法だと、カルノー図の1つ1つの出力を表すために使用する素子の数が多くなってしまい、できあがった回路は結構ゴチャゴチャしてしまっていますね。

それでは、カルノー図を用いて論理回路を簡略化してみます。カルノー図の特徴として、「隣接しているマス目はひとまとめにして簡略化できる」というのがあります。例えば、カルノー図の1行目を見ると、入力A、B、Cが「0、0、0」または「0、1、0」のとき、出力Yは「1」になることを表しています。そして、よく見ると「0、0、0」と「0、1、0」のマスは隣接しているので、これらは囲ってひとまとめにして表すことができるのです。ここで、上記の2パターンを論理式で表すと次のようになります。

$\bar{A}\cdot\bar{B}\cdot\bar{C}+\bar{A}\cdot B\cdot\bar{C}$

ただ、上式によると、3つの入力のうちAとCが「0」であれば、Bは「0」または「1」のいずれの値でも同じ出力になります。つまり、Bは表記上「あってもなくてもいい」ということになり、論理式は次のように簡略化できます。

$\bar{A}\cdot\bar{C}$

この「ひとまとめにする」作業自体は、論理式だけを見ても考えることはできますが、「ある入力はあってもなくてもいい」→「2つのマス目の共通部分を省略する」作業を視覚的・直感的に行える点で、カルノー図は非常に有用なのです。

同様に、図1のカルノー図の2行目は、A、B、Cが「0、1、1」または「1、1、1」のとき、出力Yは「1」になることを表しています。これらのマス目も隣接しているので、ひとまとめにしていきましょう。ここでは、BとCが「1」であれば、Aは「0」または「1」のいずれの値でも同じ出力であるといえるので、論理式は次のように表せます。

$B\cdot C$

以上より、図1のカルノー図を用いて簡略化した論理式および論理回路図を**図2**に示します。

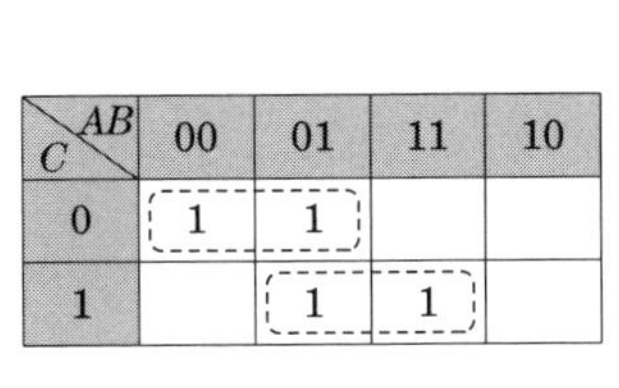

C \ AB	00	01	11	10
0	1	1		
1		1	1	

$Y=\bar{A}\cdot\bar{C}+B\cdot C$

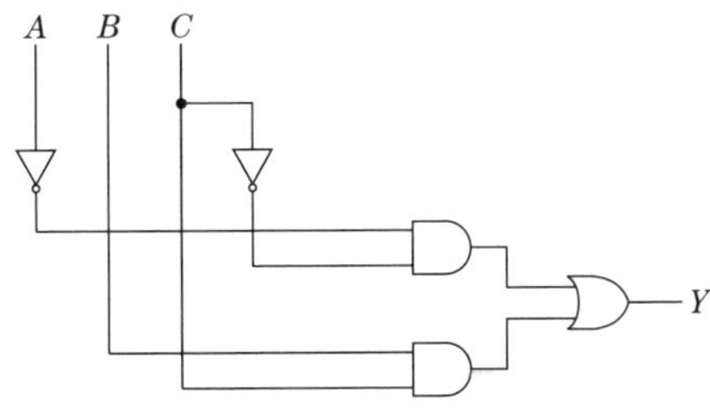

図2

図2より、最終的な出力Yの論理式および論理回路図は、図1より項数および素子の数が少なく済み、かなりシンプルに表現できていることが分かります。

このように、カルノー図は論理式や論理回路をよりシンプルにするためには欠かせないツールです。電験三種で出題される論理回路の問題にはさまざまなパターンがありますが、カルノー図を使ってサクッと攻略していきましょう。

カルノー図は、論理式と論理回路をシンプルにする超絶便利ツール！

片対数グラフについて教えてください。

機械科目でボード線図というのがありますが、横軸が見慣れない形をしています。片対数グラフというそうですが、片対数グラフって何ですか？

Answer

片対数グラフは、読みにくいグラフを読みやすくするために用います。場合分けして折れ線で近似することで、手書きでグラフが描けます。

べき乗を用いた $a^n=A$ という式は、「a を n 乗したときの（a を n 個掛けたときの）答えは何か」を求めるときに使用される形ですが、これを変形して、「a を何乗すれば A になるか」を表す形式を対数といい、以下の式で表されます。

③ A となる！

$\log_a A = n$　② n乗は…

① a の…

それでは本題です。**図 1** のように、一定距離ごとに 10 ずつ増えていく通常の目盛に対して、**図 2** のように一定距離ごとに 10 倍となっていく目盛を**対数目盛**といい、横軸または縦軸のいずれか一方を対数目盛で表したグラフを**片対数グラフ**といいます。電験では、もっぱら横軸が対数目盛で表された片対数グラフが用いられるため、以下では横軸を対数目盛とした場合に限定して説明します。

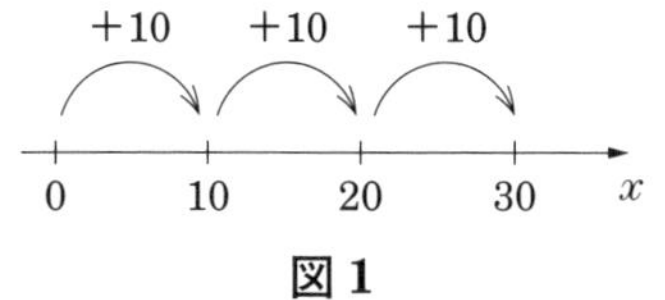

図 1

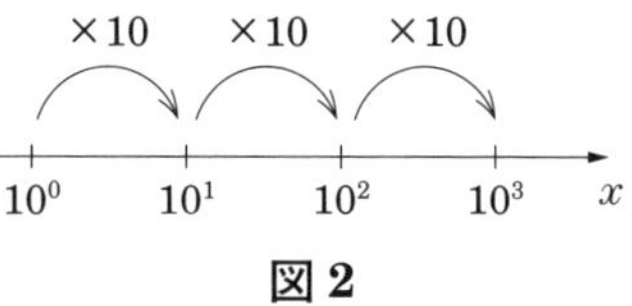

図 2

例えば、$y=\log_{10} x$ の値は**表 1** のようになるため、これを通常のグラフに表すと**図3**のようになります。xの値が小さいときは、x の変化に対して y の変化が非常に急峻で、逆にxの値が大きくなってくると、yの変化が非常に緩やかになるため、ものすごく読み取りにくいグラフになることが分かりますね。

表 1

x	$\log_{10} x$
1（$=10^0$）	0
10（$=10^1$）	1
100（$=10^2$）	2
1 000（$=10^3$）	3

そこで、**図 4** に示すように、x 軸に対数目盛を用いる片対数グラフを使用すればグラフは直線的となって非常に読み取りやすくなるのです。電験では、角周波数 ω に対するゲイン g の変化を示すボード線図が出題されますが、ゲインの式は

対数関数となるため、片対数グラフが使用されます。

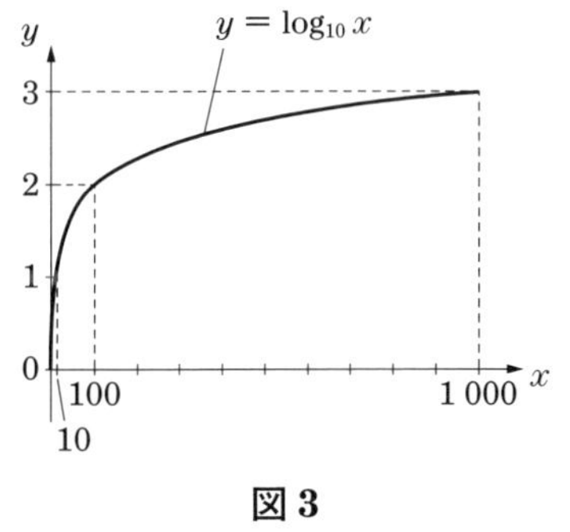

図 3

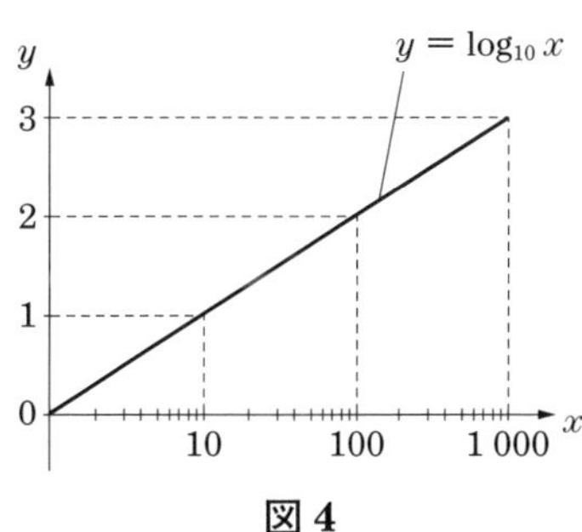

図 4

最後に、ボード線図を描いたり読んだりするうえで重要になる**折れ線近似**について考えましょう。ボード線図は、角周波数 ω を変数とした場合、

$$g = 20\log_{10}\frac{1}{\sqrt{1+(\omega T)^2}} \tag{1}$$

という形式になることが多いですが、これをグラフ化しましょう。まず(1)式は、

$$g = 20\log_{10}1 - 20\log_{10}\sqrt{1+(\omega T)^2} = -20\log_{10}\sqrt{1+(\omega T)^2} \tag{2}$$

と変形できます。ここで、$\omega T \ll 1$ となる場合について考えると、(2)式は、

$$g \fallingdotseq -20\log_{10}\sqrt{1} = 0 \tag{3}$$

と近似でき、逆に $\omega T \gg 1$ となる場合について考えると、(2)式は、

$$g \fallingdotseq -20\log_{10}\sqrt{(\omega T)^2} = -20\log_{10}\omega T \tag{4}$$

と近似できます。つまり(2)式は、$\omega T = 1$ のときの ω の値を ω_0 とすると、$\omega_0 = 1/T$ となる点で、(3)式から(4)式に切り替わると考えられます。したがって、グラフは**図 5** の実線のように折れ線状に近似することができます。これを**折れ線近似**といい、**手書きで容易にグラフが描けるようになる便利な手法**です。

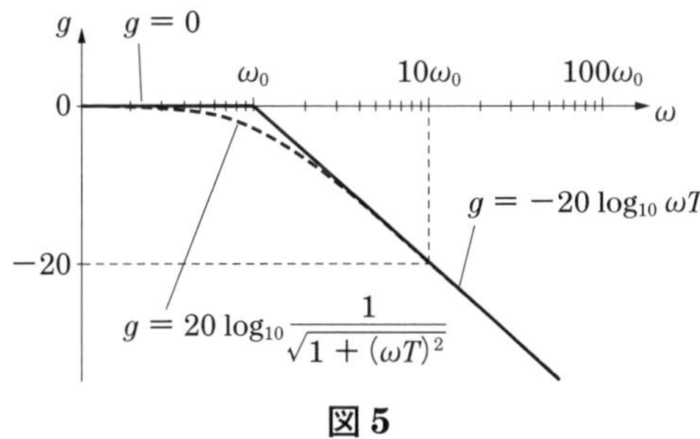

図 5

光度、輝度、照度など…多すぎ！

光度、輝度、照度など、定義がたくさんあって覚えきれません。分かりやすい考え方や覚え方について、例えなどで教えてください。

Answer

各種用語に関しては全体のイメージを押さえ、「単位」に注目して整理しましょう。

照明に関する用語がたくさん出てきますよね。そんな用語のうち特に重要な用語を、点光源を例に表すと、**図 1** のようになります。

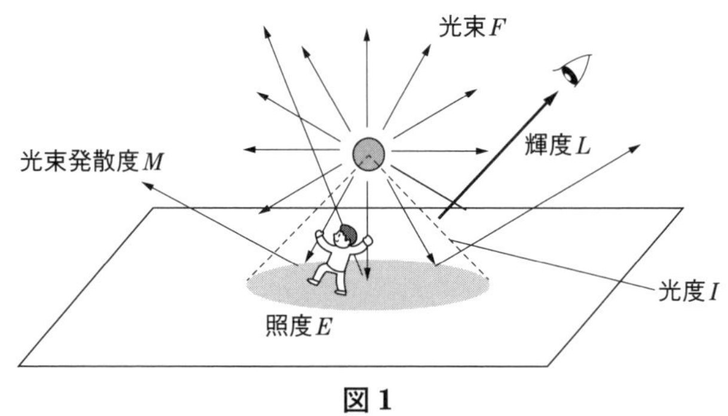

図 1

出てくる用語は 5 つ、**光束**、**照度**、**光度**、**光束発散度**、**輝度**です。まずは、それぞれの漢字を見てみましょう。「光束」以外は、名称が○度となっていることが分かります。度合いという言葉があるとおり、○度の 4 つは何かしらの強弱の程度を示す言葉であると推測できます。それでは、1 つずつ見ていきましょう。

1. 光束 F [lm（ルーメン）]

光源から放射されるエネルギーのうち、人の目に感じる光の量を表します。電磁気学を学習されている読者なら、光源は静電気の電荷、光束は電気力線にあてはめるとイメージしやすいと思います。ちなみに、私はいつも点光源からウニを連想しています。また、この値が大きいほど、明るい（光をたくさん発する）光源であるといえます。

2. 照度 E [lx（ルクス）]

単位は lx（ルクス）ですが、lm/m^2 と書くこともできます。つまり、面積 1 m^2

あたりにどれくらいの光束が当たるか、というのを表しています。さながら図1のミクロ人間君が浴びる光の量、みたいなイメージです。また、この値が大きいほど照らされたところは明るくなります。

3. 光度 I［cd（カンデラ）］

単位はcd（カンデラ）ですが、lm/srと書くこともできます。sr（ステラジアン）は、立体角 ω を表す単位です。立体角 ω とは、**図2**のOからどれだけ空間的な広がりをもっているかを表す量です。

まずは、立体角の説明をします。図2のように半径 r の球体を考えたとき、立体角 ω をもつ円錐が球の表面積を S で切り取るとします。すると、

$$\omega=\frac{S}{r^2}$$

の関係があります。また、図2のように平面角 θ をとると、

$$\omega=2\pi(1-\cos\theta)$$

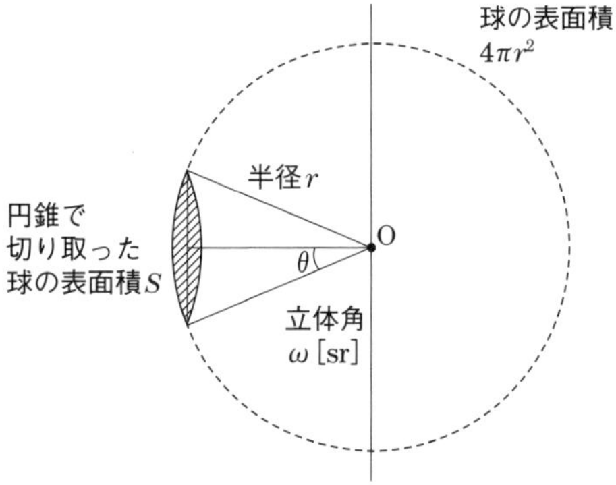

図2

の関係があります。上の2式から、θ に π を入れると、S は球体の表面積 $4\pi r^2$ に一致することも分かると思います。そのため、ω の最大値は 4π［sr］であり、これは全方位をあらわします。

ここで、点光源から立体角 ω に放射される光束を**図3**に示します。円錐内の光束はどれだけ点光源から離れても一定であることが分かります。したがって、立体角 ω の広がり内の光束量、つまり、立体角1srあたりにどれだけ光束の量があるか、というのを表したのが光度 I です。また、この値が大きいほど、光がその方向に対して明るく照らしている、というイメージになります。

点光源の場合で全光束 F、全方位に均等に光束を照射（「均等配光」といいます）しているとすると、光度 I はどの方向でも、

$$I=\frac{F}{4\pi}$$

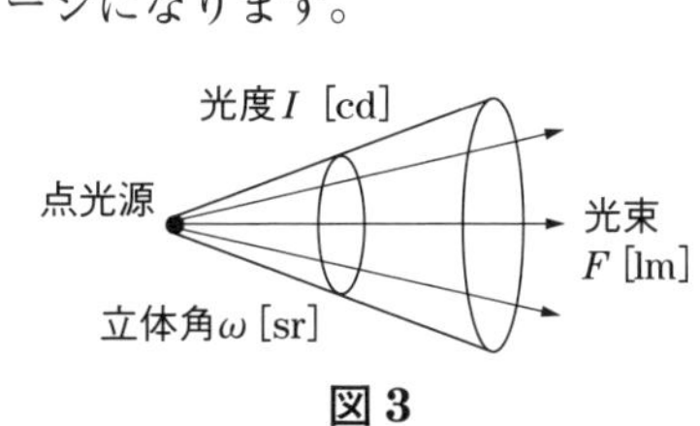

図3

の関係が成り立ちます。このとき、半径 r 離れた場所の照度 E は、全光束 F を半径 r の球の表面積で割ればよいので、

$$E=\frac{F}{4\pi r^2}=\frac{I}{r^2}$$

となり、**「照度 E はその方向の光度 I に対して距離の 2 乗に反比例する」（逆 2 乗の法則）**、という重要な関係があります。電験ではよく使う関係式なのでしっかり覚えましょう！

4. 光束発散度 M [lm/m²]（rlx（ラドルクス）ともいいます）

単位は照度と同じ lm/m² です。違いは、照度がある面に入射する面積 1 m² あたりの光束の量であるのに対し、光束発散度は、照射されたある面から出射する面積 1 m² あたりの光束の量を表しています。ある面が半透明のように、光の「反射」と「透過」がある場合、反射面と透過面それぞれに光束発散度があります。その関係を**図 4** に示します。

反射側では反射率 ρ とすると、照度 E と反射面の光束発散度 M には、

$$M=\rho\times E$$

の関係があり、透過側では透過率 τ とすると、照度 E と透過面の光束発散度 M' には、

$$M'=\tau\times E$$

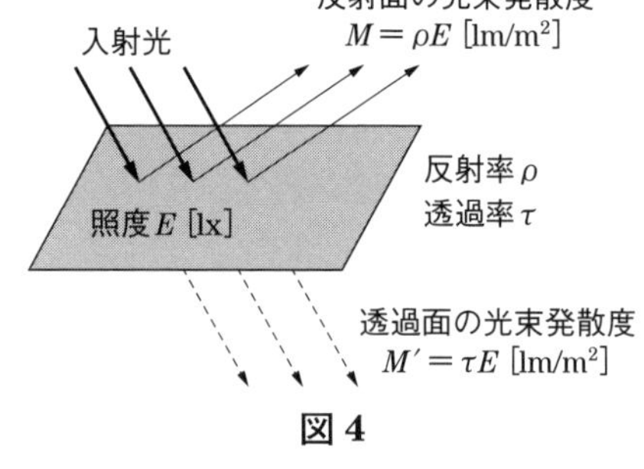

図 4

の関係があります。照射された面における光の吸収がないとするならば、

$$\rho+\tau=1$$

となります。**光束発散度は、どちらの面に関して問われているかに注意しましょう。**

5. 輝度 L [cd/m²]

光源含め、照明された面を見たときに感じる輝きの度合い（眩しさ）を表します。光束発散度との違いですが、例えば、太陽に鏡を向けてのぞき込むと、見る角度によって眩しさはさまざまです。太陽が映れば眩しいのは感覚的にも分かると思います。鏡はよく反射しているので、光束発散度も高く等しいはずですが、

感じ方が違うということは見る角度によって輝度が異なっているのです。輝度 L は、単位［cd/m^2］が示すとおり、ある面から任意の方向に出射する光の光度 I をその任意の方向から見た見かけの面積 S' で割ったものです。したがって、

$$L=\frac{I}{S'}$$

となります。

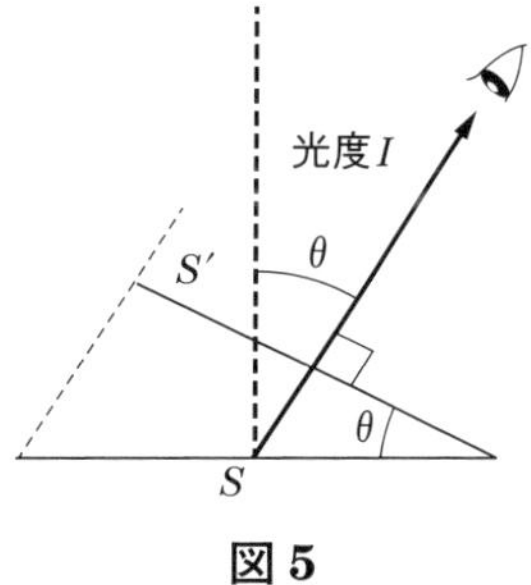

図 5

図 5 のような場合であれば、見かけの面積 S' は、

$$S'=S\times\cos\theta$$

となります。

さて、実際の室内照明で、例えば、乳白色のカバーがあれば、どの方向から見ても同じような輝きを放っているように見えます。つまり、どの方向から見ても輝度が変わっていないのです。こういった面を**完全拡散面**といいます。

完全拡散面では、光束発散度 M と輝度 L には、

$$M=\pi\times L$$

という関係があります。完全拡散面をもつ半径 r の球体の光源が、全光束 F を放射する場合、光度 I は光度の説明で述べたとおり、どの方向でも、

$$I=\frac{F}{4\pi}$$

となります。よって、光束発散度 M は全光束 F がすべて球体表面 $4\pi r^2$ から出射されるので、

$$M=\frac{F}{4\pi r^2}=\frac{4\pi I}{4\pi r^2}=\frac{I}{r^2}$$

となります。したがって、輝度の定義と球体の見かけの面積（円の面積）が πr^2 であるので、

$$L=\frac{I}{\pi r^2}=\frac{M}{\pi}$$

となり、完全拡散面での光束発散度 M と輝度 L の関係と一致します。

照明計算は全般的に電磁気の静電気とイメージがよく似ているので対応させながら解くと理解しやすいです。

単位に注目しつつ、「光束」、「照度」、「光度」、「光束発散度」、「輝度」といった各用語の意味を理解し、照明計算を攻略しましょう！

地絡電流の計算を詳しく教えてください。

地絡電流の計算で、なぜテブナンの定理が出てくるのでしょうか？

Answer

テブナンの定理は、「系統に流れる一線地絡電流」を求める際の手法です。

電力科目では、テブナンの定理を用いた一線地絡電流の計算問題が出題されることがあります。原理がよく分からず、計算量も他の問題に比べるとやや多いため、苦手な方も少なくないのではないでしょうか。

テブナンの定理は、お悩みNo. 21でも触れたように「複雑な回路のある端子間に接続された負荷に流れる電流は、等価電圧源および等価インピーダンスで構成される等価回路で求める」テクニックでした。なぜテブナンの定理が使えるかはあとで説明するとして、これを使用する際に問題になるのは、複雑な回路（電力系統）を等価回路に直せるかどうかです。

複雑な三相の電力系統の等価回路を描くとなると、なかなかに骨が折れそうですが、実際のところどのような解法をたどればいいのか、電験三種で過去に出題された問題をベースに、実例を見ていきましょう。

図1の電力系統で、a相に地絡抵抗R_gを介して一線地絡事故が発生した場合を考えます。同図において、Lは消弧リアクトル（インダクタンスL）、Cは各相の対地静電容量（三相ですべて同一の値Cであるとします）です。なお、同図に表示されていないインピーダンスは無視するものとします。

実際に解き始める前に、このような一線地絡事故の問題にテブナンの定理がなぜ活用できるかを考えてみます。冒頭でお伝えしたテブナンの定理の内容説明をこの状況にあてはめてみると、「複雑な回路（→電力系統）のある端子間（→事故点−大地間）に接続された負荷（→地絡抵抗）に流れる電流（→一線地絡電流）は…」というように、ピッタリ適用できる状況が一致していること

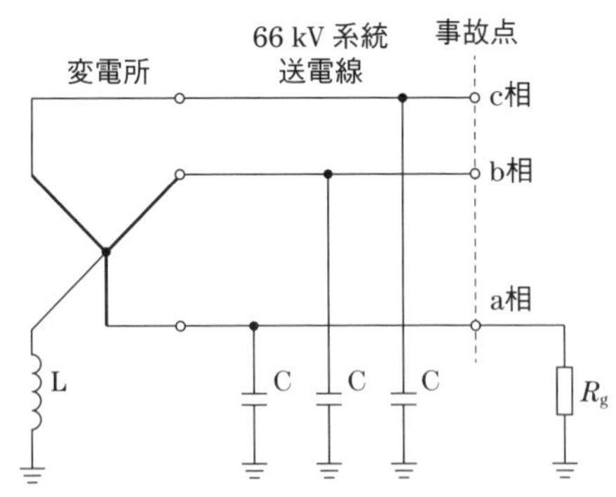

出典：平成26年度第三種電気主任技術者試験、電力科目、B問題、問16（一部改変）

図1

が分かります。つまり、一線地絡電流の計算にテブナンの定理を使える理由は、**「複雑な回路の中の、ある端子間に流れる電流」を求める方法として最適であるため**です。

前置きが長くなりましたが、図１の系統を「等価電圧源および等価インピーダンスで構成される等価回路（以下、テブナンの等価回路）」に変換していきます。

まずは、事故が発生したａ相端子–大地間から見た開放電圧（等価電圧源の値）を求めます。ここでは、ａ相端子–大地間を開放した状態、すなわち「地絡していない状態」の電圧を求めればよいことになります。今回の場合、ａ相対地電圧 $\dot{E}_a$ が求めるべき開放電圧となります（**図２**）。

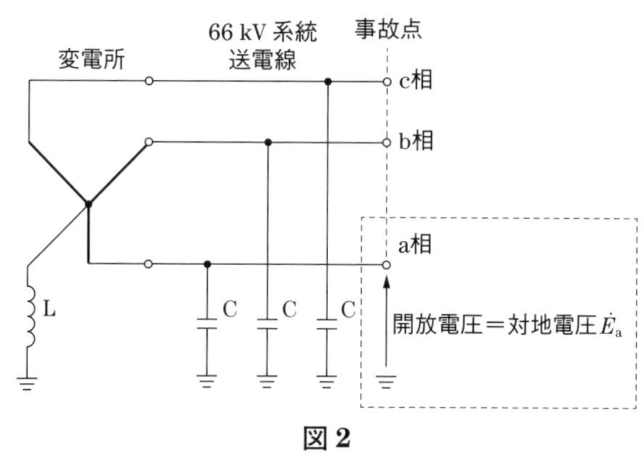

図２

次に、回路の電圧源をすべて短絡し、ａ相端子–大地間から見た回路の合成インピーダンス（等価インピーダンスの値）を求めます。図１の系統をよく見てみると、リアクトルＬ、対地静電容量Ｃが３つあり、これらはａ相端子からたどっていくとすべて大地に接続されていることが分かります。つまり、これらの素子はａ相端子–大地間から見て、並列接続になっていることになります。インピーダンスとしては、これらの並列合成を考えればよく、その値を $\dot{Z}_0$ とします（今回は手法の解説のため、実際の計算は割愛します）。

以上の検討から図１の系統の等価回路を描くと、**図３**のようになります（図３では、すべて回路定数の値を表示しています）。

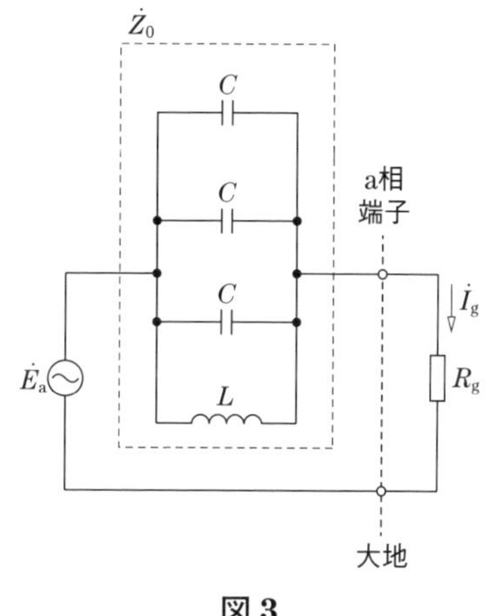

図３

図３では、ａ相端子–大地間から見た図１の系統は「等価電圧源（開放電圧 $\dot{E}_a$）および等

価インピーダンス（インダクタンスLおよび3つの対地静電容量Cによる並列合成インピーダンス$\dot{Z}_0$）で構成される等価回路」に変換することができます。そして最後に、a相端子–大地間に地絡抵抗R_gを接続すれば、テブナンの等価回路の完成です。

以上より、求める一線地絡電流$\dot{I}_g$は、図3の等価回路より、

$$\dot{I}_g = \frac{\dot{E}_a}{\dot{Z}_0 + R_g}$$

と、かなり簡潔な式で求めることができました。

ここで、「b、c相については考えなくてもいいの？」という疑問が生まれるかもしれません。そもそも図1の系統の事故点におけるa、b、c相端子（○で表される部分）は、**図4**のように「事故点に設定した位置において、送電線から伸びている端子」だと思ってください。これらの端子は通常時は開放状態なのですが、例えばa相一線地絡事故が発生した場合は、a相端子のみが大地と接続され、電流が流れるようになります。一方、b、c相端子は開放状態のままなので、当然電流は流れず、図3のテブナンの等価回路にも影響しないのです。

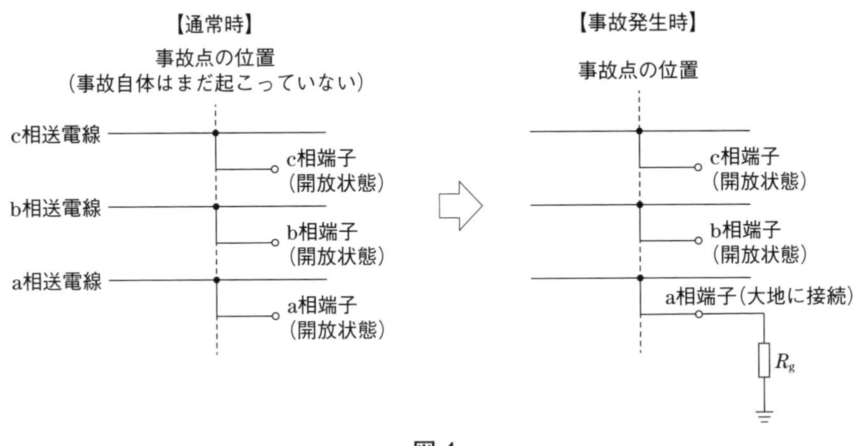

図4

一見敬遠しがちな種類の問題で、本説明で少しでもとっつきにくさを解消していただけたらよいのですが…。理解できたら、演習で得点力をあげていきましょう。

テブナンの定理は、「系統に流れる一線地絡電流」を求める場合にピッタリな手法！

V 結線が分かりません。

メリット、デメリット、問題の解き方を教えてください。

Answer

メリット：2 台の単相変圧器で三相の電圧変成ができる

デメリット：・△結線、Y 結線双方のデメリットを併せもっている

・変圧器の利用率が低下する

「△結線や、Y 結線は、同じ単相変圧器を 3 台結線して三相で使うことが可能」、これは皆さまも感覚的に分かると思います。では、単相変圧器を 2 台使用した V 結線が、なぜ三相の変圧器として使用可能なのでしょうか？その原理を紐解いていきます。

1. V 結線変圧器の概要とメリット

V—V 結線（V 結線）変圧器は、△結線の一相をなくしたものです。**図 1** に、共に巻数比 $a(n_1/n_2)$、2 台の単相変圧器（Tr1、Tr2）を V 結線とした回路図を記します。

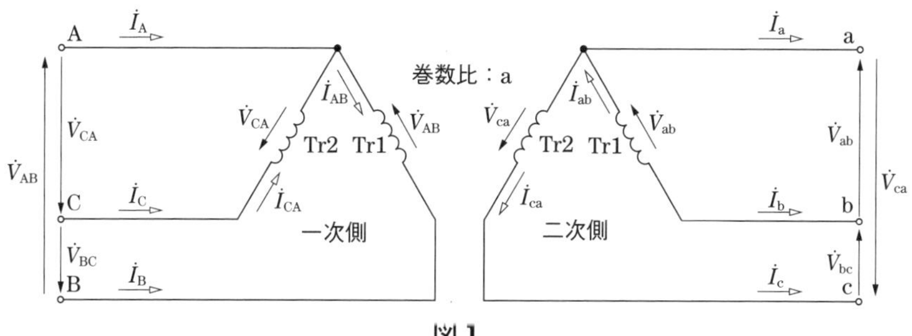

図 1

電源側は、平衡三相電源に接続されているものとします。そのため、相順 A → B → C とすると一次電圧には、

$$|\dot{V}_{AB}| = |\dot{V}_{BC}| = |\dot{V}_{CA}| = V \qquad V：一次線間電圧$$

$$\dot{V}_{AB} = V \qquad \dot{V}_{BC} = V\angle -120^\circ \qquad \dot{V}_{CA} = V\angle -240^\circ$$

が成り立ちます。二次電圧には、

$$\dot{V}_{ab} = \frac{\dot{V}_{AB}}{a} = \frac{V}{a} \qquad \dot{V}_{ca} = \frac{\dot{V}_{CA}}{a} = \frac{V}{a}\angle -240^\circ$$

が成り立ちます。二次電圧の大きさを V' とし、図 1 の回路図の矢印の向きから、

$$\dot{V}_{bc}+\dot{V}_{ab}=-\dot{V}_{ca}$$

$$\dot{V}_{bc}=-V'-V'\angle-240°=V'\{-1-\cos(-240°)-j\sin(-240°)\}$$

$$=V'\left(-1+\frac{1}{2}-j\frac{\sqrt{3}}{2}\right)=V'\left(-\frac{1}{2}-j\frac{\sqrt{3}}{2}\right)=\frac{V}{a}\angle-120°$$

$$=\frac{\dot{V}_{BC}}{a}$$

であり、$\dot{V}_{ab}$、$\dot{V}_{bc}$、$\dot{V}_{ca}$ はそれぞれ電圧の大きさが $V'(=V/a)$ で、位相が 120°（$=2\pi/3$）ずつ異なる平衡三相電圧となっていることが分かります。したがって、V 結線では2 台の単相変圧器を用いることにより三相の電圧変成を行うことができるのです。そして、V 結線では、普通の三相と同じように計算が可能です。

2. V 結線変圧器のデメリット

ここまでメリットを説明してきましたが、「三相の電圧変成に必要な単相変圧器が 3 台必要なところ、2 台の単相変圧器で済むなんて経済的！」となるはずもなく、以下のデメリットがあります。

① △結線、Y 結線双方のデメリットを併せもつ

・中性点の接地ができない

・励磁電流の第三調波が環流できず、誘導起電力がひずむ

など「△結線と Y 結線の悪いとこ取り」のような特徴があります。

② 変圧器容量あたりの出力（利用率）が低下する

ある定格容量 P_1 の単相変圧器を 3 台組み合わせて三相変圧器として利用する場合、結線が△であっても Y であっても、その定格容量 P_3 は、

$$P_3=3\times P_1$$

となります。このとき、利用率（＝出力/変圧器容量）は 1 となります。

それでは、V 結線の場合はどうでしょうか？簡単に、力率 1 の負荷の場合で考えます。図 1 の二次側回路図で変圧器の二次巻線電流 $\dot{I}_{ab}$、$\dot{I}_{ca}$ は、線電流 $\dot{I}_b$、$\dot{I}_c$ で表すと、

$$\dot{I}_{ab}=-\dot{I}_b$$

$$\dot{I}_{ca}=\dot{I}_c$$

となり、かつ平衡三相負荷であれば、

$$|\dot{I}_a|=|\dot{I}_b|=|\dot{I}_c|$$

であるので、V 結線されたそれぞれの単相変圧器二次巻線には、二次側線電流と同じ大きさの電流が流れます。

二次側線間電圧 V'、二次側線電流の大きさを I とすると、2 台の単相変圧器の総容量は、

$$2 \times P_1 = 2V'I$$

一方、三相出力 P_3 は、

$$P_3 = \sqrt{3}\,V'I = \sqrt{3}\,P_1$$

となります。このことから、V 結線変圧器の場合、変圧器容量は $2V'I$ であるにもかかわらず、三相出力は $\sqrt{3}\,V'I$ しか出せないことになります。ちなみに、利用率は 0.866 と、通常の Y 結線および△結線よりも低下することになります。

V 結線の問題では、利用率を用いることが多いです。早速例題を解いていきましょう。

> 20 kV・A の単相変圧器 3 台を△結線で三相運転している。単相変圧器のうち 1 台が故障したため、急きょ V 結線で運転を継続したい。力率 0.8 の負荷に変圧器が過負荷なく供給できる電力［kW］を求めよ。

単相変圧器の容量を S_1［kV・A］とすると、V 結線時に供給できる最大皮相電力 S_3［kV・A］は、

$$S_3 = \sqrt{3}\,S_1$$

したがって、三相出力 P_3［kW］は、負荷力率を $\cos\varphi$ として、

$$P_3 = S_3 \cos\varphi = \sqrt{3}\,S_1 \cos\varphi = \sqrt{3} \times 20 \times 0.8 = 27.7\ \mathrm{kW}$$

電験ではこの V 結線のみならず、さらに応用した異容量 V 結線というものがあります。ここでは異容量 V 結線の説明までは行えませんが、その前段階として、「なぜ V 結線で三相の変成（変圧）ができるのか」と、「利用率の考え方」に関して理解を深めてください。

V 結線の原理と共に利用率の求め方を理解しましょう！

トーク Ⅳ

試験前日や当日はどう過ごす？

水島：試験前日や当日の過ごし方について教えてください。ゆっくり体力を温存される方、リフレッシュされる方、猛追される方、いろいろだと思いますが、私は、試験前日は寝ずにやりまくる派です（笑）。良い子はマネしちゃダメですが。電験アカデミア式の「試験直前は、こんな風に過ごす」というのがあれば教えてください。

加藤：僕は、前日だからといってあまり特別なことはしない派ですね。むしろ「いつもと同じ」ということが安心感を生むので、いつもどおりの時間に学習して、いつもどおりに寝るのがいいかなと思っています。個人的にやっているのは、瞑想です。いまでも毎日の仕事の前にやっているのですが、集中力が増すのでおススメです。試験開始 10 分前など問題用紙が配られてからしばらく暇（？）なので、その時間を使ってやるのもいいですね。

電気男：瞑想⁉何だかすごいですね。具体的には、どんな風にやるんですか？瞑想中はどんなことを考えてるんですか？興味があります。

加藤：僕の場合は、毎朝座禅を組んで 15 分ほど自分の呼吸に集中するようにしています。その間、「今日は何やろっかな？」とか雑念が浮かんできますが、すぐに注意を呼吸に戻し、「いまここ」に意識を集中させるのがコツです。勉強するときも、何か飽きてきたと感じることがあると思いますが、瞑想で注意をいまここに戻す訓練をしておくと、集中力が長続きしますよ。

電気男：いわゆるマインドフルネスですね！スマートウォッチがよく「やれ！」って言ってきます（笑）。

niko：私は、試験会場近くのホテルをとって、そこでまとめノートをめくったりしていました。直前は、勉強らしい勉強はしていなかったような気がします。独学だけどやるべきことはやったという根拠のない自信をもっていましたが、そういったメンタル管理は大事ではないかと思っています。

加藤：試験なので完全にリラックスとはいかなそうですが、いつもと違う環境に身をおけるというのも試験の醍醐味かもしれませんね。

なべさん：私は、前日は法規の暗記系問題をやりつつ、ほどよく計算問題も解いてぐっすり寝ました。特に自分の場合、二種一次試験の翌日が三種の試験日だったので、疲れ果てて気づいたら眠りについていました（笑）。

電気男：私は、暗記が超苦手なので、試験１週間前くらいからひたすら電力と法規の暗記をしていました。試験前日、あまり勉強せずに挑んだ年は、とても憂鬱な気分だったのですが、しっかり勉強して自信がついた年は、「明日はどんなつえぇヤツが出てくるのか、オラワクワクすっぞ！」とまるで武道大会を明日に控えたバトルマンガの主人公のように気分が高まっていました（笑）。武道大会も資格試験も、楽しんだ人が勝つと思います。

加藤：「楽しむ」という意識は大事ですよね。試験直前は特に緊張しがちなので、いっちょ楽しんでやるか、的な暗示を自分にかけていました。

水島：試験当日、各科目の休憩時間には何をされていましたか？

加藤：少数派かもしれないですが、試験会場は大学が多いと思うので、僕の場合は、大学生に戻った気分でいろいろ周囲を散策していました。購買や学食に行ったり、キレイな校舎を見て、懐かしいけど洗練されているな〜、とか思いながら試験そっちのけで（笑）、満喫していました。

niko：私は、カフェジカさんでやっていた解答速報をチェックしていました。点数がある程度分かるので、悪かったらへこみそうで怖かったのですが、ある程度手ごたえもあったので、むしろ次の科目へのモチベーションアップのために科目ごとに何度もアクセスしていました。もしあのときサーバーが落ちていたら、それはたぶん私が原因です（笑）。

水島：最後に、試験当日の朝ごはんは何を食べましたか？何も食べない方が集中できるという方もいらっしゃいますが。それと昼ごはんについてもお願いします。

加藤：普段自分が食べているのと同じものがいいと思います。自分の場合は、エネルギーになる糖分（バナナなど）とタンパク質（プロテイン）です。お昼ごはんは、三種を受験していた時代からゲン担ぎもかねて、いつも同じコンビニでオニギリやサンドイッチを買ってました。混んでいなければ、学食で食べて大学生気分にひたることもありました。

なべさん：私は、飲むタイプのゼリーやエナジードリンクです。エナジードリンクは普段飲まないのですが、ここぞというときにゲン担ぎもかねて飲みます。お腹一杯食べたかったのですが、試験後まで我慢しました。

電気男：私はガッツリ派です。朝はチキンカツサンド！「試験に勝つ」という願かけもありますが、単純にチキンカツが好きなんです（笑）。昼食はオニギリで我慢し、試験が終わったら会場周辺で食べログ 3.5 超のラーメン屋に行ってましたね。ラーメンフリークなので。

加藤：僕もラーメンが好きで、試験後の楽しみに必ず近くのお店に食べに行ってました。どのラーメンを食べたかで、「あのときの試験はああだったな～」と鮮明に思い出すことができるほどです。

niko：ごはんではありませんが、スーッとする眠気覚ましのタブレットがあるじゃないですか。あれを試験に集中するために直前に食べていたのですが、大失敗でした。コロナ対策でマスクをしているので、マスクの隙間からスーッとする息が漏れて目にずっとしみてたんですよ。しかもハードミント系だったので、問題解きながら泣きそうになりました（苦笑）。コロナ禍でミントタブレットはダメです、絶対に！

なべさん：まさに、いまの時代ならではですね。

18:00

居酒屋カフェジカ、オープン！

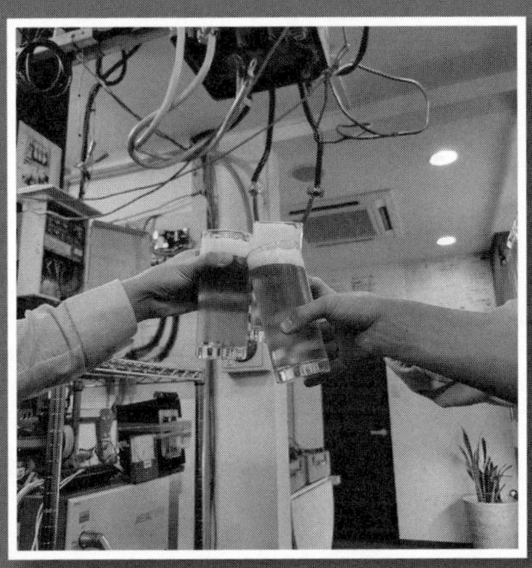

ふぅ〜、もうヘトヘトですぅ…。
さすがに後半のレベルになると、ついていくのが大変でした…。

我々も１日中ずっとしゃべりすぎて喉がカラカラです。

喉がカラカラ？　その言葉、待ってました！
それでは、水島オーナー、夜の部へいっちゃいましょうー！

そうですね。それでは、皆さまグラスをおもちください。
カンパ〜〜〜〜〜〜イ!!

No.57 需要率、不等率、負荷率について教えてください。

需要率、不等率、負荷率は、実務ではどのように使われるのですか？

Answer

一般家庭や身の周りの地域に置き換えてイメージし、合理的なのはどういう場合かを考えてみるとよいでしょう。

需要率、不等率、負荷率は電気事業を行ううえで、経済的かつ合理的、そして計画的に電気設備を運用するために用いる指標です。このことを一般家庭などに例えてイメージしてみましょう。

1. 需要率

設備容量に対する**最大需要電力**の割合で、次式で表します。

$$需要率=\frac{最大需要電力}{設備容量}\times 100\ [\%]$$

一般家庭でいえば、設備容量とは、「その家にある家電すべてを使うときに必要な電力」を指します。これを仮に 100 V×100 A＝10 kV·A とします。

対して最大需要電力とは、「その中で実際に同時に使う家電の最大使用電力」をいいます。使う電力が最大でも 3.5 kV·A となれば、このときの需要率は 35 % になります。

全部の家電を同時に動かすとなると、100 A に対応する遮断器が必要になりますが、「使用するのは 3.5 kV·A に少し余裕を見て最大でも 4 kV·A まで」と決めてしまえば必要なのは 40 A 用遮断器でよくなります（**図 1**）。

工場なども同様に考えて、同時に使用すべき機器を適切に設定することで需要率を抑えられれば、受電設備の変圧器容量などを過剰にすることなく、合理的な

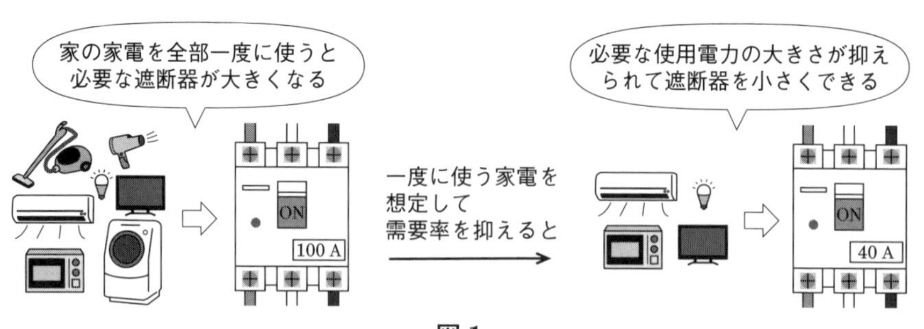

図 1

電気設備の配置ができます。需要率は、必要な電気設備容量の判断に使用する指標と考えるとよいでしょう。

2. 不等率

合成最大需要電力に対する**個々の最大需要電力の和**の比率で、次式で表します。

$$不等率 = \frac{個々の需要設備の最大需要電力の総和}{合成最大需要電力}$$

実際の例として、住宅街と商店街を取りあげます。住宅街では日中に電力を多く使う人、逆に夜に電力を多く使う人など、一番電力を使う時間帯は各需要家でばらつきがあります（**図 2**（a））。一方、商店街は営業時間が重なるため、電力を使う時間帯が各需要家でほぼ同じとなります（図 2（b））。

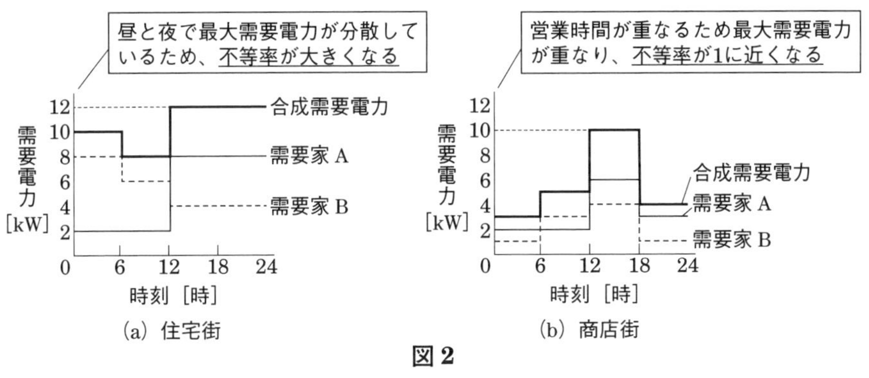

図 2

この場合、上図から分かるように住宅街での不等率は大きくなり、商店街での不等率は 1 に近くなります。つまり不等率とは、「**最大使用電力を使う時間帯が重ならない度合い**」を示しているのです。

不等率が大きいほど、各需要家で多く電力を使用している時間が分散されていることを意味するので、電気供給事業者は個々の最大需要電力の総和に合わせて変圧器容量などを設定する必要はありません。したがって、不等率を考慮することで変電所や送配電線において電気設備のコストを下げることができます。また、不等率が 1 に近いということは、その系統において電力が必要な時間帯が重なっているということになるので、その分設置する電気設備の容量を大きなものにする必要があります。

つまり、個々の需要家を街などのより大きなまとまりで考えたとき、変電所設備などにおいて**必要な電気設備容量を決定するのに用いる指標**が不等率です。

3. 負荷率

最大需要電力に対する**平均需要電力**の割合で、次式で表せます。

$$負荷率 = \frac{平均需要電力}{最大需要電力} \times 100\ [\%]$$

負荷率が高いほど、設備が有効に利用されているということになります。

期間のとり方によって、日負荷率、月負荷率、年負荷率などがあります。電力の需要は、1日の中では昼夜によって、ひと月の期間では平日と祝日や休日によって、1年の期間の中では季節によって必要な電力が大きく変わります。なので、その変動の幅が大きいと最大需要電力に対する平均需要電力が小さくなります。

これを道路で例えると、お盆帰省時の渋滞のピークに対応しようとせっかく車線の数を4～5車線にしても、普段はそういう需要がないので2車線で十分だったとすれば道路工事のコストに見合わない、といえばイメージしやすいのではないでしょうか（**図3**）。同じように、送電線は最大需要電力を送電できるよう送電容量を設定していますが、負荷率が小さいと使える送電容量に余裕がある状態が長くなり、設備を有効利用できていないことになるので、非合理的といえるでしょう。

負荷率は、個々の需要家のみではなかなか改善できるものではありませんが、各地域を連系することによって大きく改善できる余地があります。個々での最大需要電力の必要な時間帯というのは広域であればあるほど分散されます。結果、広域連系すると**不等率**が大きくなります。不等率が大きくなるということは**合成最大需要電力**が小さくなるということなので、平均需要電力は変わらないまま、結果として負荷率を大きくすることができます。

このように、電気設備を経済的かつ合理的に運用するためには需要率・不等率・負荷率は必要不可欠なものです。

覚えにくい用語は一歩踏み込んで学習することで、記憶の定着率をあげましょう！

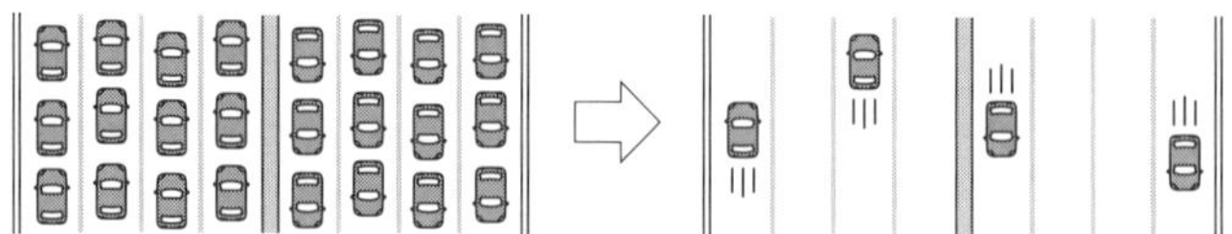

渋滞のピークに合わせて道路を作っても、普段はそこまで走らない

図3

電力用半導体素子の種類が多すぎて分かりません。

ダイオードまでは理解できるのですが、サイリスタやGTO、IGBTなどの違いを教えてください。

Answer

「ダイオード・サイリスタ系」と「トランジスタ系」に分けて、それぞれの機能の違いを意識して見てみましょう。

機械科目では、さまざまな電力用半導体素子が登場します。これらの半導体素子には、回路のON・OFFを切り替える「スイッチング機能」があり、素子によってON・OFFとなる条件や、そのスイッチング速度および駆動電力などの特性も異なってきます。

それでは、そんな電力用半導体素子を順に見ていきましょう。ここでは、電験三種で登場する素子のうち、まずは「ダイオード・サイリスタ系」の機能面から（私の独断で）分類・系統づけしたものを**図1**に示します。

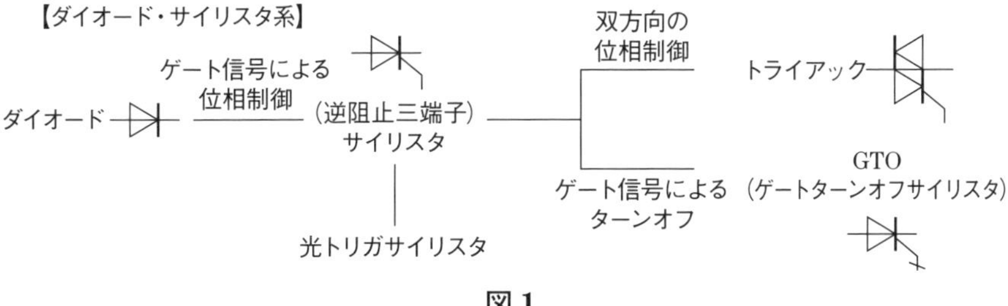

図1

図1について、**ダイオード**は、ある方向に電圧が加わった場合にのみ導通（ON）するというシンプルな特徴があります。ただ、ダイオードでは、ONになるタイミングまで制御することはできません。そこで、新たにゲート端子を設け、信号（電流）を送ったタイミング（位相）でONする「位相制御」の機能をもたせたのが**（逆阻止三端子）サイリスタ**になります。サイリスタの類似の素子に、ゲート信号として電流の代わりに光源による光エネルギーを用いる**光トリガサイリスタ**があります（図1の分類上、こちらは横に分けておきます）。

ただし、サイリスタもダイオードと同じく、ある特定の一方向にのみONになることしかできません。そこで、双方向にONになることができるよう、2つのサイリスタを逆並列に接続したのが**トライアック**です。加えて、サイリスタはゲート信号を送った場合にはONする（ターンオンする）ことができますが、信号を送るのを止めてもすぐにはOFF状態になりません。そこで、負のゲート信号を送ることによりOFF状態にする（ターンオフする）ことができる**GTO（ゲートターンオフサイリスタ）**があります。GTOは図1の素子の中では唯一自力でOFF状態になることができるため、「自己消弧素子」に分類されます。

続いて「トランジスタ系」の素子として、系統立ててまとめたものを**図2**に示します。

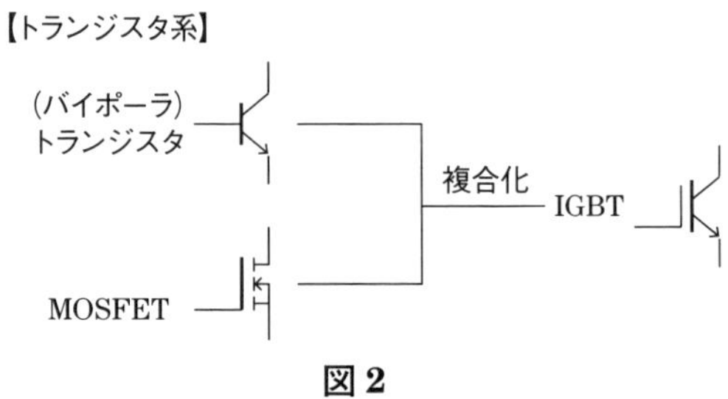

図2

図2において、理論科目でもお馴染みの**（バイポーラ）トランジスタ**があります。同科目では、入力信号を増幅させる「増幅回路」に用いられていましたが、スイッチング素子としての面も有しています。トランジスタはベース電流を流すことでコレクタ-エミッタ間が導通する仕組みですが、ベース電流を増減させることによりON・OFFを制御するということで「電流制御形」の素子になります。

これと対になる素子として、電圧制御形である**MOSFET**があります。MOSFETはゲート-ソース間に電圧を印加することで、ソース-ドレイン間に（電圧が加わっていれば）電流が流れる仕組みです。スイッチング速度が速い、駆動電力が低い、低電圧領域では高い周波数で使用可能という特徴もあります。

そして、トランジスタとMOSFETを複合化し、それぞれの長所を併せもった素子が**IGBT**です。IGBTはゲートに電圧を加えることでコレクタ-エミッタ間が導通する仕組みです。なお、図2の素子はすべてGTOと同じ「自己消弧素子」に分類されます。

以上、電力用半導体素子の特徴について見てきました。基本的には、「ある素子にはこういうことができないから、こちらの素子にはその機能を付与した」として系統立てて見ていくと、頭に入りやすいのではないかと思います。

ダイオード・サイリスタ系とトランジスタ系で、機能の違いを意識しましょう！

お悩み No. 59

トランジスタがスイッチの役割になるのは、なぜですか？

チョッパなどで突然トランジスタがスイッチとして使われますが、トランジスタは増幅機能をもつという認識でした。なぜスイッチになるんですか？

Answer

ベース電流、ゲート電圧の制御でコレクタ-エミッタ間等に流れる電流をON・OFFできる。それがトランジスタのスイッチング作用！

トランジスタは発明当初、その増幅作用が注目され活用されてきましたが、時が経つにつれスイッチング作用にも注目されるようになりました。

増幅作用については、お悩みNo. 60を見ていただくとして、増幅作用とスイッチング作用の対比を**図1**に示します。

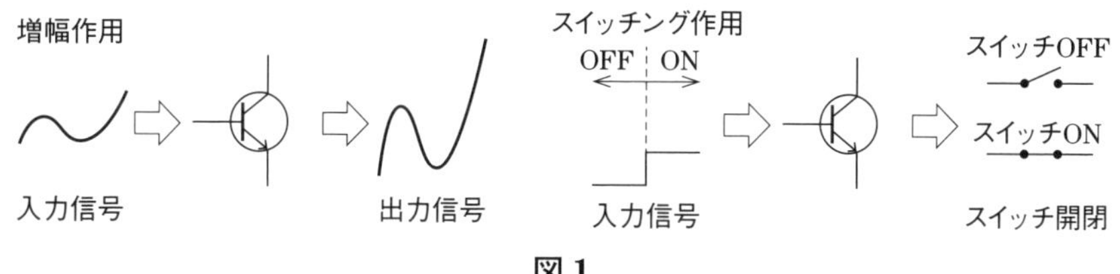

図1

増幅作用は入力信号を、トランジスタを通すことによって同じ形状で大きさだけを増幅した出力信号（波形）を取り出すことができる作用です。ここで、この入力信号について、「流れている」と「流れていない」の2つだけの状態にすることを考えます。トランジスタは、ベース電流を流すことでコレクタ-エミッタ間を導通する仕組みなので、ベース電流を「流す」「流さない」の2つの動作に限定すれば、コレクタ-エミッタ間も電流が「流れる」か「流れない」かの2つの状態だけになります。この原理をスイッチとして利用したものが、**トランジスタのスイッチング作用**です。また、バイポーラトランジスタは、ベース電流の「流す」「流さない」を制御することでスイッチング作用を実現できますが、一方でMOSFETは、ゲートに印加する電圧を「加える」「加えない」ということを制御することで実現します。

このようにトランジスタは、回路の開閉を電気的に制御できる役割を担うことができる素子なのです。機械科目では、スイッチング作用を利用して電力制御をするために使われる半導体デバイスとして登場することを覚えておきましょう。

トランジスタは、ベース電流・ゲート電圧で開閉できるスイッチです！

トランジスタの増幅回路がまったく理解できません。

トランジスタ増幅回路について、信号が増幅される原理を教えてください。

Answer

信号電圧に適切なバイアス電圧を加えることで歪みなく増幅できます。コンデンサは、直流を遮断し交流を通すので、交流のみ取り出せます。

基本的な原理を知るために、まずは**図 1** のようなエミッタ接地増幅回路を考えましょう。この回路における入力電圧 V_{in} と出力電圧 V_{out} の関係を表すグラフは**図 2** のようになります。入力電圧 V_{in} がしきい値 V_T に達するまではコレクタ電流 I_C は一切流れない（**図 3**）ため、出力電圧 V_{out} は、

$$V_{out} = V_{CC}$$

となります（図 2 の①領域）。しかし、しきい値 V_T を超えると入力電圧 V_{in} にほぼ比例するコレクタ電流 I_C が流れるようになるため、

$$V_{out} = V_{CC} - R_C I_C$$

の式により、出力電圧 V_{out} は直線的に減少します（図 2 の②領域）。そして最後は、

$$V_{out} = 0$$

に落ち着きます（図 2 の③領域）。

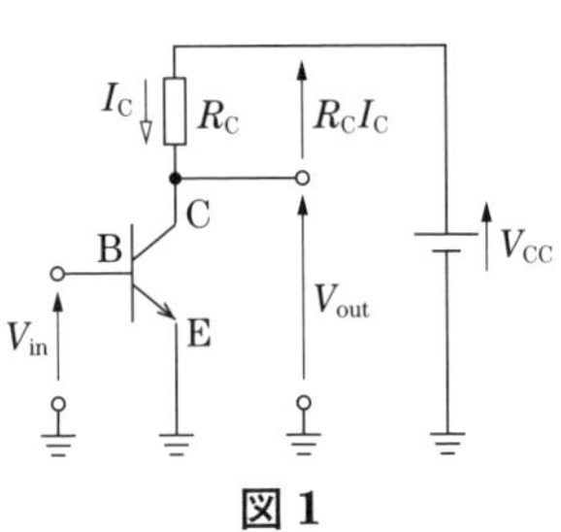

図 1

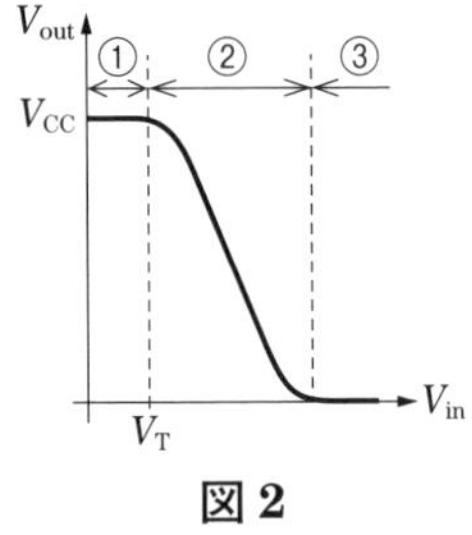

図 2

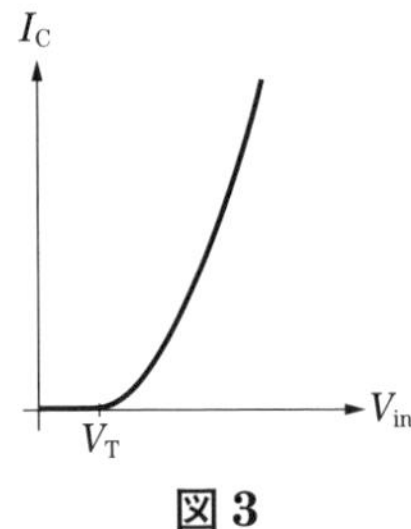

図 3

この図 2 を用いて、信号電圧が増幅される原理について説明します。**図 4** のように、ある電圧値 V_b を基準として変動する入力信号をこの増幅回路に入力すると、信号電圧はきれいに増幅されて出力されます。これは、図 2 の②領域、すなわち入出力特性が直線とみなせるエリア内で信号を変動させたためです。しかし、**図 5** のように①領域付近で変動させたり、逆に**図 6** のように③領域付近で変動させたりすると、入力信号は歪んだ状態で増幅され出力されてしまいます。

つまり、入力信号をきれいに増幅させるためには、適切な大きさの直流電圧 V_b

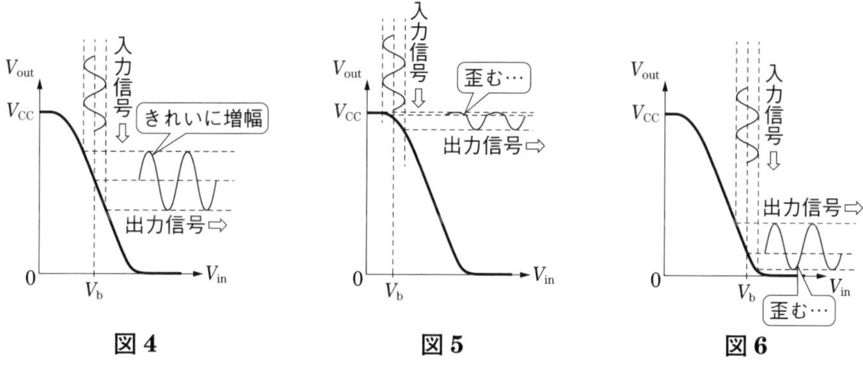

図 4　図 5　図 6

を重ね合わせる必要があるのです。この直流電圧 V_b を**バイアス電圧**といいます。入力信号にバイアス電圧を加えるのに最も簡単な方法は、**図 7** のように信号電圧源に直列に直流電圧源を接続する方法で、これを**二電源方式**といいます。

信号電圧に適切なバイアス電圧を重ね合わせることによって歪みなく増幅できる

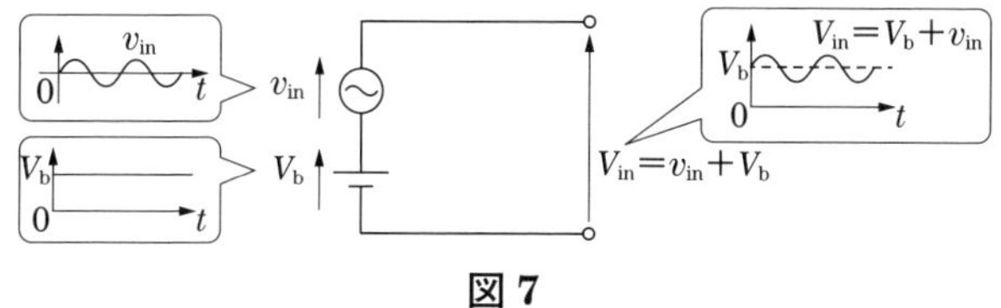

図 7

入力信号にバイアスを加えると、出力信号にもバイアスが加わった状態で出力されます。複数の増幅回路を接続して使用する場合、バイアスが加わった出力信号をそのまま次の段の増幅回路に入力すると、出力信号が歪んでしまう可能性があります。そこで、**図 8** に示すように、コンデンサを通過させることによって直流を遮断し、交流分（信号電圧）のみを取り出す方法がとられます。このコンデンサを**カップリングコンデンサ**といいます。静電容量が十分大きければリアクタ

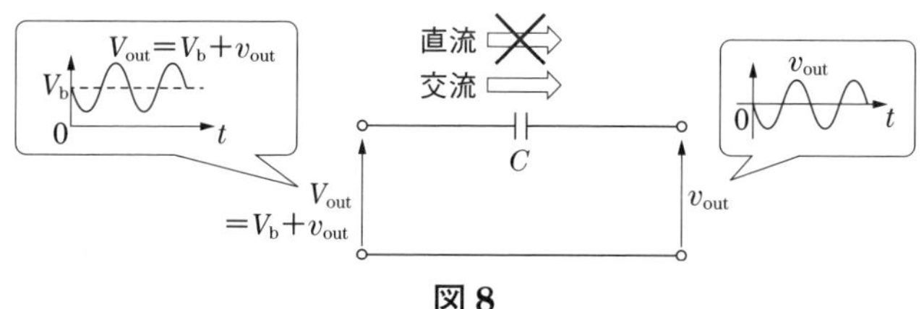

図 8

ンス ($1/\omega C$) は0となるため、交流に対しては短絡と考えることができるのです。

以上より、図１の回路をより実用的な形に描き直すと**図 9** のようになります。ただ、このままでは、コレクタに接続する V_{CC} の直流電源とバイアス電圧 V_b を加えるための直流電源の２つの電源が必要になってしまいます。そこで、**図 10** のように２つの抵抗 R_{B1}、R_{B2} を接続することによって、電源 V_{CC} を利用して、

$$V_b = \frac{R_{B2}}{R_{B1} + R_{B2}} V_{CC}$$

というバイアス電圧 V_b を生み出す方法がよく用いられます。この回路を**電流帰還バイアス回路**といいます。

このバイアス電圧を求める式は、抵抗 R_{B1} に流れる電流 I_{B1} に対してベースに流れ込む電流 I_B が非常に小さいため無視できること、さらに入力側にカップリングコンデンサ C_1 を設けたことにより、I_{B1} は電源側にも流出せずにほぼすべてが抵抗 R_{B2} を通る、つまり $I_{B1} \fallingdotseq I_{B2}$ となることによって成り立つのです。

さらに、バイアス電圧を安定化する目的でエミッタに抵抗 R_E が挿入されているのですが、その抵抗の影響で信号電圧の増幅率を低下させてしまうのを避けるため、並列にコンデンサ C_E を接続します。このことにより、交流電流は R_E を通らず C_E を経由してアースへと流れます。このように、コンデンサ C_E は交流をバイパスする役割があるため、**バイパスコンデンサ**といいます。

コンデンサは、直流を遮断して交流を通すため交流信号のみを取り出せる

以上がトランジスタ増幅回路の基本的な考え方です。トランジスタには他にもFETがありますが、FET を用いた増幅回路の場合も基本原理は同じです。

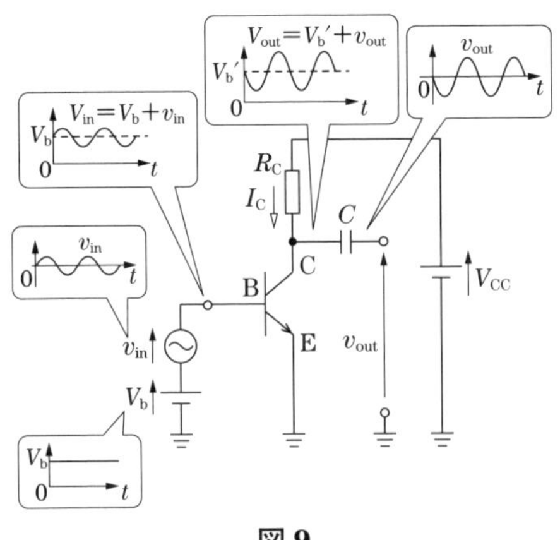

図 9

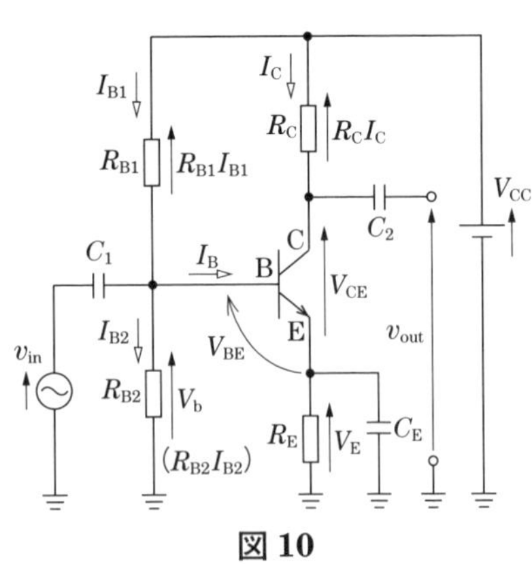

図 10

オペアンプ回路について教えてください。

オペアンプを用いた増幅回路は普通の回路と違い、入力インピーダンス無限大、出力インピーダンスゼロ、仮想短絡など特殊な考え方が多く出てきて意味が分かりません。

Answer

仮想短絡は電流的には開放、電圧的には短絡と考えましょう。
出力端子から外に電流は流出せず、オペアンプ本体に流入します。

オペアンプは**図1**に示すように、反転入力端子と非反転入力端子という2つの入力端子と1つの出力端子を備えており、入力端子間の電位差 v_{in} を電圧増幅率 A_v 倍にして出力端子から電圧 v_{out} を出力するというものです。

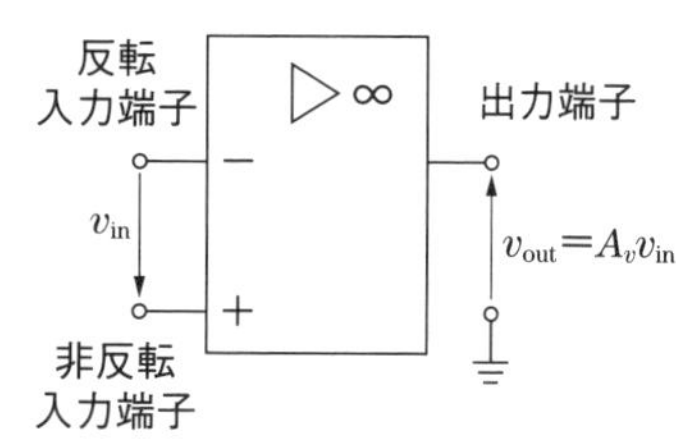

図1

電験三種で扱うオペアンプは、**理想的なオペアンプ**と呼ばれるものです。理想的なオペアンプには、①電圧増幅率 A_v が無限大、②入力インピーダンスが無限大、③出力インピーダンスがゼロという特徴があります。ここで、入力インピーダンスとは、2つの入力端子からオペアンプを見たときのインピーダンスをいい、出力インピーダンスとは、2つの入力端子間を短絡して出力端子からオペアンプを見たときのインピーダンスをいいます。

この理想オペアンプを単体で使用すると、入力端子間にどんな電圧 v_{in} を入力しても出力電圧は $v_{out}=A_v v_{in} \to \infty$ となってしまい非常に扱いにくいのですが、接続する回路を工夫することによって、さまざまな便利な機能をもった回路が実現できるようになります。その工夫とは、出力電圧を入力に利用するフィードバックという手法であり、そのときにあらわれる大きな特徴の1つが**仮想短絡（イマジナリショート）**です。

図2に示すように、開放だと電流 i_{in} はゼロになりますが、電位差 v_{in} はゼロにはなりません。一方、短絡だと電位差 v_{in} はゼロになりますが、電流 i_{in} はゼロにはなりません。仮想短絡

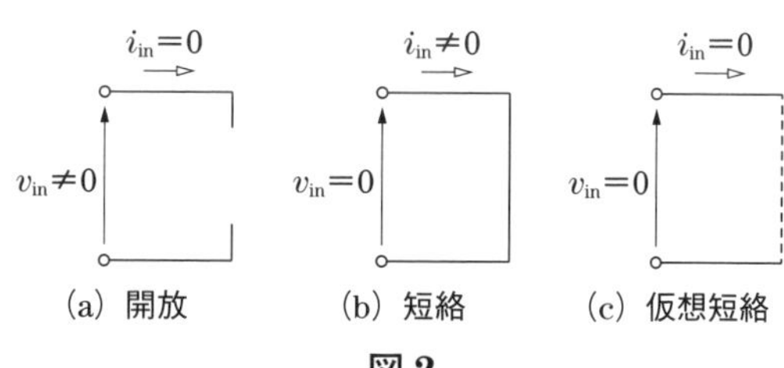

(a) 開放　(b) 短絡　(c) 仮想短絡

図2

は、その2つの特徴を併せもったような現象で、電位差 v_{in} がゼロになるよう調整されますが、入力インピーダンスが無限大なので電流 i_{in} もゼロになるのです。ここが、初学者がつまずきやすいポイントといえます。

そこで、入力端子から電流は流入しないので「電流的には開放」であり、2つの入力端子間の電位差はゼロになるので、「電圧的には短絡」と考えれば、すっきり理解できるのではないでしょうか。

仮想短絡（イマジナリショート）は、電流的には開放、電圧的には短絡

そして、出力インピーダンスがゼロという特徴によって、出力端子に他の回路を接続したとしてもその回路に向かって電流は流出せず、出力端子からオペアンプ本体にすべて流入することになります。

出力端子に回路を接続しても電流は流出せず、オペアンプ本体に流入する

以上の特徴をまとめると、**図3**のようになります。図3の3つの特徴さえ頭の中に入れてしまえば、オペアンプを用いた増幅回路は、どんな問題でもすべて容易に解くことができるようになります。

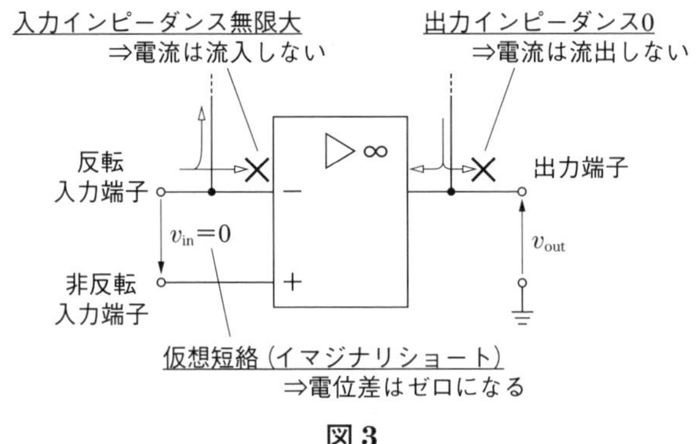

図3

それでは、最後に簡単な例題を解いてみましょう。

図4のオペアンプを用いた増幅回路について、出力電圧 V_0 を求めよ。

R_2

R_1

V_1

V_0

図4

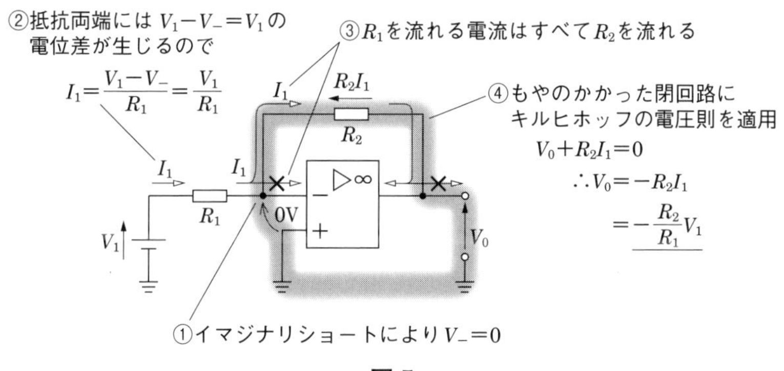

図 5

典型的な反転増幅回路と呼ばれる回路の問題で、**図 5** の①～④の順番で考えれば容易に解けます。

まず、①仮想短絡の考え方から入力端子間の電位差は 0 V となり、非反転入力端子は接地されているため、反転入力端子の電位は $V_-=0$ となります。

続いて、②抵抗 R_1 の両端の電位差は $V_1-V_-=V_1$ なので、抵抗 R_1 に流れる電流 I_1 は、

$$I_1=\frac{V_1-V_-}{R_1}=\frac{V_1}{R_1}$$

となります。

次に、③入力インピーダンスが無限大なので、電流 I_1 はオペアンプ本体には流入せず、すべて抵抗 R_2 を流れます。また、出力インピーダンスがゼロなので、電流 I_1 は出力端子から外には流出せず、オペアンプ本体に吸収されます。

最後に、④もやのかかった閉回路にキルヒホッフの電圧則を適用すれば、

$$V_0+R_2I_1=0 \qquad \therefore V_0=-R_2I_1=-\frac{R_2}{R_1}V_1$$

というように、出力電圧 V_0 を求めることができるのです。

他のオペアンプ回路も同様の手順で解けるので、手順をしっかり覚えましょう！

入力インピーダンスや出力インピーダンスは、なぜ重要なんですか？

増幅回路の入力インピーダンスや出力インピーダンスがどういう意味をもち、どのように活用する指標なのか分かりません。

Answer

入力インピーダンスは大きければ大きいほど、出力インピーダンスは小さければ小さいほど、信号電圧を潰さずに次段の回路に伝達できます。

信号電圧を増幅して取り出す回路を**増幅回路**といい、**図1**に示すように、複数個の増幅回路を縦続接続して構成するのが一般的です。増幅回路を考えるうえで重要なのは、信号をいかに減衰させず効率良く次の段の増幅回路に伝達するかということです。そこで**入力インピーダンス**や**出力インピーダンス**という指標が用いられます。

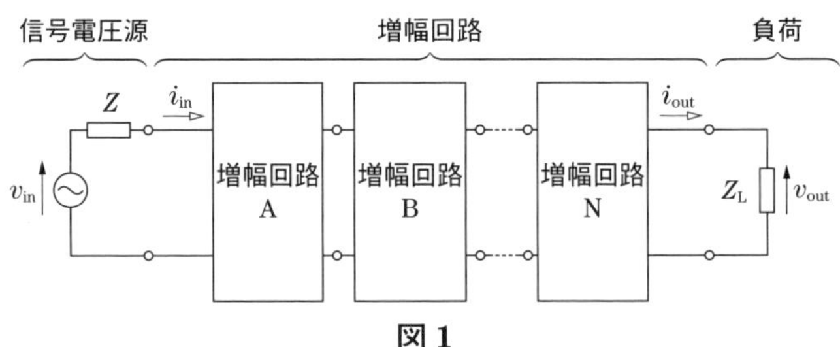

図1

入力インピーダンス Z_{in} とは、入力端子から見た増幅回路のインピーダンスを表し、出力インピーダンス Z_{out} とは、出力端子から見た増幅回路のインピーダンスを表します。したがって、その等価回路は**図2**のようになります。

図3のように、内部インピーダンス z の信号電圧源を増幅回路に接続したとき、増幅回路に入力される信号電圧 v_{in} は、

$$v_{in}=\frac{Z_{in}}{Z_{in}+z}v$$

と表されます。Z_{in} が z よりも小さくなると、v_{in} も小さくなってしまいます。つまり、信号電圧が潰れてしまい増幅回路にうまく伝達できません。逆に、Z_{in} が z よりも極めて大きいと $v_{in} \fallingdotseq v$ となり、

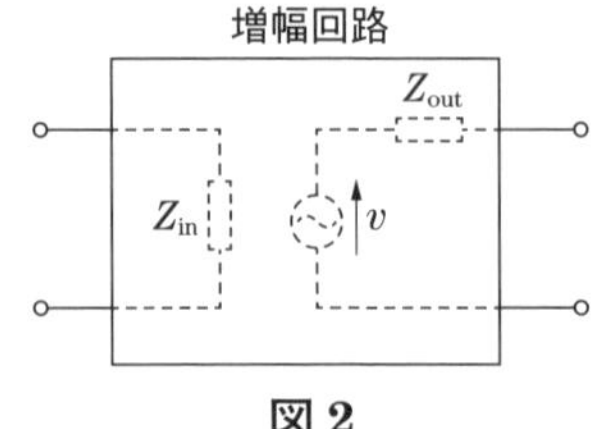

図2

信号電圧はほとんど潰されることなく増幅回路に伝達されます。よって、入力インピーダンスは大きければ大きいほど理想的なのです。

同様に、**図 4** のように、増幅回路で増幅された信号電圧 v をインピーダンス Z_L の負荷に伝達するとき、負荷に印加される電圧 v_{out} は、

$$v_{out} = \frac{Z_L}{Z_{out} + Z_L} v$$

と表されます。Z_{out} が Z_L よりも大きくなると信号電圧が潰れてしまいますが、Z_{out} が Z_L よりも極めて小さいと $v_{out} \fallingdotseq v$ となり、信号電圧はほとんど潰されることなく伝達されます。よって、出力インピーダンスは、小さければ小さいほど理想的なのです。

入力インピーダンスは大きいほど、出力インピーダンスは小さいほど、増幅したい信号電圧を潰さずに次段の回路に伝達できる！

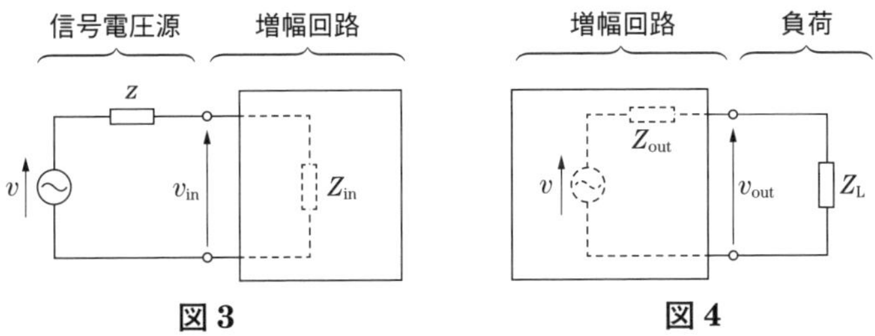

図 3　　**図 4**

トランジスタ増幅回路の学習を進めていくと、「コレクタ接地増幅回路」という回路が登場します。この回路の電圧増幅率 A_v は 1 であり、信号電圧は一切増幅されずにそのまま出力されます。一見すると何の役にも立たなそうな増幅回路ですが、この回路は、入力インピーダンスが非常に高く、出力インピーダンスが非常に低いという、入出力インピーダンスだけを見れば非常に理想的な特性をもっています。

したがって、増幅率は良いが入出力インピーダンスがあまり良くないような特性をもつ増幅回路を使用するときに、その前段や後段に、このコレクタ接地増幅回路を接続してあげることによって、増幅回路群全体として見ると非常に理想的な特性をもつ増幅回路が構成されるのです。このように、コレクタ接地増幅回路は緩衝材のような役割で広く使われており、入出力インピーダンスの重要性が理解できるよい例です。

%Z を用いた計算について、なぜ成り立つのか分かりません。

%Z について詳しく説明している参考書が少なく、よく分からないまま解いています。原理を教えてください。

Answer

%Z 法は、変圧器が存在している電気回路でもインピーダンス値をわざわざ換算する必要がない便利な計算法です。

電験三種において%Z 法は、短絡電流や電圧変動率を求めるのに非常に便利であり、また電力科目のゴールの１つとして習得しなくてはいけない計算法です。

そもそも、電力科目で取り扱う電気回路には、電源、変圧器、送電線、電気設備などのさまざまな要素が入り混じっています。例えば、三相短絡事故時の事故点電流を求めるとき、電路に変圧器が存在するために、電源から見た事故点までの「電源側換算インピーダンス値」により電源から流れる短絡電流を求める必要があります。また、この事故点電流が変圧器を通過した場合は電流を変圧比により二次側電流に換算し直して計算しなければならないといった手順が発生します。このため、事故点電流を求めるまでの手数が大変多くなり、また計算も繁雑となるので計算ミスしやすくなります。

そこで、このような繁雑な計算を少しでも簡略化すべく考案されたのが**%Z 法**です。%Z 法を使うと、いちいち「変圧器を通ったからここは変圧比を使って…」などの換算作業が不要になり、（基準容量を統一した%インピーダンスさえ判明すれば）即座に短絡電流を求めることができます（**図１**）。

では、なぜこのような便利な計算法が成立するのでしょうか？ここでは、変圧器単体の%インピーダンスを考えることによって、その原理を紐解いていきたい

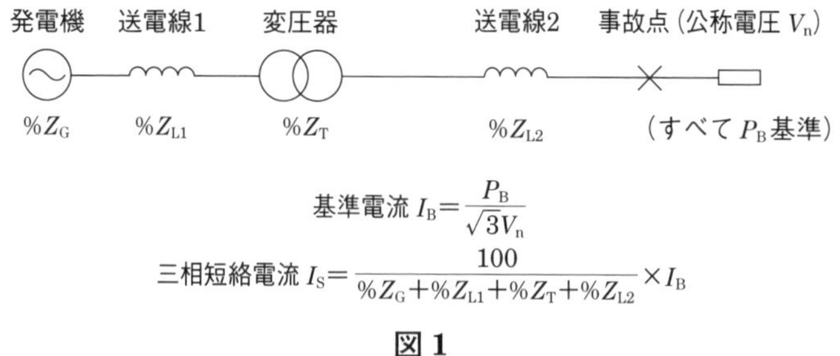

$$\text{基準電流 } I_B = \frac{P_B}{\sqrt{3}V_n}$$

$$\text{三相短絡電流 } I_S = \frac{100}{\%Z_G + \%Z_{L1} + \%Z_T + \%Z_{L2}} \times I_B$$

図１

と思います。以下の仕様である単相変圧器を例に、負荷を接続して定格運転している状態での一次側換算、二次側換算の等価回路を描いて、それぞれの％インピーダンスを計算してみます。

定格容量 P_n	一次巻線抵抗 r_1
定格一次電圧 V_{1n}	一次漏れリアクタンス x_1
定格一次電流 I_{1n}	二次巻線抵抗 r_2
巻き数比 n	二次漏れリアクタンス x_2

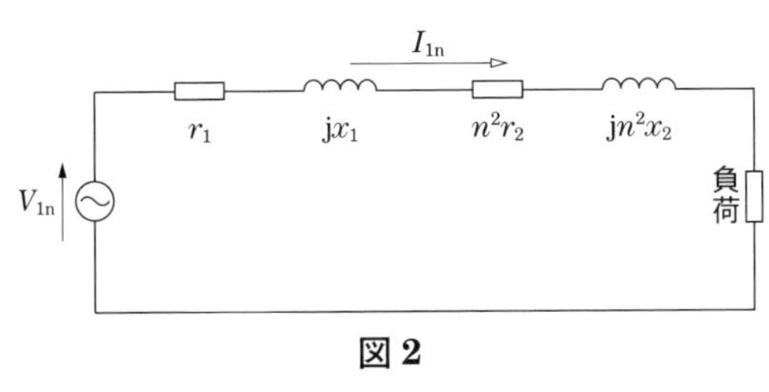

図2

まず、一次側換算の等価回路を描きます。ここでは簡単のため励磁回路を無視した回路とします（**図2**）。

一次側換算による変圧器のインピーダンスを Z_{1T} とすると、定義式より以下のように％インピーダンスを求めることができます。

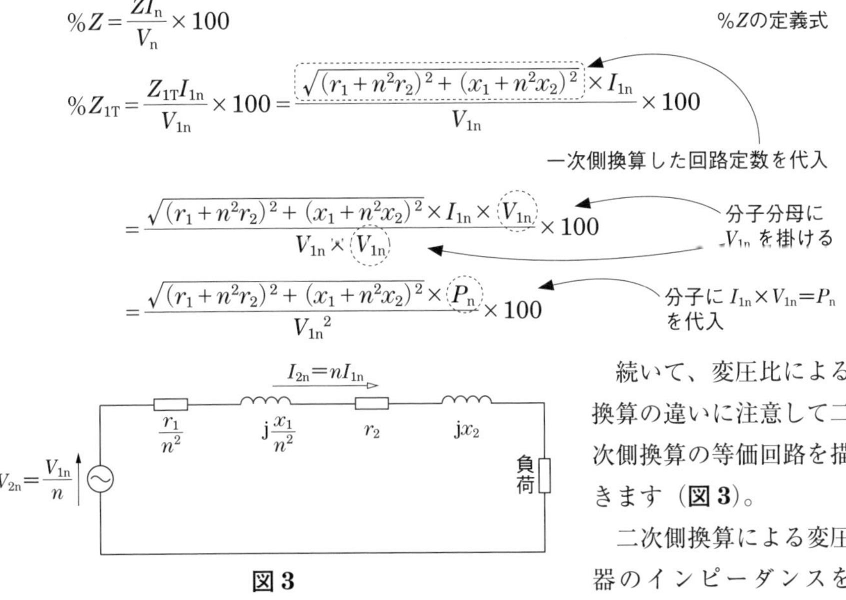

$$\%Z=\frac{ZI_n}{V_n}\times 100$$

％Zの定義式

$$\%Z_{1T}=\frac{Z_{1T}I_{1n}}{V_{1n}}\times 100=\frac{\sqrt{(r_1+n^2r_2)^2+(x_1+n^2x_2)^2}\times I_{1n}}{V_{1n}}\times 100$$

一次側換算した回路定数を代入

$$=\frac{\sqrt{(r_1+n^2r_2)^2+(x_1+n^2x_2)^2}\times I_{1n}\times V_{1n}}{V_{1n}\times V_{1n}}\times 100$$

分子分母に V_{1n} を掛ける

$$=\frac{\sqrt{(r_1+n^2r_2)^2+(x_1+n^2x_2)^2}\times P_n}{{V_{1n}}^2}\times 100$$

分子に $I_{1n}\times V_{1n}=P_n$ を代入

図3

続いて、変圧比による換算の違いに注意して二次側換算の等価回路を描きます（**図3**）。

二次側換算による変圧器のインピーダンスを

Z_{2T}とすると、定義式より以下のように%インピーダンスを求めることができます。

$$\%Z_{2T}=\frac{Z_{2T}I_{2n}}{V_{2n}}\times 100=\frac{\sqrt{\left(\frac{r_1}{n^2}+r_2\right)^2+\left(\frac{x_1}{n^2}+x_2\right)^2}\times I_{2n}}{V_{2n}}\times 100$$

二次側換算した回路定数を代入

$$=\frac{\sqrt{\left(\frac{r_1}{n^2}+r_2\right)^2+\left(\frac{x_1}{n^2}+x_2\right)^2}\times I_{2n}\times V_{2n}}{V_{2n}\times V_{2n}}\times 100$$

分子分母にV_{2n}を掛ける

$$=\frac{\sqrt{\left(\frac{r_1}{n^2}+r_2\right)^2+\left(\frac{x_1}{n^2}+x_2\right)^2}\times P_n}{{V_{2n}}^2}\times 100$$

$I_{2n}\times V_{2n}=P_n$を代入

$V_{2n}=\frac{V_{1n}}{n}$なので、これを$\%Z_{2T}$の式に代入すると、

$$\%Z_{2T}=\frac{\sqrt{\left(\frac{r_1}{n^2}+r_2\right)^2+\left(\frac{x_1}{n^2}+x_2\right)^2}\times P_n}{\left(\frac{V_{1n}}{n}\right)^2}\times 100$$

$V_{2n}=\frac{V_{1n}}{n}$を代入

$$=\frac{n^2\times\sqrt{\left(\frac{r_1}{n^2}+r_2\right)^2+\left(\frac{x_1}{n^2}+x_2\right)^2}\times P_n}{{V_{1n}}^2}\times 100$$

分子分母にn^2を掛ける

$$=\frac{\sqrt{(r_1+n^2r_2)^2+(x_1+n^2x_2)^2}\times P_n}{{V_{1n}}^2}\times 100=\%Z_{1T}$$

平方根内にn^2を入れて整理する

となり、一次側と二次側それぞれで計算した%インピーダンスが等しくなります。

これは、一次側・二次側でそれぞれ換算したインピーダンスが変圧比によって変化したとしても、分母の電圧も同じように変圧比によって変化するので、**基準になる容量（上記の変圧器の例ではP_n）が一定であれば、変圧器の%インピーダンスは一定の値となる**ことを意味しています。これによって、回路全体のインピーダンスを考えるときに「変圧比によらない量」として計算に利用できるようになるのです。

では、この%インピーダンスを使って本当に短絡電流を計算していいのかを検証してみましょう。図2の**一次側換算した回路**において、変圧器二次側で短絡を

生じた場合に電源から流れる短絡電流 I_{1S} を計算すると、次式のようになります。

$$I_{1S}=\frac{V_{1n}}{Z_{1T}}=\frac{V_{1n}\times I_{1n}}{Z_{1T}\times I_{1n}}=\frac{I_{1n}}{\frac{\%Z_{1T}}{100}}=\frac{100}{\%Z_{1T}}\times I_{1n} \qquad \because \%Z_{1T}=\frac{Z_{1T}I_{1n}}{V_{1n}}\times 100$$

この短絡電流が変圧器を通ることによって、二次側には次式で表す短絡電流 I_{2S} が流れます。

$$I_{2S}=n\times I_{1S}=n\times\frac{100}{\%Z_{1T}}\times I_{1n}=\frac{100}{\%Z_{1T}}\times I_{2n} \qquad \because I_{2n}=nI_{1n}$$

同様に、図３の**二次側換算した回路**において、二次側で短絡を生じた場合に流れる短絡電流 I_{2S}' は次式で計算できます。

$$I_{2S}'=\frac{V_{2n}}{Z_{2T}}=\frac{V_{2n}\times I_{2n}}{Z_{2T}\times I_{2n}}=\frac{I_{2n}}{\frac{\%Z_{2T}}{100}}=\frac{100}{\%Z_{1T}}\times I_{2n}=I_{2S} \qquad \because \%Z_{2T}=\frac{Z_{2T}I_{2n}}{V_{2n}}\times 100$$

$$\because \%Z_{2T}=\%Z_{1T}$$

以上のことから $I_{2S}'=I_{2S}$ となり、一次側換算・二次側換算いずれの回路でも、二次側に流れる短絡電流は**変圧比を考慮する必要のない%インピーダンスによって求めることができる**ことが分かります。

これが% Z 法の原理であり、「**インピーダンス値そのものではなく、『基準容量におけるインピーダンスの比率』で考えよう**」というのが% Z 法の本質の１つです。お悩み No. 28 でも示したように、変圧器にはあらかじめ銘板に「短絡インピーダンス」という表記がありますが、これは「自己容量基準の%インピーダンス」を表しており、電気主任技術者はこの値を見ながら短絡容量を計算して配置する電気設備が技術基準を満たしているか、または保護協調をとれているかを判断します。

%インピーダンスは基準容量におけるインピーダンスの比率、と心得ましょう！

同期機のV曲線が覚えられません。

同期機のV曲線について、電動機と発電機でも進み遅れが逆になるなど、混乱します。何かいい考え方や覚え方はありますか？

まずは同期電動機の場合で、界磁電流大→進み力率、界磁電流小→遅れ力率になるメカニズムを理解しましょう。

同期機のV曲線は**位相特性曲線**ともいい、同期機の端子電圧・周波数・出力を一定とし、界磁電流（横軸）を増減したときの電機子電流（縦軸）の大きさをグラフで示したものです。その大きな特徴として、**図1**（同期電動機の場合）のように電機子電流の力率が「遅れ」、「進み」であるかによって電機子電流の増減の程度が変化し、力率1のときを下限としてアルファベットの「V」の形になることが挙げられます。

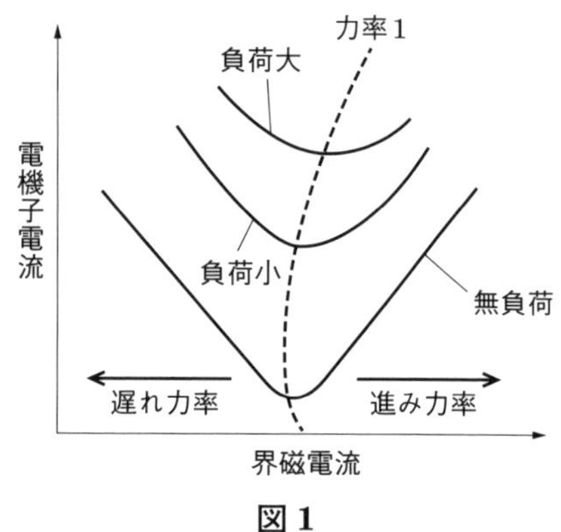

図1

では、なぜ図1のような特性になるのでしょうか？電験三種でV曲線といえば、同期電動機の場合がほとんどなので、そちらについて考えてみましょう。

ここでは「**端子電圧が一定**」ということと「**電機子反作用**」が重要なポイントです。同期電動機の場合、電機子反作用により進み力率であれば減磁作用、遅れ力率であれば増磁作用が働くことになります（お悩みNo. 69を参照）。

そもそも界磁電流には、同期機の誘導起電力を発生させるための主磁束を作り出す役割があります。界磁電流が大きくなると主磁束の量も多くなり、それに比例して誘導起電力も大きくなります。ここで「端子電圧が一定」という条件を思い出してください。同期電動機の場合（端子電圧 $\dot{V}$（一定））=（誘導起電力 $\dot{E}$）+（同期リアクタンスによる電圧降下 $jX_s\dot{I}$）という関係式が成り立ちますが、誘導起電力 $\dot{E}$ だけが無限に大きくなってはこの関係は成り立ちません。そこで、<u>進み力率となる電機子電流 $\dot{I}$ が流れることで、電機子反作用による減磁作用で余分な主磁束を打ち消し、端子電圧 $\dot{V}$ を一定に保つことができます</u>。これをベクトル図で示すと**図2**左のようになります。図2では誘導起電力$\dot{E}$が大きくなっても、同期リアクタンスX_sによる電圧降下$jX_s\dot{I}$が足し合わされることで端子電圧$\dot{V}$が一定の大きさに保たれます。同期リアクタンスX_sは、電機子反作用リアクタンスと電機子漏れリアクタンスの和なので、結局、電機子反作用の効力により端子電圧$\dot{V}$が一定となることがベクトル図からも分かります。したがって、界磁電流が大きくなる領域では、進み力率となる電機子電流が流れることになります。

逆に、界磁電流が小さくなると主磁束の量は減り、それに比例して誘導起電力$\dot{E}$は小さくなります。ただこちらも「端子電圧一定」の条件があるので、遅れ力率の電機子電流が流れることで、主磁束の減少を補うように電機子反作用の増磁作用が働き、端子電圧$\dot{V}$を一定に保つことができます。こちらも進み力率の場合と同様に図2右のベクトル図で見てみると、誘導起電力$\dot{E}$に（電機子反作用リアクタンスを含む）同期リアクタンスX_sによる電圧降下$jX_s\dot{I}$が足し合わされることで、端子電圧$\dot{V}$は一定の大きさに保たれていることが分かります。したがって、界磁電流が小さくなる領域では、遅れ力率となる電機子電流が流れます。

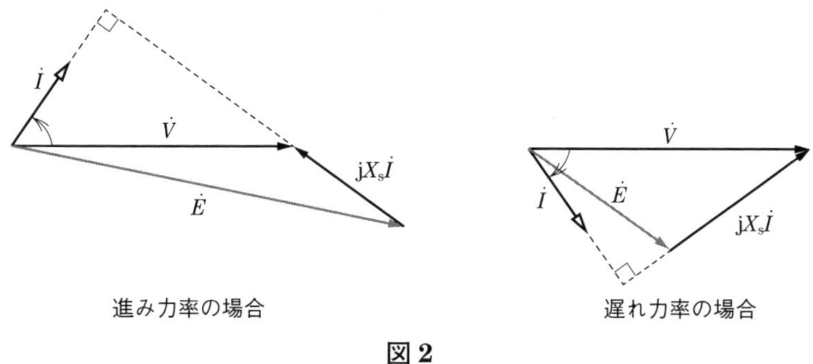

図2

以上より、同期電動機の界磁電流と電機子電流の関係としては、図1に示すような力率1を中心として、左右に「V」のように広がっていく形になります。

最後に覚え方ですが、まずは今回解説した同期電動機の場合のV曲線のメカニズムを理解しましょう。理解ができたら「界磁電流大→進み力率」「界磁電流小→遅れ力率」と対応させて覚えてもいいと思います。そして、同期発電機の場合は進み・遅れが逆になります。暗記ではなく、そのメカニズムを知ることで理解を深めながら自分のものにしてください。

同期電動機の場合で、界磁電流大→進み力率、
界磁電流小→遅れ力率になるメカニズムを理解しましょう！

同期発電機の無負荷飽和曲線と三相短絡曲線って何ですか？

無負荷飽和曲線と三相短絡曲線の意味や使い方が分かりません。

Answer

無負荷飽和曲線と三相短絡曲線は、界磁電流に対する電圧・電流を表すもの。短絡比を求めるときに使用します。

同期発電機を学ぶ際に避けては通れないのが、「無負荷飽和曲線」、「三相短絡曲線」といった特性曲線になります。ここでは、その意味と使い方を見ていきましょう。

まず、定義から見ていきます。**無負荷飽和曲線**は、「発電機が無負荷の状態で、定格回転速度で運転しているときの界磁電流と端子電圧との関係を表したもの」です。「無負荷」という条件から、端子間に電流は流れないので、発電機のインピーダンスによる電圧降下は発生しません。そのため、無負荷飽和曲線から「純粋に無負荷端子電圧（＝誘導起電力）を発生させるためにどれだけの界磁電流を流せばよいか」が分かります。

一方、**三相短絡曲線**は、「発電機の端子を三相すべて短絡した状態で、定格回転速度で運転しているときの界磁電流と電機子電流との関係を表したもの」です。今度は、「短絡」という条件から端子間に電圧は発生せず、三相短絡曲線からは「純粋に発電機のインピーダンスで求められる短絡電流と界磁電流との関係」が分かります（ちなみに、これは同期機に限りませんが、無負荷といえば電圧を、短絡といえば電流を見るための条件になるので、これも対応させて覚えておきましょう）。

これらの曲線を**図1**に示します。

では、図1の特性曲線から何が分かるのでしょうか？ずばり、これらを組み合わせることで、同期発電機の特性において重要な「**短絡比**」が分かるのです。

短絡比の定義は、「無負荷時に定格電圧を発生するための界磁電流と、三相短絡時に定格電流を流すための界磁電流との比」となります。短絡比は（百分率）同期インピーダンスの逆数であり、電圧変動の度合いや寸法、重量などを決定づける指標として、同期発電機の特性を表すうえで重要です。

そして、図1の2つの曲線を組み合わせて見ることにより、短絡比を求める際に必要な「**無負荷時に定格電圧を発生するための界磁電流**」と「**三相短絡時に定**

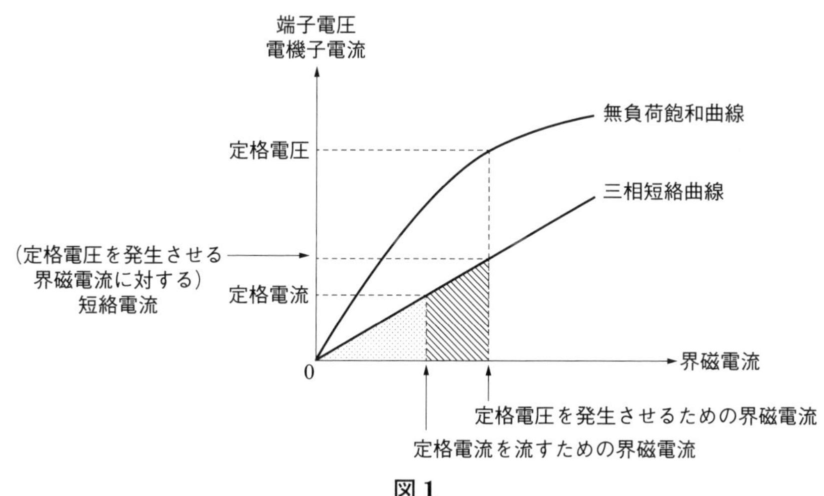

図 1

格電流を流すための界磁電流」の両方の値が分かります。無負荷と短絡の状態は両立できないので、2 つの曲線を組み合わせるのが重要ですね。

また、図 1 の網掛け部分の三角形の相似の関係より、短絡比は次のようにも求めることができます。

$$短絡比 = \frac{（定格電圧を発生させる界磁電流に対する）短絡電流}{定格電流}$$

特に電験三種では、どちらかというと上式を用いて短絡比を求めさせる問題がほとんどなので、演習を積むことでしっかり使えるようにしておきましょう。

以上、無負荷飽和曲線と三相短絡曲線の意味と使い方について解説しました。サラッと学習しがちなテーマですが、これらは同期発電機の特性を見るうえで重要な曲線なので、それらが表す意味をしっかり理解しておきましょう。

無負荷飽和曲線と三相短絡曲線は、界磁電流に対する電圧・電流を表す！

同期発電機にとって重要な短絡比を求める際に使用する！

直流機、同期機、誘導機の違いは何ですか？

同じ電動機なのに、3種類もある意味が分かりません。3つの電動機の回転原理の違いを分かりやすく教えてください。

Answer

電気の力で磁石の回転と同じような状況を作り出すのがポイント。直流は極性の切り替え、交流は回転磁界によって実現します。

電気初学者には電動機（モータ）の動作はイメージしにくいですよね。でも、基本から順序立てて理解していけば、そんなに難しくありません。早速見ていきましょう。

まず、**図1**のような2つの磁石を考えます。外側の磁石を回転させれば、それに引き寄せられるように内側の磁石も回転します。モータの回転原理はたったこれだけなのです。超簡単ですね。

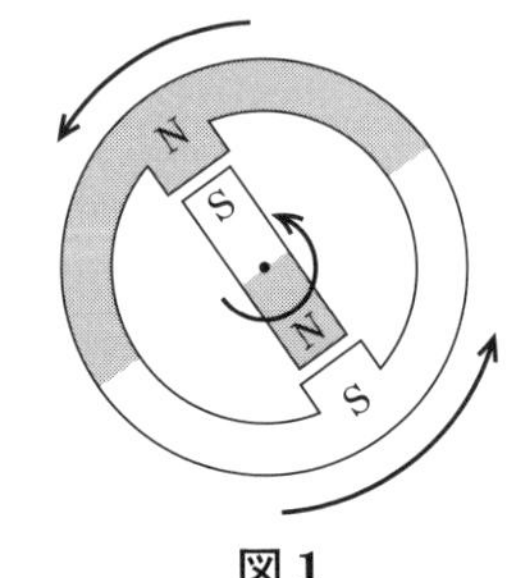

図1

しかし、外側の磁石を人の手で回転させたのでは意味がありません。だったら内側の磁石を直接回せばいいだけですから。そこで、外側の磁石を実際には回転させず、電気の力を使って磁石の回転と同じような状況を作り出せないか、ということを先人たちは考えたのです。

1. 直流電動機

まず、直流の場合はどうすればよいでしょうか。**図2**のように、外側に固定された大きな磁石（固定子）を設置し、その内側に回転軸をもつ小さな磁石（回転子）を配置します。そうすると、回転子は斥力や引力によって半回転しますが、最終的に回転子は固定子の引力によって長手方向に引っ張られて回転が停止してしまいます。

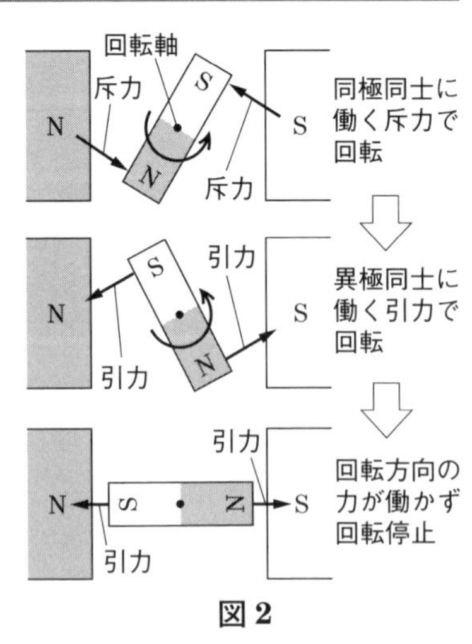

図2

物体は慣性をもつので、回転子は実際には少し行きすぎてから戻って停止に至ります。したがって、この少し行きすぎた瞬間に固定子か回転子のどちらかの磁極を入れ替えれば、次の半回転が始まります。そして、この磁極の入れ替えを繰り返すことによって、回転子は継続的に回転するようになるのです。

それでは、この磁極の切り替えはどのように行うかというと、「整流子」と「ブラシ」を用いて行うのが一般的です。整流子とは、**図3**に示すように、まるで竹を縦に真っ二つに割ったような形状をしています。また、ブラシは常にどちらかの整流子片に接触していて、コイルに直流電圧を印加する役割があります。

簡単のため回転子として1巻きのコイルを想定し、コイルの一端をどちらかの整流子片に、もう一端を他方の整流子片に接続すると、図3左図の状態では上から見て時計回りに電流が流れるため、回転子上側がS極となります。

そこから90°ほど回転すると、電源の正極側のブラシに接触する整流子片が図3右図のように入れ替わる（灰色から白色の整流子片に移る）ので、コイルに流れる電流の向きが逆転して、磁石の極性が切り替わります。これの繰り返しにより、直流電動機では半回転ごとに極性が切り替わって回転が継続されるのです。

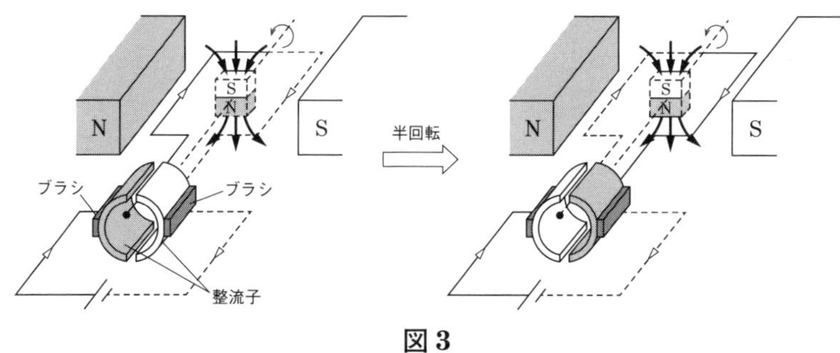

図3

直流電動機は乾電池やバッテリなどの直流電源で動くので、自動車のワイパー、電動シェーバー、携帯電話のバイブ機能のモータなどに利用されます。

2. 同期電動機

では、交流の場合はどうすればよいでしょうか。まず、電磁石に交流電流を流したときに生じる磁界の強さは、**図4**に示すように電流の大きさに比例して、N極になったりS極になったりを繰り返しながら正弦波状に変化します。

そこで、**図5**に示すように、3つの電磁石を互いに120°ずつずらして配置し、それらに三相交流電流を流せば、正弦波状に変化する3つの磁界を発生させることができます。そして、その3つの磁界を重ね合わせた磁界は図5の太い矢印のようになり、①から⑫まで順を追って見ていくと、反時計回りに回転することが

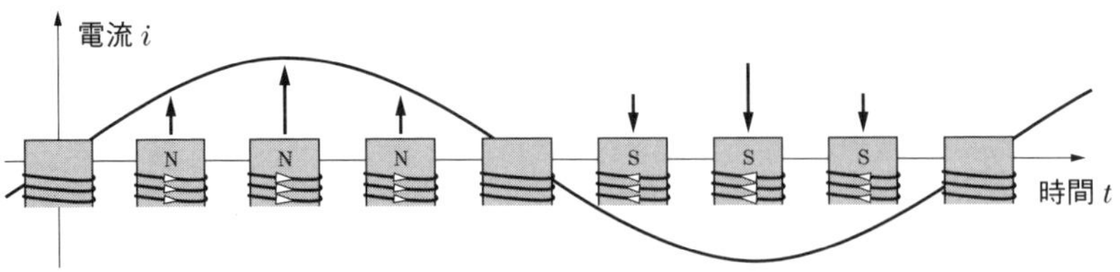

図4

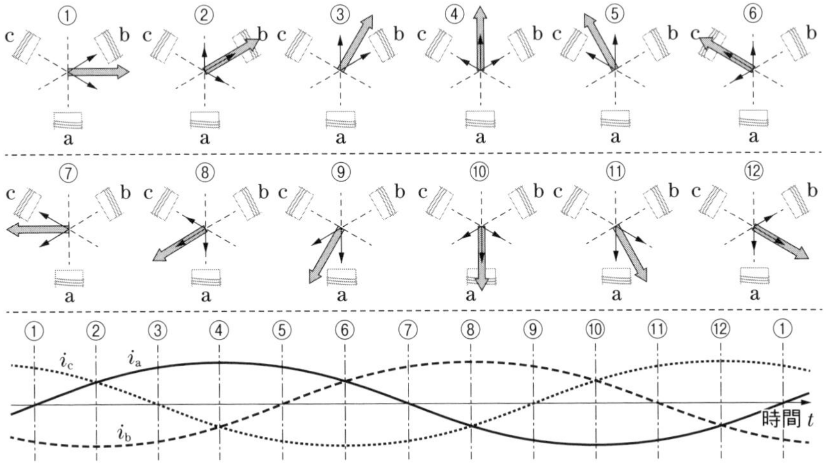

図5

分かるでしょう。これを**回転磁界**といい、交流においては、この回転磁界を積極的に用いて電動機を回転させるのです。

この回転磁界を用いた最もシンプルな構造の電動機が**同期電動機**です。**図6**のように、まずは外側の固定子に巻かれた**電機子巻線**に三相交流電流を流すことによって、固定子の内部に回転磁界を発生させます。

そうすると、その回転磁界に引っ張られて、内側の回転子が回転磁界と同じ速度で同期して回転します。これが同期電動機という名前の由来です。

なお、図6の内側の回転子には電磁石を用いていますが、永久磁石（いわゆる普通の磁石）を用いるタイプも存在します。前者を**電磁石同期電動機**、後者を**永久磁石同期電動機**または**PM (Permanent Magnet) 形同期電動機**といいます。

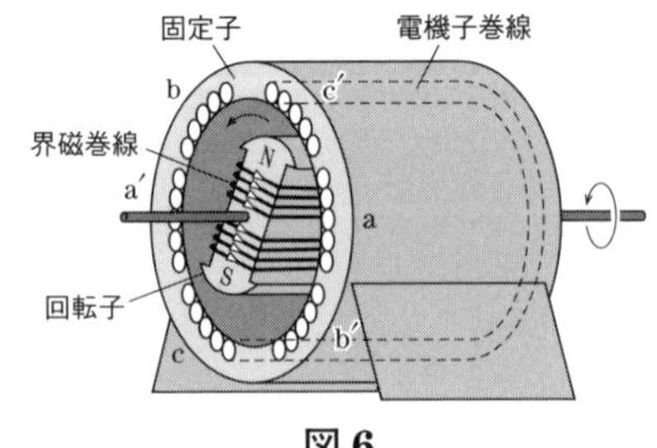

図6

電磁石形の場合、鉄心にコイルを巻いて直流電流を流すことによって電磁石として使用しますが、その鉄心を**界磁鉄心**、コイルを**界磁巻線**といいます。

3. 誘導電動機

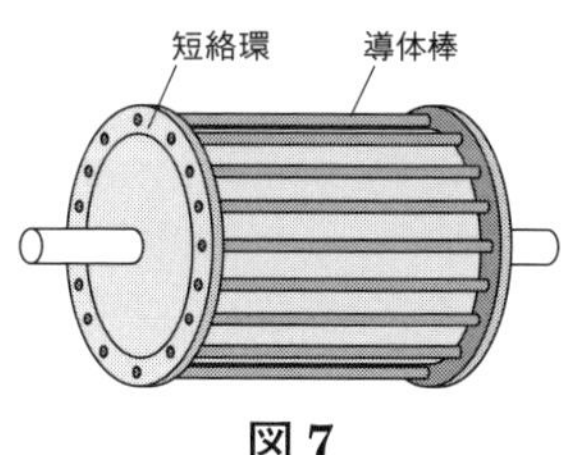

図 7

誘導電動機も回転磁界を活用した交流電動機の一種です。同期電動機と同様、固定子の電機子巻線に三相交流電流を流して回転磁界を発生させます。

一方、回転子は同期電動機とは異なり、磁石ではなく**図 7** に示す「鉄かご」のような構造の回転子を用います。これを**かご形誘導電動機**といいます。他にもかご形と同様の構造を巻線により構成する巻線形誘導電動機もあります。

誘導電動機の回転原理について、かご形を例にとって考えてみましょう。かご状の回転子を開くと**図 8** 左図のような「はしご形」となり、そこに回転磁界が鎖交するため、磁石がはしごの上を直線運動していると考えることができます。

実際は磁石が同期速度で移動し、はしごはそれより少し遅い速度で移動するのですが、便宜上、はしごが止まっていて、その上を磁石が同期速度と回転速度の差分、つまり相対速度で移動していると考えることができます。

そうすると、磁石の移動によってはしごには誘導起電力が生じ、閉回路が形成されるため、図 8 右図のように誘導電流が流れます。これは仮想的に小さな磁石が形成されていると考えることができるので、これらと実際の磁石（回転磁界）との間に生じる吸引力・反発力によって、回転子は同期速度より少し遅い速度で回転し続ける、というのが誘導電動機の回転原理です。

誘導電動機は低コストかつ堅牢なので、ポンプ、圧縮機、送風機、エレベータ用のモータなど産業機器を中心に幅広く使用されてきましたが、近年は安価で強力な永久磁石が入手しやすくなったため、同期電動機が主流になりつつあります。

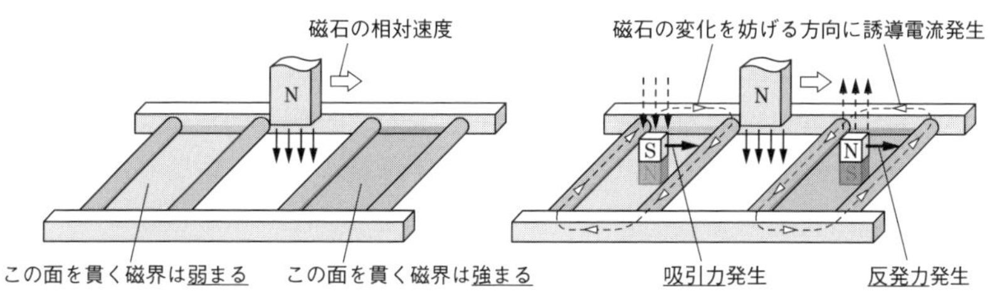

図 8

トルクって何ですか？

機械科目でよく出てくるトルクっていったい何を意味しているのですか？
出力とトルクの関係式が $P=\omega T$ になる理由も分かりません。

Answer

電動機のトルクは、直流機や同期機などが回転しようとする力で、その力の源は、電気と磁気によって生まれる電磁力です。

そもそもトルクとは何でしょうか？ボルトやナットを回して締めつけたりするときに使う力のように、回す力のことを**トルク**といいます。**図1**はナットをスパナで回す様子をイラストにしたもので、力 F の矢印はスパナに加える力だと考えてください。このとき、共に同じ力を加えていたとしても、力を加える位置が回転の中心から遠くなるほど回す力が強くなることは、皆さまも直感的にイメージできると思います。その大きさは $\boldsymbol{T=F\times r}$（r は回転半径）で表され、このときの $\boldsymbol{T}$ がトルクです。この式からも図1左より右のスパナの方が回す力、すなわちトルクが大きいことが分かります。

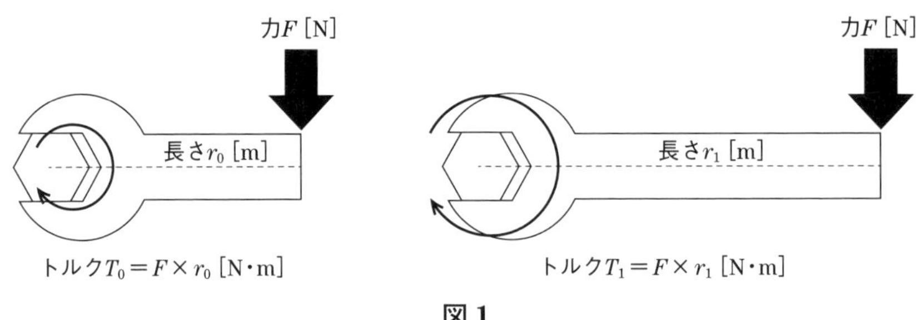

図1

トルクは回転させようとする力。加える力と回転半径によって決まる

1. パワー（動力）とトルクの違い

自転車に例えると、トルクは「ペダルをこぐ力」です。ペダルをこぐ力が強いと加速しやすくなります。また、自転車で平坦な道とのぼり坂とでは、のぼり坂の方がより強くペダルをこぐ力（＝トルク）が必要になります（**図2**）。

また、トルクはペダルを押す「瞬間的な力」なので、いくらトルクが強くても「ペダルを回す速さ」が小さければ、自転車はスピードを出すことができません。

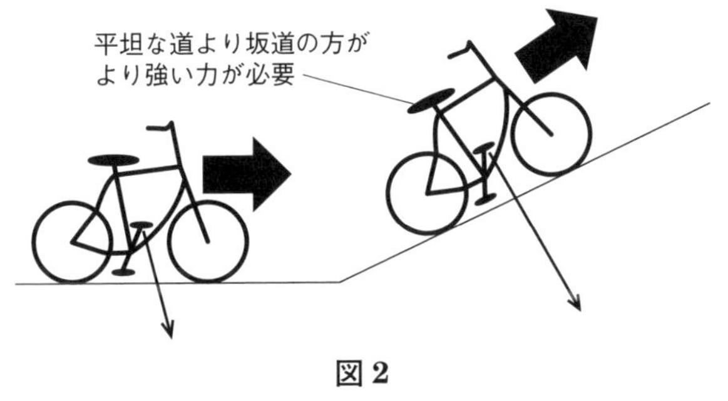

図2

つまり「ペダルをこぐ力（トルク）」と「ペダルを回す速さ（**角速度**）」があってはじめて大きなものでもスピードが出せるのです。このスピードを与えるパワー（動力）は、トルクに角速度を掛けることによって計算することができます。

パワー（動力）はトルク×角速度

2. 電動機（モータ）とは？

電動機は、電気エネルギーを回転エネルギーに変える機械です。その仕組みを簡単な図で説明します。

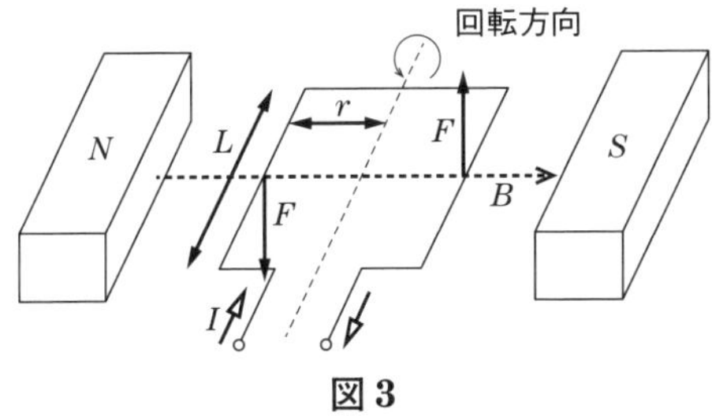

図3

図3は、直流機の回転モデルです。磁石の間に挟まれた導体（回転子）に電流を流すとフレミングの左手の法則にしたがった方向に、電磁気学で学習した $F=IBL$ で表す**電磁力**が発生します。導体の左半分側と右半分側では、磁束密度に対して流れる電流の向きが反対となるため、導体が受ける力の向きも左右で反対となります（図3の F）。この左右で反対向きに発生した2つの力によって生じた回転力が「トルク」です。また、別名「**偶力のモーメント**」ともいいます。

電動機のトルクを生み出す力の源は電磁力

自転車の例のように、このトルクに「角速度」を掛けてあげればこの直流機の動力である**出力**が求まりますが、ここで1つ発想の転換をします。それは、磁束中を導体が回転しているということは、磁束を切ることによって導体に**逆起電力**を生じるということです。また、導体は回転しているので、この導体は角速度 ω をもっています。導体が磁束を切ることによって生じる起電力は $E=vBL$ で表しますが、この導体の速度 v は角速度 ω との間に $v=r\omega$ の関係があります（ただし、r は回転半径）。左右の導体それぞれに発生する逆起電力の和が $E=2r\omega BL$、

変形すると $\omega=\dfrac{E}{2BLr}$ となり、**角速度 $\boldsymbol{\omega}$ は逆起電力 $\boldsymbol{E}$ に比例します**。また、左右の導体に発生するトルクの合力は $T=2\times F\times r=2IBLr$ となるので、**トルク $\boldsymbol{T}$ は導体を流れる電流 $\boldsymbol{I}$ に比例します**。

よって、「**角速度 $\boldsymbol{\omega}$ とトルク $\boldsymbol{T}$ の積**」は「**逆起電力 $\boldsymbol{E}$ と電流 $\boldsymbol{I}$ の積**」によって以下のように表すことができるのです。

$$\omega(\text{角速度})\times T(\text{トルク})=\frac{E}{2BLr}\times 2IBLr$$

$$=E(\text{逆起電力})\times I(\text{導体に流れる電流})=P$$

$$\boldsymbol{\therefore \omega T=P}$$

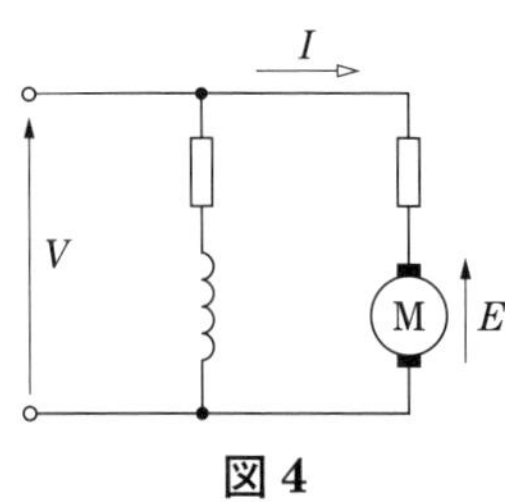

図 4

図 4 は直流分巻電動機の等価回路です。電源電圧 V に接続された直流機の電機子に電機子電流 I が流れ、電動機に逆起電力 E が発生している様子が示されています。この逆起電力 E と電機子電流 I との積が、機械的出力 P です。また、電動機には巻線抵抗などがあり、そこでエネルギーが消費されることで損失が発生します。よって、電気的入力（電気エネルギー）≠機械的出力（回転エネルギー）になることを覚えておきましょう。

この公式 $P=\omega T$ は本来もう少し厳密な導出過程が必要なのですが、直感的に理解するにはこれで十分です。このようにして、電気エネルギーが機械的出力 P になり動力 ωT に変わることでモータは回転する、ということをイメージしましょう。

電気エネルギーを回転エネルギーへと変えて電動機（モータ）は回る！

直流機の重ね巻と波巻の違いは、何ですか？

直流機の巻き方に「重ね巻」と「波巻」があるそうですが、具体的にどのような巻き方なのかイメージがわきません。

Answer

鉄心表面のスロットにコイルがどのように巻かれているかイメージしてください。重ね巻は隣同士重なるように、波巻は円周全体にわたって波打つように。

直流機の巻き方の種類、特に重ね巻と波巻の違いについては、参考書を読んでもイメージがつかみにくいと思います。ここではイメージ図と共に、その理論を学んでいきましょう。

直流機を含む回転機のコイル（巻線）は、鉄心表面にいくつも設けられているスロットの中に収められます。このときのコイルの収め方としては、後述する図1、2のように、スロット内に上下2つのコイル辺が立体的に収められる「二層巻」が主流です。そして、直流機の場合は整流子片から口出し線がのび、鉄心スロット内をつたってコイルが巻かれ、特定の間隔（ピッチ）を開けた別の整流子片に接続される構造です。

では、本題の**重ね巻**と**波巻**の違いを見ていきましょう。一般的にコイルの巻き方を考える際には、円形断面の鉄心を切り開き、円周方向に一直線に並べた展開図が使用されます。まず、重ね巻の展開図を**図1**に示します。

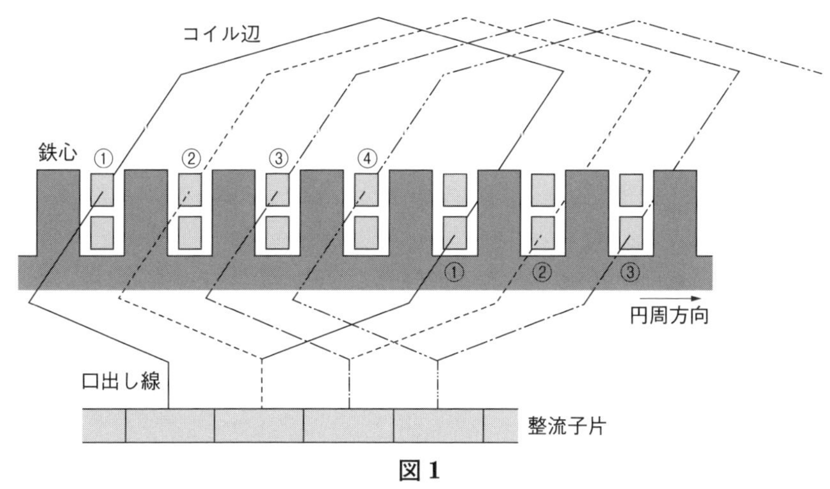

図1

図１の巻き方としては、まず整流子片から出たコイルがスロットの上側を通ったあと、折り返してくる際に特定のピッチを開けたスロットの下側を通り、すぐ隣の整流子片に接続されます（同図の番号①、②…は同じコイル辺で対応しています）。重ね巻はこれらが繰り返され、鉄心表面を一周して巻かれることで、まさに図のとおり「コイル辺が重なるように巻かれている」ようになります。

直流機は、電極であるブラシ（正・負で一対設置される）が整流子片に接続されることで導通する仕組みになっています。図１の場合、電流の経路としては次のようになります。

（正の）ブラシ →整流子片 →口出し線
→ コイル辺（二股に分かれているので２つの経路に分流する）
→ 口出し線 →（隣接する）整流子片
→ …（鉄心表面を一周）
→ 口出し線（ここで合流）→整流子片
→（負の）ブラシ

重ね巻の場合、ブラシの数は極数に等しくなります。上記の経路はブラシの数だけ発生することになるため、重ね巻では「形成される並列回路数＝ブラシの数＝極数」となります。

一方、波巻の展開図を**図２**に示します。

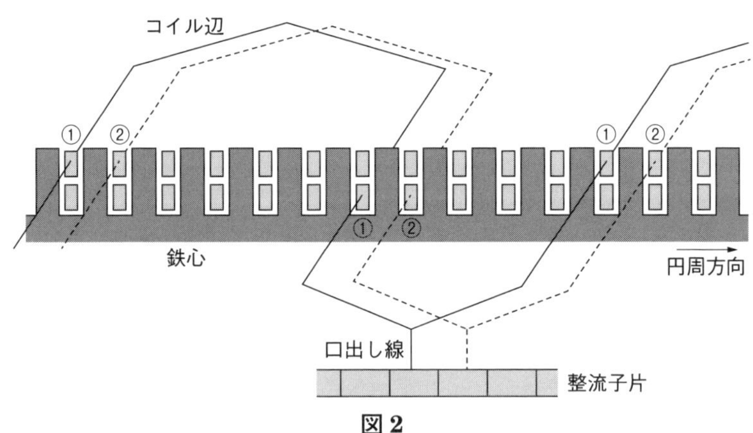

図２

図２の巻き方としては、整流子片から出たコイルがスロットの上側を通ったあと、折り返さずに特定のピッチを開けたスロットの下側を通ります。そして、ま

た特定のピッチを開けた整流子片に接続されます（同図の番号①、②は同じコイル辺で対応しています）。これが繰り返されることで、波巻は鉄心表面を一周してみると同図のとおり「コイル辺が波打つように巻かれている」ようになります。

また、図2の場合、電流の経路としては次のようになります。

（正の）ブラシ →整流子片 →口出し線

→ コイル辺（二股に分かれているので2つの経路に分流する）

→ 口出し線 →（特定のピッチを開けた）整流子片

→ …（鉄心表面を一周）

→ 口出し線（ここで合流）→整流子片

→（負の）ブラシ

波巻の場合は、ブラシの数は極数に関係なく正・負の一対のみになります。上記の経路はブラシの数だけ発生するため、波巻では「形成される並列回路数＝ブラシの数＝2」となります。

以上、直流機の重ね巻と波巻の違いを見てきましたが、少しでもイメージがクリアになれば幸いです。問題を解く際には、今回のイメージを頭に描きながら学習を進めていってください。

鉄心表面のスロットにコイルがどのように巻かれているかをイメージしましょう。

重ね巻は隣同士重なるように、波巻は円周全体にわたって波打つように！

電機子反作用って何ですか？

直流機と同期機で出てくる電機子反作用について、なぜ考慮する必要があるんですか？

Answer

電機子反作用は、電機子電流の作る磁界が、界磁の作る磁界に影響を与えることです。

直流機や同期機でよく耳にする「**電機子反作用**」。ここでは、電機子反作用の発生原理や影響について学んでいきましょう。

まず、発電機はフレミングの「右手の法則」、電動機は「左手の法則」が基本原理でしたね。両方とも「界磁が作る磁界」（人差し指）を境に鏡映しの関係になっています（お悩み No. 05 を参照）。そして、界磁が作る磁界中で、発電機ならば起電力を、電動機ならばトルクを生み出す部分が「電機子」になります。

発電機に負荷を接続すると電機子巻線には電流が流れますし、電動機はその回転のために電機子巻線に電流を流しています。そのため、電機子巻線のまわりには電機子巻線に流れる電流に応じて右ねじの方向に磁界が発生します。界磁の作る磁界と電機子巻線電流の作る磁界はベクトルで合成されるので、界磁の磁界は「強まる」か「弱まる」か「方向が変わる」のような変化を引き起こします。

それでは、直流機、同期機それぞれの電機子反作用を見ていきましょう。

まずは直流機について**図 1** に簡単なモデルを表します。図 1 のように界磁と電機子巻線を配置した場合、電機子巻線は発電機ならば時計回り、電動機ならば反時計回りに回転しています。電機子巻線が作る磁界を無視すれば、界磁の磁極からは一様な磁界が作られているはずです。「一様な」というのはどこで切っても同じ断面、つまり、金太郎飴状態であることを意味します。

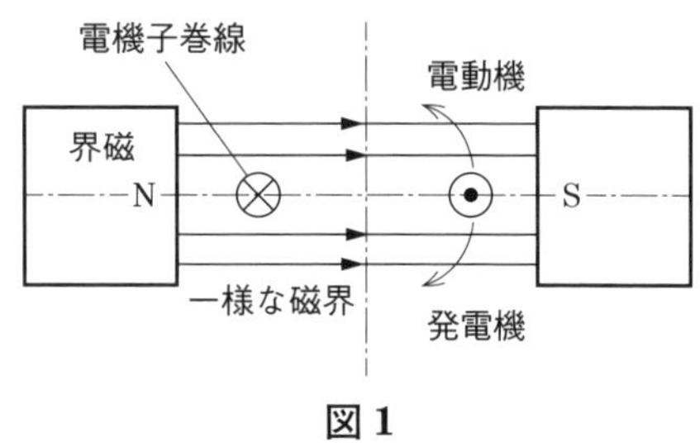

図 1

ここで、電機子巻線だけを取り出して、どのような磁界が発生するかを考えます。電機子巻線は**図 2** のように、流れる電流の方向に対して右ねじの方向に磁界が発生します。そして、この電機子巻線が発生させる磁界に図 1 の界磁が発生させる磁界を重ね合わせたものが**図 3** になります。

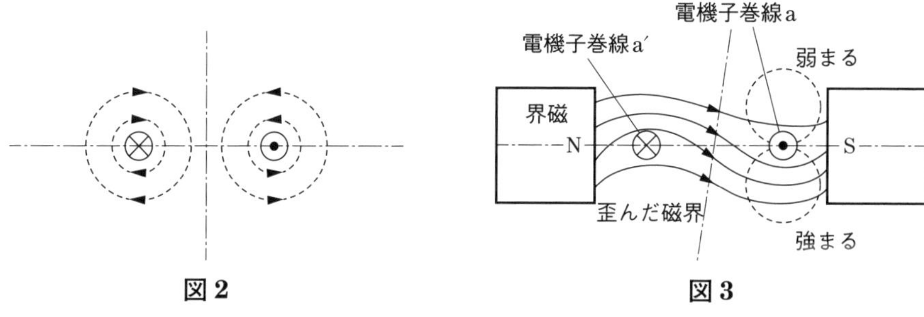

図 2　　図 3

図 3 の電機子巻線 a において、上側の磁界が弱まり、下側の磁界が強まることが分かります。そして、電機子巻線 a′ にも同様のことが起こります。さらに、中央部分では磁界の向きが傾きます。これらが直流機における電機子反作用です。

では、磁束についてはどうでしょうか？図 3 で「上側の磁界が弱まり、下側の磁界が強まる」と説明しましたが、このうち下側では磁気飽和により磁束の増加は頭打ちとなるため、全体の磁束が減少します。そのため、発電機では起電力が低下、電動機ではトルクが減少します。また、磁束の分布が一様でないことにより、電機子巻線での誘導起電力にばらつきが生じます。

図 4 は直流発電機の電機子巻線配置の断面を示したものです。電機子巻線が図 4 の矢印の向きに周回するとき、図 4 左では、縦軸（「電気的中性軸」といいます）を境に電機子巻線電流の向き（起電力の向き）が変わります。お悩み No. 66 でも説明しましたが、直流機では「ブラシ」と「整流子」の働きにより、この電気的中性軸を境に、外部の極性も入れ替わり直流を取り出すことができます（整流作用）。しかし、電機子反作用が起きるとどうでしょうか？図 4 右のように電気的中性軸が傾くため、起電力の向きが入れ替わる地点がずれます。そのため、直流電流波形にひげが出るような整流不良が生じます。また本来、電機子巻線は、ブラシが軸上（12 時と 6 時の位置）にあるときは磁束を切らないので、起電力は発生しません。しかし、同図右の状態ではブラシで短絡された電機子巻線内に起電力が存在する

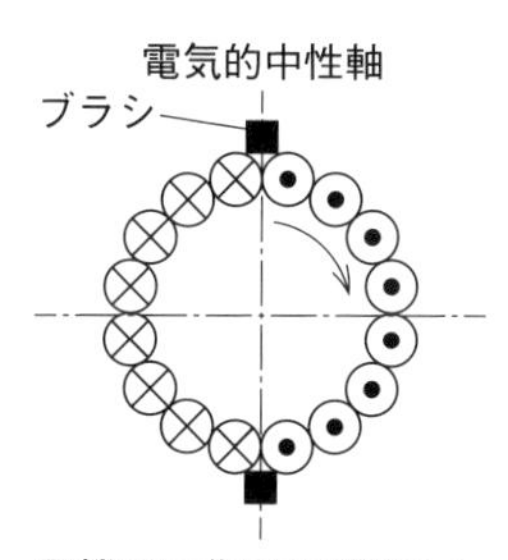

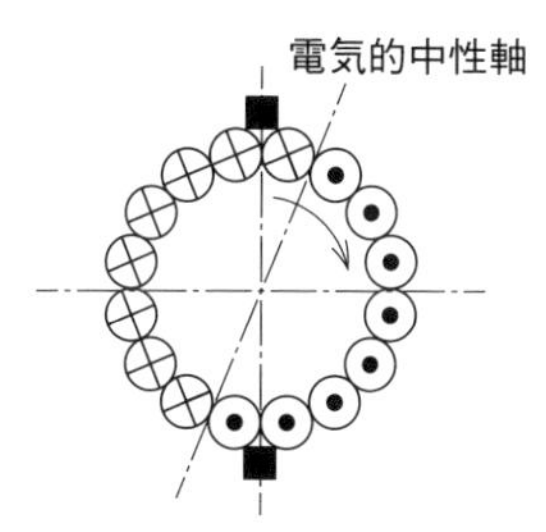

図 4

ので、電機子巻線に大きな電流が流れ、ブラシと整流子の接触部分で火花が発生します。**電機子電流の大きさに応じて電気的中性軸の傾き具合も変化する**のもポイントですね。

次に、同期機を見てみましょう。電機子巻線は界磁に割りあてられたところが盛り上がるように起電力を発生し、界磁の回転速度（同期速度）と共に移動します。実際は三相ですが、簡単にするために**図 5**のように一相だけ取り出して考えてみましょう。なお、ここでは回転界磁型の同期発電機で、界磁が時計回りに回転しており、界磁の N 極が 12 時の位置になるよう止めています。

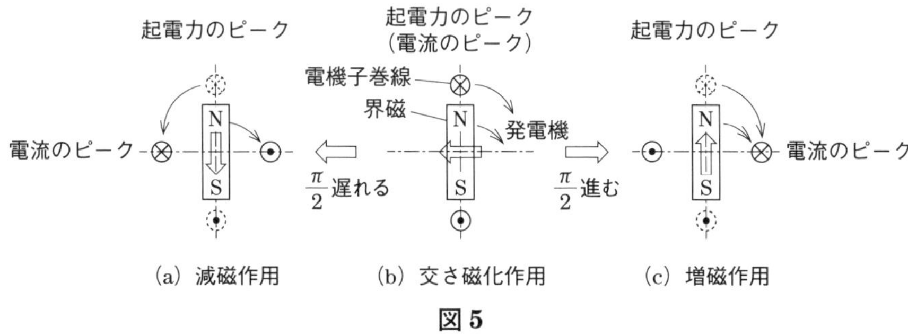

図 5

図 5（a）では、負荷が遅れ力率 0、つまり起電力のピーク（点線）に対し、電流のピーク（実線）が $\pi/2$ 遅れたときを示しています。このとき、電機子巻線の作る磁界が界磁の作る磁界を弱める方向に働きます。これを**減磁作用**といいます。このとき、界磁の作る磁束が減少するため、誘導起電力が低下します。

図 5（b）では負荷が力率 1、つまり起電力のピーク（点線）と、電流のピーク（実線）が一致しているときを示しています。このとき、電機子巻線が作る磁界と界磁の作る磁界が直交しているので、さながら直流機の電機子反作用と同じ現象（磁束の分布が不均一になる）が発生します。これを**交さ磁化作用**といいます。

図 5（c）では、負荷が進み力率 0、つまり起電力のピーク（点線）に対し、電流のピーク（実線）が $\pi/2$ 進んだときを示しています。このとき、電機子巻線が作る磁界が界磁の作る磁界を強める向きに働きます。これを**増磁作用**といいます。このとき、界磁の作る磁束が増加するため、誘導起電力が上昇します。

電動機の場合は発電機とは逆に「遅れ力率―増磁作用」、「進み力率―減磁作用」となります。まずは、発電機を基本に、「**電動機は逆**」と覚えてしまいましょう。

電機子反作用は、電機子電流の作る磁界が界磁の作る磁界に影響を与えること。右ねじを駆使して理解しましょう！

変圧器と誘導機の関係を教えてください。

変圧器と誘導機の等価回路はとても似ていますが、何か関係があるのでしょうか？

Answer

誘導機は、「回転する変圧器」です。

ここでは、誘導機の原理や変圧器との類似性、および等価回路について学んでいきましょう。

誘導機は変圧器の原理を用いて、二次側のコイルを回転するような構造としたものです。二巻線変圧器が2組のコイル（巻線）で構成されるように、誘導機も2組のコイル（みたいなもの）から構成されます。このうち、変圧器一次側のコイルに相当するものが固定子（ステータ）、二次側のコイルに相当するものが回転子（ロータ）になります。

それでは、誘導機の回転子が動く原理を考えるために、**図1**で磁石とコイルを使った簡単なモデルを見てみます。

図1（a）のように、ある円環状のコイルに磁石を近づけてみます。すると、コイルは磁石による鎖交磁束の増加を妨げる向き（コイルの下向き）に磁束を発生させようとします。このとき、コイルには右ねじの法則に従い、時計回りの電流が流れます。すると、コイルが発生する磁束と磁石が発生する磁束は反発し合い、斥力が発生します。コイルが上下方向には動かないとすると、コイルには磁石の接近から逃げようとする向き（図の右側）に力が発生します。

次に図1（b）のように、コイルから磁石を遠ざけてみます。すると、コイルは磁石が遠ざかることによる鎖交磁束の減少を補おうとする向き

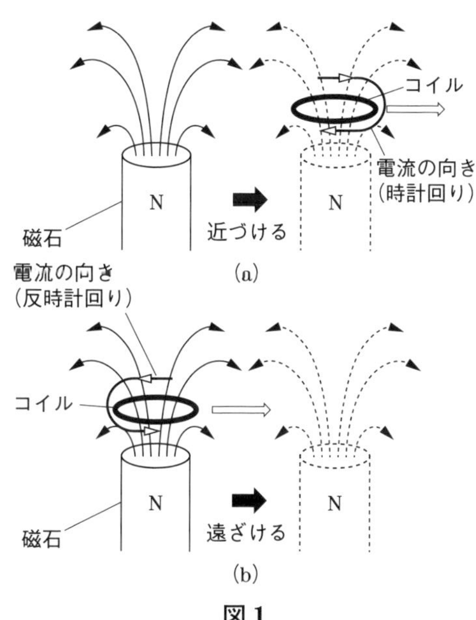

図1

（コイルの上向き）に磁束を発生させようとします。このとき、コイルには右ねじの法則に従い、反時計回りの電流が流れます。コイルは上下方向には動かないとすると、磁石に追いつこうとする向き（図の右側）に力が発生します。

以上のことから、**コイル（誘導機の回転子にあたる）は磁石（誘導機の固定子にあたる）に対し、常に追いつこうとする向きに力が発生する**ことになります。誘導機の場合は、直線運動ではなく円運動で考えることになりますが、原理は同じになります。

三相誘導機の場合は、移動磁界の回転速度は同期速度 N_s に等しく、

$$N_s = \frac{120}{p} f \ [\mathrm{min}^{-1}] \qquad p：磁極数$$

となります。図1の説明のとおり、移動しようとする力が回転子に働くには、移動磁界が回転子に近づく・離れる（追い越す）ことが必要であるため、**回転子の回転速度は同期速度よりも遅くなります**。回転子の回転速度を N とすると、同期速度との回転速度の差（相対速度）は $(N_s - N)$ となります。このとき、同期速度 N_s と相対速度 $(N_s - N)$ との比をとったもの、

$$s = \frac{N_s - N}{N_s} \rightarrow N = (1 - s) N_s$$

を**すべり** s といいます。なお、$s = 1$ のときは、回転子が停止している状態を表し、**二次巻線を短絡した変圧器**のようになります。

ここで、固定子＝一次側のコイル、回転子＝二次側のコイルとして、変圧器の等価回路との対応関係を考えてみましょう。

図1で電流の方向の変化に着目したとき、移動磁界がコイル（回転子）を追い越すときに電流の向きが変わっています。仮にN極が近づくときのコイルの時計回りの電流方向を「正」とすると、N極が追い越したときに「負」に変わります。そして、S極が追い越すときは「負」から「正」に変わります。したがって、回転子を流れる電流の周波数（二次回路周波数）f_2 は、電源周波数（一次回路周波数）f_1 に対し、1秒間に回転子を移動磁界のN極が追い越す（移動磁界を切る）回数に比例、つまり、すべり s に比例したものとなります。したがって、

$$f_2 = sf_1$$

となり、これを**すべり周波数**といいます。

$s = 1$、つまり停止しているとき、二次側のコイルに誘起される一相あたりの電圧 $\dot{E}_2$ は、一次側のコイルに誘起される一相あたりの電圧を $\dot{E}_1$ として、

$\dot{E}_2 = nk\dot{E}_1$　　　n：巻数比、k：巻線係数

となります。上式からも分かるとおり、誘導機の二次電圧 $\dot{E}_2$ は変圧器とは異なり、巻数比のみでは定まりません。

次に、回転子が動いている状態（$0<s<1$）を考えると、二次巻線の誘導起電力 $\dot{E}_{s2}$ は二次巻線が切る回転磁界のすべり周波数に比例したものとなります。そのため、停止時の二次巻線の誘導起電力 $\dot{E}_2$ に対し、すべり s に比例したものとなります。すなわち、このときの二次誘導起電力 $\dot{E}_{s2}$ は、

$$\dot{E}_{s2} = s\dot{E}_2$$

となります。

以上より、誘導機の二次回路では、誘導起電力、周波数はすべり s に応じて変化するものになります。また、二次巻線には変圧器と同じように漏れリアクタンス x_2 がありますが、二次回路の周波数が sf_1 であるため、（$x=2\pi fL$ の関係から）sx_2 となります。そして、二次側のコイルの抵抗を r_2 として、二次側を等価回路で表すと**図 2** のようになります。

さらに、図 2 の二次電流 $\dot{I}_{s2}$ に着目します。二次電流 $\dot{I}_{s2}$ は、

$$\dot{I}_{s2} = \frac{s\dot{E}_2}{r_2 + \mathrm{j}sx_2} = \frac{\dot{E}_2}{\dfrac{r_2}{s} + \mathrm{j}x_2}$$

となります。上式から、$s\dot{E}_2 \to \dot{E}_2$、$r_2 \to r_2/s$、$sx_2 \to x_2$ と置き換えて計算できます。さらに、x_2 が周波数によらなくなるため、回路周波数も $f_2=f_1$ と置き換えて計算できます。そのため、図 2 の等価回路は**図 3** のように描き換えることができます。

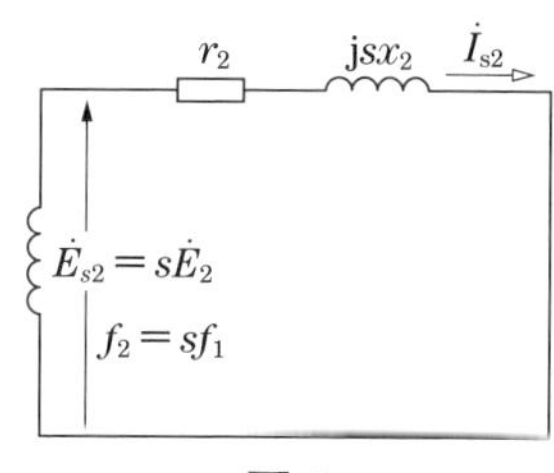

図 2

図 3 の回路を一次側へ換算（巻数比や巻線係数を考慮した換算）して、さらに励磁回路を電源側にもっていくと、**図 4** のような誘導機の簡易等価回路（L 形等価回路）になります。

こちらは変圧器の等価回路と同じ形をしていることが分かります（お悩み No. 30 を参照）。

さらに、二次抵抗 r_2'/s（**一次換算値**）について、

$$\frac{r_2'}{s} = r_2' + \frac{1-s}{s}r_2'$$

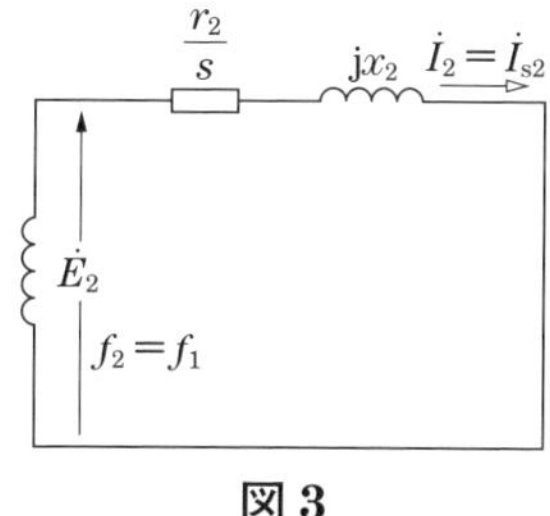

図 3

と変形すると、等価回路は**図 5** のようになります。図 5 の回路は変圧器の二次側に可変抵抗 $\frac{1-s}{s}r_2'$ を挿入したものと等しく、これが電動機の機械的出力を表します。

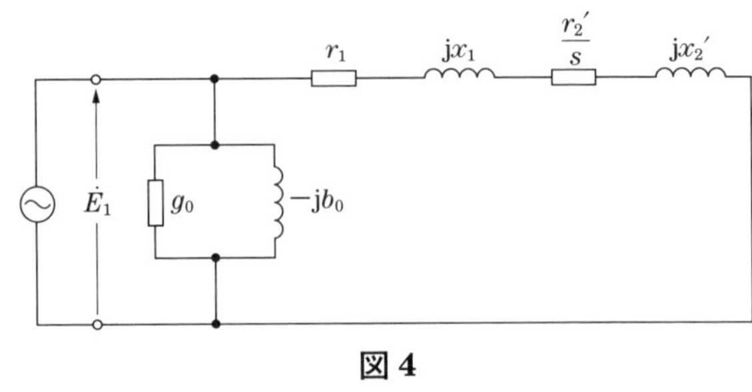

図 4

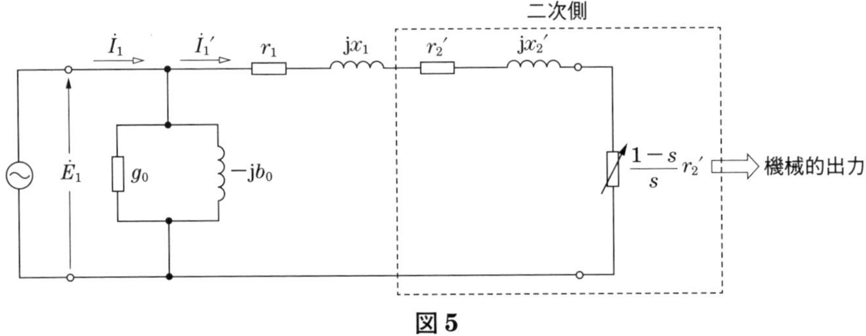

図 5

図 5 の破線部分、つまり抵抗 $\frac{1}{s}r_2'$ で消費される電力の 3 倍（三相分）である二次入力 P_2 と、抵抗 r_2' で消費される電力の 3 倍である二次銅損 P_{c2}、そして抵抗 $\frac{1-s}{s}r_2'$ で消費される電力の 3 倍である機械的出力 P_o とすると、それらには、

$$P_2 : P_{c2} : P_o = 3I_1'^2\frac{r_2'}{s} : 3I_1'^2 r_2' : 3I_1'^2\frac{1-s}{s}r_2'$$

$$= \mathbf{1 : s : (1-s)}$$

という、とても重要な関係が成り立ちます。

以上より、誘導機は原理的にも回路的にも変圧器に近いものがあります。電験三種の対策としては、等価回路は変圧器とセットで覚えましょう。ただし、誘導機はほぼ三相であることを忘れずに。

誘導機の等価回路は、変圧器の二次側に可変抵抗 $\frac{1-s}{s}r_2'$ を挿入したものに等しい。特に $s=1$ のときは、単純に二次側を短絡したものと等しい！

誘導機の同期ワットって何ですか？

同期ワットで表したトルクという語句が過去問によく出てきます。これは何を指しているのでしょうか？

Answer

二次入力のことです。

以上終わり、では簡単すぎるので…、誘導機の機械的出力、二次入力、そしてトルクとの関係性について学んでみましょう。学んでいく過程で、なぜ名前に「同期」がつくのかも分かるはずです。

まずは、お悩み No. 70 に登場した誘導機の簡易等価回路を**図 1** に示します。

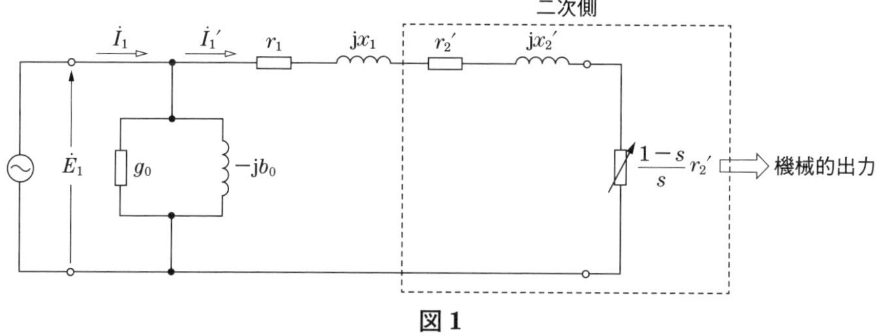

図 1

ここで、すべり s のとき、回転子の回転速度 N は、同期速度 N_s とすると、

$$N=(1-s)N_s$$

となるので、回転子の角速度 ω は、同期角速度 ω_s とすると、

$$\omega=(1-s)\omega_s$$

となります。ここで、機械的出力 P_o とすると、トルク T とは、

$$P_o=\omega T$$

の関係があります。お悩み No. 70 で説明したとおり、二次入力 P_2 と機械的出力 P_o には、

$$P_2 : P_o = 1 : (1-s)$$

の関係があるため、

$$P_2=\frac{P_o}{1-s}=\frac{\omega T}{1-s}=\frac{(1-s)\omega_s T}{1-s}=\omega_s T$$

となり、同期速度が変わらなければ、二次入力 P_2 はトルク T に比例します。そして、この $\omega_s T$（$=P_2$）は「トルク T を発生しながら同期速度で運転している回転機の仮想出力」と見ることもできます。したがって、**二次入力は別名「同期ワット」、または「同期ワットで表したトルク」**ともいいます。同期ワットで表したトルクといっても、単位は［W］であることに注意が必要です。二次入力は別名が存在するくらいなので、少し特別な値です。それでは、実際の設備でイメージしてみましょう。

誘導機の二次入力は運転時の一次入力を測定し、そこから鉄損、一次銅損を差し引くことにより算出できます。そして、同期角速度は、電源周波数と誘導機の極数が分かれば簡単に算出できます。そのため、容易にトルクを算出することができます。

対して、機械的出力からトルクを求めるときはどうでしょうか？誘導機の機械的出力は運転時の一次入力を測定し、そこから鉄損、一次銅損、二次銅損を差し引くことにより算出はできます。しかし、トルクを算出するには、回転子の回転速度を計測しないといけません。さらに、二次入力を求めるうえで必要な二次銅損は運転中の二次（回転子）に流れる電流を測定しなければなりません。巻線形ならまだしも、かご形では形状的にも特に困難です。したがって、トルクを算出するには二次入力を使用した方が便利なのです。

電験で誘導機を勉強する場合、同期ワットは少しイメージしにくいかもしれません。しかし、上記の説明を思い出して同期ワットとトルクの関係性を理解し、同期ワットを計算で使いこなせるようにしましょう。

トルクを算出するときには、機械的出力より同期ワットを使った方が
簡単な場合もあるので、その使い方に慣れましょう！

誘導機の比例推移って何ですか？

比例推移はなぜ巻線形のみなのか、なぜ成り立つか、どのような問題が解けるのか教えてください。

Answer

比例推移とは、巻線形誘導機が二次抵抗を変えられることを利用して主に始動特性を改善できるものです。

巻線形誘導電動機の回転子は、かご形誘導電動機の回転子と異なり、外部に抵抗を接続できる（二次抵抗を変えられる）構造になっています。二次抵抗が変わると何が変わるのでしょうか？

お悩み No. 70 で説明した簡易等価回路を**図 1** に示します。話を簡単にするため、励磁回路を無視し、整理をした回路を**図 2** に示します。

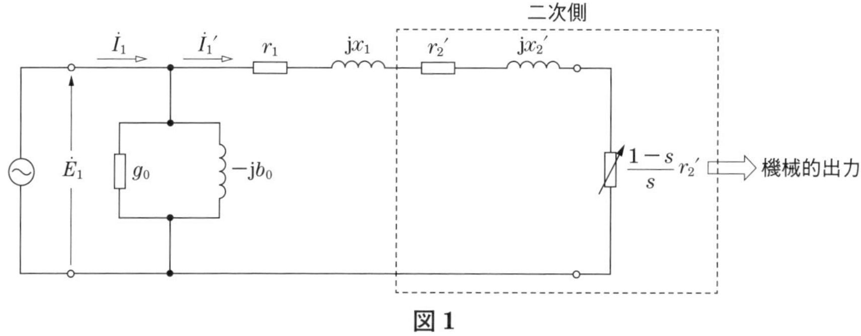

図 1

電源の線間電圧の大きさを V とすると、星形一相分では電圧は $V/\sqrt{3}$ となるので、電流 $\dot{I}$ は、

$$\dot{I}=\frac{V/\sqrt{3}}{(r_1+r_2'/s)+j(x_1+x_2')}$$

となり、その大きさは、

$$I=\frac{V/\sqrt{3}}{\sqrt{(x_1+x_2')^2+(r_1+r_2'/s)^2}}$$

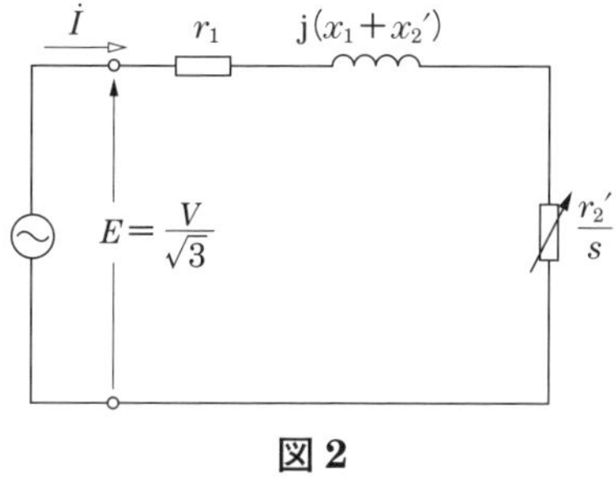

図 2

となります。したがって、電源電圧の大きさが変わらなければ、電流の大きさは r_2'/s の大きさで定まることが分かります。また、二次入力（同期ワット）P_2 は、抵抗 r_2'/s で消費される電力なので、三相であることに注意して P_2 を求めると、

$$P_2=3I^2\frac{r_2'}{s}=3\times\left\{\frac{V/\sqrt{3}}{\sqrt{(x_1+x_2')^2+(r_1+r_2'/s)^2}}\right\}^2\times r_2'/s$$

$$=\frac{V^2}{(x_1+x_2')^2+(r_1+r_2'/s)^2}\times r_2'/s$$

となります。電流の大きさ同様に、二次入力（同期ワット）は r_2'/s の大きさで定まることが分かります。さらに同期ワット P_2 とトルク T には、同期角速度 ω_s とすると、

$$P_2=\omega_s T$$

という関係があるので、トルク T は、

$$T=\frac{P_2}{\omega_s}=\frac{V^2}{(x_1+x_2')^2+(r_1+r_2'/s)^2}\times\frac{1}{2\pi N_s/60}\times\frac{r_2'}{s}$$

となり、やはりトルク T も r_2'/s の大きさで定まることが分かります。

以上より、電源電圧や周波数を変えず二次抵抗が $r_2'\rightarrow mr_2'$ に変化した場合、一次電流やトルクに変化がなければ、すべりも $s\rightarrow ms$ に変化します。

$$\frac{r_2'}{s}=\frac{mr_2'}{ms}=(\text{一定})$$

逆にいうと、二次抵抗を変化させたとき r_2'/s が一定となるすべりであれば、一次電流やトルクも同じになります。これを一次電流やトルクの**比例推移**といいます。そしてこれが利用できるのは、二次抵抗を変化させることができる巻線形のみです。

比例推移を用いる利点は何でしょうか。**図3**にすべりに対するトルクの比例推移、**図4**にすべりに対する一次電流の関係を示します。

図3から分かるとおり、比例推移後は $s=1$ のときのトルク、つまり始動トルクが大きくなっています。一方、最大トルク T_m の値は変わっていません。そして、図4から分かるとおり、$s=1$ のときの電流、つまり始動電流が小さくなっています。このことから、始動特性を改善できることが分かります。さらにすべりを変えることにもなるので、**速度制御**にも応用できます。

さて、ここで比例推移を適用するうえで注意すべきポイントを2つあげます。

① 外部挿入抵抗の大きさに注意

② 比例推移しないものに注意

まず①に関してですが、「すべりを m 倍にするには、二次抵抗の m 倍の外部抵抗を挿入すればよい」と勘違いしてしまうことです。外部抵抗の大きさ R とする

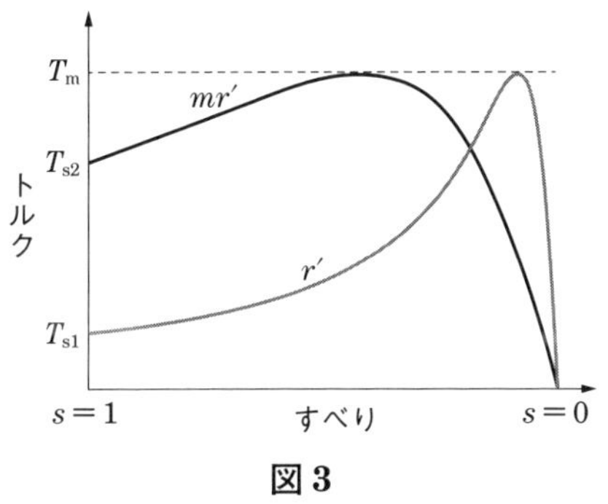

図 3

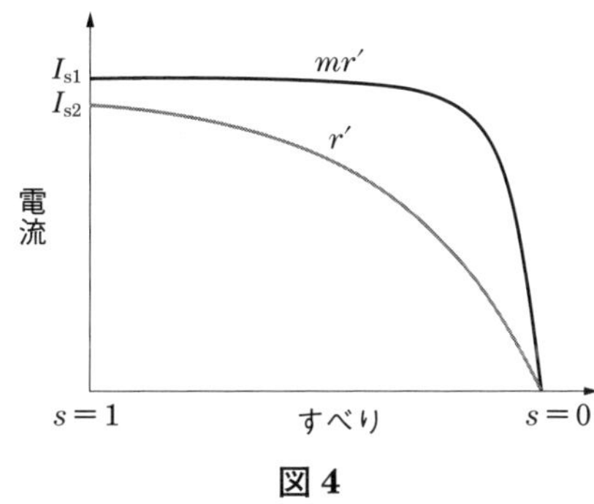

図 4

と、二次抵抗を m 倍するには、

$$mr' = r' + R$$

が成り立つ R であって、R 自身が m 倍なわけではありません。

次に、②に関してですが、トルクは比例推移が適用できますが、機械的出力はどうでしょうか？比例推移しませんよね。なぜならば、

$$P_o = \omega T = (1-s)\omega_s T$$

であってトルクが一定だからといって、機械的出力は一定にはなりません。同様に二次銅損などに関しても同じことが言えます（そもそも二次に抵抗を挿入しているので当然ですが）。つまり、**すべてが比例推移するわけではない**ということになります。

では最後に、例題をやってみましょう。

> 巻線形三相誘導電動機が、負荷トルクが一定の負荷を担って運転しており、すべりが 2 %で運転されている。そこで二次回路に抵抗を挿入して、すべりを 8 %とするためには、二次回路に挿入する抵抗はもとの二次抵抗の何倍の抵抗を挿入したらよいか。

二次回路の抵抗を r、挿入した抵抗を R、最初のすべりを s、抵抗挿入後のすべりを s' とすると、抵抗挿入前後でトルクは変わらないので比例推移の関係より、

$$\frac{r}{s} = \frac{r+R}{s'} \quad \Rightarrow \quad R = \left(\frac{s'}{s} - 1\right)r = \left(\frac{0.08}{0.02} - 1\right)r = 3r$$

よって、もとの二次抵抗の 3 倍の抵抗を挿入すればよい。

比例推移は等価回路とセットで理解しましょう！

トークⅤ

資格を取ったあとのハナシ

ピカリ：それではここからは、カフェジカ職業紹介担当のピカリから電験アカデミアに質問です。電験三種を取ったあと、どのように資格を活かしましたか？

加藤：僕はもともと製造業出身で、特に資格が必要な職種ではなかったのですが、実際の業務で使う用語や現象についてイメージがわくようになり、よりいっそう自分の仕事に親しみをもてるようになりました。昇給などのすごい実益があったわけではありませんが、取得してよかったと思っています。

niko：私は、勤務している会社が高圧受電をする工場をもっていて、いままでは主任技術者を外部に委託する形で保安管理していましたが、私が取得したことで私が保安管理できるようになりました。実務は知らないことばかりなので、外部委託している管理技術者さんにいろいろ教わっています。

電気男：私の会社では一種が必要なので取得したのですが、直接資格を活かせるような役職にはまだ就いたことがありません。ただ、間接的ですが、一種を取得したことでオーム社さんとのつながりができて、雑誌や書籍の執筆を経験させていただけたので、本当に取ってよかったと思います。

niko：私は、二種の勉強をする際に、電気男さんの本『電験「理論」を極める！』に出会って、「これぞ電験専用武器だ！」と、ものすごく感動したことを覚えていますよ。

なべさん：自分の場合、二種も同時に受験して取得したので、それを生かして某大手企業の工場の電気主任技術者として転職しました。特高引き込みの大きな工場は、選任として主任技術者を置かなければいけないのですが、必要になる二種以上の人材が非常に少ない状況です。三種も決して簡単ではありませんが、できれば上位の二種を取得すると、さらなる活躍の機会が生まれると思います。

ピカリ：なるほど、千差万別ですね。転職に有利ということで三種を取られる方も多いと思いますが、実際どうなのでしょうか？実際に転職された、なべさん、加藤さん、ぜひお聞かせください。

なべさん：これは採用担当次第で、すごいと評価してくださる方もいれば、そうでない場合もあります。ただ、三種をもっていることで、確実にたぐり寄せられる縁は存在すると思うので、チャンスは上がると思います。

加藤：自分は転職活動時、履歴書に電気主任技術者と書きましたが、面接のときも目をひいたのか、「すごいね〜」と感心されました。もちろん絶対有利とは断言できませんが、希少な人材になれるのは確かですね。

電気男：なるほど〜。ちょっと勉強した程度で簡単に取れる資格ではないので、「目標に向けて継続的に努力ができる人だ」という部分も評価されているのかもしれませんね。

ピカリ：いやぁ、生の声を聞けるのはやっぱりいいですね。上位資格である二種や一種にもチャレンジすべきでしょうか？

加藤：こう言うと答えにならないかもしれませんが、「自分が何を目指したいかによる」と思います。自分は会社員時代、もう少し深い知識をつけて業務に活かしたいという動機がありました。いまでは深い知識を広く発信したいという熱意があり、その一環で一種まで挑戦し続けた経緯があります。この「〜したい」という欲求は人によって異なるので、まずは自問自答してみることをおススメします。逆に、周囲が取っているから、など人に流されるのは、あとで後悔することが多いので、あくまで自分で考えて決めることが大事ですね。

なべさん：二種は非常に希少価値が高く、転職においても非常に大きな武器になり得ます。確かに三種に比べると壁ははるかに高いですが、挑戦する価値はあると思います。

niko：個人的には一種はともかく、二種はやるべきだと思います。三種で出てきた疑問のあれこれが、二種を勉強することによって紐解かれるのを感じる瞬間があったんです。これから三種を受ける方で、三種の勉強に煮詰まったという方でも二種に取り組んでみることはおススメできます。特に二次の機械制御の回転機などは三種の知識で解ける良問が多いですから。

電気男：分かります。三種の参考書ではサラッと書かれているような内容について、理論的に丁寧に説明している文章がよく出題されますよね。一種は重箱の隅をつつくような問題が多めなのに対し、二種は電力システムの理解をより深めるための良問が多いと思います。

niko：一種受験生でも、二種のテキストや問題集をお供にしている方は多いですよね。二種で問われている内容は電気男さんもおっしゃるように、電気主任技術者にとって大切な知識が詰まっている気がします。一種は広くて深い…。

加藤：一種は参考書自体少ないので、niko さんがおっしゃるように「心のよりどころ」的な意味合いもあって、二種のテキストを使うのはアリだと思います。特に計算問題の解法に関しては、一種と二種でメチャクチャ出題範囲が離れているわけではないので、ある程度参考になるのではないかと思います。

電気男：私は、会社から最終的に一種を取るように言われていたので、二種や三種を飛ばしていきなり一種から受けました。「一種もちは電気の神様」だと取る前は思っていましたが、いざ取ってみると、神の境地にはほど遠いと思いますし、一種もちの肩書に恥じないよう研鑽を続けようという気持ちになれます。そういった意味では、一種を目指す価値はありますね。

なべさん：一種ダイレクト受験はヤバいですねー。私も一種を取ったら神になれるかと思いましたが、人間のままでした（笑）。分からないことも普通にありますし。でも、一種をもっていることが、日々の学びの原動力にもなっていますね。

水島：電験の資格は転職に活かすだけではないんですね。そして、転職とつながらなくても上位資格を目指す価値もあるのだと感じました。私から見たら、やっぱり電験アカデミアは神様です。そんな神様の声を直に聞くことができて、ありがたや～、です。皆さまにもこの力が届くことを願っています。

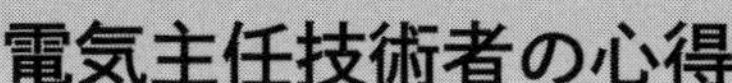

電気主任技術者の心得

皆さま、カフェジカでのひとときをお楽しみいただけていますか？お酒も入って盛り上がってきたところではありますが、そろそろいい時間になってきましたので、最後に私から「電気主任技術者の心得」についてお話ししてお開きにしたいと思います。少しの時間、おつき合いください。

本来、自分の所有しているものについては、当然、管理の責任があります。しかし、電気工作物は特別高圧や高圧で受電するので、電気の知識がない者が扱うと非常に危険です。そのため設置者は、電気主任技術者の資格をもつ者を選任して、電気工作物の監督をさせるというスキームになっています。もちろん設置者自ら資格をもち、監督を行うことはできますが、そのようなケースはごく稀で、本来の業務に専念するために、ほとんどの設置者は自身とは別の者を電気主任技術者として選任しています。

先ほどもお話ししたとおり、電気主任技術者は設置者に代わって、「事業用電気工作物の工事、維持、運用に関する保安の監督」を行うのが具体的な職務です。電気工作物の最高責任者は設置者ですが、その最高責任者からこれら３つの監督権限が与えられるのです。この監督権限は「電気主任技術者の選任」と共に法律で定められた「当然与えられるもの」であり、もし３つのうち１つでも与えなかった場合、それは電気主任技術者を選任したとは言えず、未選任という扱いとなります。

つまり、法律で定められた電気主任技術者の権限に対し、設置者の意思でその権限を剥奪したり、権限を遂行するための行動を制限したりはできません。設置者は信頼して電気主任技術者を選任した以上、その意見を尊重しなければならないのです。

電気保安で最も重要なこの「信頼関係」がうまく築けていないケースは、実はとても多いのです。実務で問題になることの１つとして、設置者が電気主任技術者にいっさい相談せずに工事を発注することがあります。設置者は電気主任技術者の職務を理解していないため、工事業者にすべてを任せて工事を発注してしまうのです。電気主任技術者が知ったときには工事が完成していたり、ひどいときには事故やトラブルが発生したときに、はじめてそのような工事が成されたことを知ったりするケースもあり、工事に不具合があったとしても当然気づくことができず、「時すでに遅し」となることがあります。このように、法律で権限を与えられていても、それが機能していなければ意味がありません。

なぜこのようになってしまうのでしょうか。それは、「必要名義としての電気主任技術者」というような考え方をしている設置者が多いからです。「電気工作物を設置したので法律で電気主任技術者を選任しなければいけない。仕方がないので資格者を募集して応募してきた人を、形式上とりあえず選任している」という企業が実に多いのです。この考え方は是正していかなければなりません。

そしていま、令和という新しい時代に突入し、より情報化やコンプライアンス遵守の時代になってきました。電気主任技術者制度の法令など明確な基準を認識していき、悪しき慣習から一歩踏み出すべきときがきています。

これからの電気主任技術者は、情報技術を駆使して進化していくべきです。さまざまな情報を共有し、1人では解決できない問題を電気主任技術者同士で解決していくことが大切です。1つの方法としては電気主任技術者が協力して、さまざまな講習会を開催し、リモートツールを使い、遠隔地でも参加できるようにすること。特に保安法人や電気管理技術者との交流がもっとあった方がいいでしょう。いつの時代であっても変化を嫌う人がいますが、電気主任技術者の世界は大きな変化が必要だと感じます。その変化とは、いままでの誤った解釈や認識を是正するものであり、本来の形に修正するもののことです。

いままでの閉鎖的な世界であったものから開放的な世界にしていき、横のつながりを広げていきましょう。そしてコンプライアンス教育、技術教育、安全教育、保安教育の受講、開催や協力を行うことで電気主任技術者全体の能力の底上げや若き技術者の育成を行うべきであると考えています。

カフェジカ技術顧問として、カフェジカがその一翼を担う存在になっていけるよう、我々はこれからも精進していきたいと思っています。それではまたいつか、どこかでお会いしましょう～。

一. 設置者との信頼関係を築くべし！
二. 技術者同士で積極的に交流し情報共有すべし！
三. 講習会を協力開催して電気主任技術者全体の能力を底上げすると共に若き技術者を育成すべし！
四. そのためにもカフェジカに来るべし！（笑）

電験カフェはいかがでしたか？

電験という戦いの準備ができたのではないでしょうか。本を開く前と、読み終わったいまでは表情が違うと思いますよ。

72 問にも及んだ疑問・難問の倒し方は、きっとあなたの強力な武器になっています。どのようにこの武器を使いこなし、応用させていくのか、なんだか勉強が楽しくなってきましたね。

実は私、水島も三種を勉強中なので、三種に関する新たな発見があったら、ぜひ教えてください。というのも、修得した知識をアウトプットすることはご自身の理解を深めるために有効です。人に教えてはじめて気づくこと、修得することも本当に多いんです。せっかく修得した魔法や必殺技もアウトプットしないともったいないですからね。ぜひ、私や周りの方に教えるイメージをもちながら、本書を２周３周と周回してみてください。

私は、かつて電気保安法人の営業マン時代に、電気保安の魅力や電気保安のやりがいなど、たくさんのことを学ばせていただきました。カフェジカでは、電気保安業界への恩返しも兼ねて、そこで活躍される技術者の皆さまを応援したいと考えています。電験は取得してから、しっかり活用できる資格です。皆さま１人１人の行動が、業界を盛り上げることにつながります。いつか実店舗にお越しいただき、「電験アカデミアの本で勉強しました」、「合格しました！」というお話を聞かせていただければ嬉しいです。

カフェジカオーナー　水島　洋介

著者 Profile

水島　洋介（みずしま　ようすけ）

2008年関西大学卒。近畿圏内の電気保安法人入所。2019年法人退職後、カフェジカをオープン。電験解答速報（電験アベンジャーズ）、電験・実務講習、転職サポートなどを企画運営。

あきら先生／津嶋　利章（つしま　としあき）

1985年大阪府立和泉工業高等学校卒。保安管理業務に従事し、2011年日本電気協会より永年従事者表彰受賞。2021年カフェジカ行政書士事務所開業、電気主任技術者系行政書士として活動中。

電気男／岡部　浩之（おかべ　ひろゆき）

2010年修士（工学）、東京大学卒。2015年電験一種合格。著書は『電験「理論」を極める！』、『電験三種まずはここから！ 基礎力養成 計算ドリル』（オーム社）など。

摺り足の加藤／加藤　史彦（かとう　ふみひこ）

2012年修士（工学）、名古屋大学卒。2019年電験一種合格。メーカーで変圧器設計に従事した後、現在フリーランス。電気工学を徹底追究するWebサイト「電気の神髄」（https://denki-no-shinzui.com）を運営。

なべさん／渡邉　隆史（わたなべ　たかし）

2005年学士（工学）、名城大学卒。2015年電験一種合格。メーカーで変圧器設計に従事した後、現在は電気機器メーカーで電気主任技術者として勤務。電気以外の建築・施設管理全般にも精通。

niko　※本名未公開

学士（基礎工学）、大阪大学卒。2021年電験一種合格。製造業の電気主任技術者。電験三種の講師活動や、SNSなどでお役立ち情報を発信中。

電験カフェへようこそ

電験三種のギモン・お悩み解決します

2022年5月16日　第1版第1刷発行
2022年6月30日　第1版第2刷発行

著　者　カフェジカ・電験アカデミア

発行者　村上和夫
発行所　株式会社 オーム社
郵便番号　101-8460
東京都千代田区神田錦町3-1
電話　03(3233)0641(代表)
URL　https://www.ohmsha.co.jp/

印刷・製本　美研プリンティング
ISBN978-4-274-22874-2　Printed in Japan